JN312885

MODERN
ECONOMICS
MINERVA現代経済学叢書 103

東南アジアのオートバイ産業

― 日系企業による途上国産業の形成 ―

三嶋 恒平 著

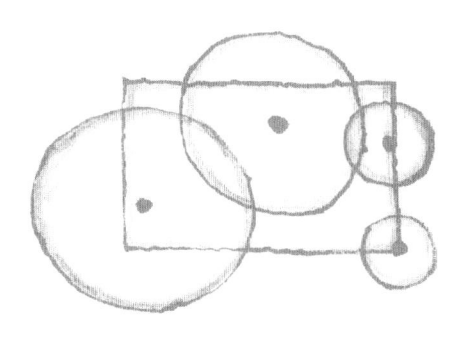

ミネルヴァ書房

はしがき

　東南アジアの街を歩いたことはあるだろうか。人々の活気，魚醤の匂い，じっとりとした暑さ。人によってその受け止め方は異なることだろう。しかし，ひとたび道に目をやれば，そこにはオートバイが至るところにあふれていることに気付き，驚くことと思う。その量が尋常ではないし，使われかたも様々であるからだ。

　もしそこがベトナムのホーチミンであるならば，当初は民族衣装アオザイをまといお洒落をした若い女性がオートバイにまたがるというアンバランスさに異国情緒を感じ，感動を覚えるかもしれない。けれども，すぐにオートバイの洪水となっている街路に困惑し，ひとつ横断するにも四苦八苦することだろう。タイのバンコクならば，四輪が目立つものの信号待ちの車列の先頭にはオートバイの集団ができているはずである。シグナルが赤から青に変わり，猛烈なスタートダッシュをかけて疾駆する姿を見ればそれはオートバイの公道レースなのかと勘違いしてしまうこともあるだろう。散歩でも楽しもうとホテルのエントランスを歩いて出たなら，その矢先，オートバイタクシーの運転手の熱心な営業に遭い閉口するかもしれない。インドネシアのジャカルタでは，マフラーやライトをカスタムした個性的なオートバイに意気揚々と跨っている若者が目に付くだろう。携帯電話，Video CD と並び，オートバイは彼らにとっては三種の神器のように大事で特別なもののようだ。

　大都市だけではない。タイから海路，カンボジアに入れば，その途上で寄る小さな港において，人々が大きな荷物をオートバイに積んでいる姿があるはずである。四輪が入ってこれないような窮屈な桟橋を積荷満載で洋々と進むオートバイを見て頼もしさすら感じるかもしれない。カンボジアの街角ではそこかしこに小汚いコーラのガラスビンが置かれているだろう。何かと思えば，それはオートバイ向けの小口の販売用ガソリンなのである。ベトナムの南，メコンデルタの果樹農園では，巨大な木々と迷路のような運河の狭間の凸凹道をオートバイが楽々走っていることだろう。そのオートバイの背には夕涼みをする父

母息子娘と一家が勢揃いしているかもしれない。そしてその脇を，収穫されたばかりの稲穂を積んで，後輪が外され代わりに荷台が連結されたオートバイが馬車馬のように力強く走り抜けるかもしれない。ラオスの仏都ルアンパバーンを訪れれば，鐘が響き渡り，荘厳な黄金色の寺院が佇んでいる姿から，悠久のときを感じることもあるだろう。しかし，托鉢している僧侶たちの間をせわしなく行き交うオートバイがもたらすエンジン音の喧騒によって，21世紀の今日に引き戻されることだろう。一方，同じラオスの地方都市ラクサオにはこれといった観光名所はない。けれども，ルアンパバーンと同様，そこには人を乗せたオートバイが走り，赤茶けた道があり，コンプレッサーを目印としたちょっとした修理工場があることは変わらない。

　これらは東南アジアではどこにでもある日常風景のほんのひとコマである。東南アジアでは人々の暮らしがある限り，オートバイもまたそこにあり，そのためのインフラが備わっている。そしてそうした人々とオートバイの関係は日本で想像するよりもずっと密であり，生活に溶け込んでいる。

　さらにオートバイそのものに対してもう少し注意を寄せればそれらは日本でみるようなものとは趣がやや異なることもすぐに気付くだろう。タイならば，日本のスクーターよりも洗練されたデザインで未来的なオートバイが颯爽と走っていることだろう。ベトナムならば，日本では郵便配達やそば屋でお馴染みのスーパーカブに混じって，樹脂に覆われてスタイリッシュな小型オートバイがのんびりと流していることだろう。そこがインドネシアであるならば，黒っぽくて男性的であり，カウルのないエンジン機構がむき出しのオートバイが疾駆していることだろう。これらオートバイは日本で見るオートバイとは明らかに異なるけれども，それらにはやはり，HONDA とか YAMAHA といったお馴染みのマークを冠せられていることだろう。それはなぜなら，東南アジアの街でみかけるオートバイのほとんどは日本企業の製品であるからである。

　東南アジアではオートバイが数多く普及するとともに人々の生活に密着し使用方法も外観も現地に適応している。しかし，オートバイに冠せられているのは日本企業の名前である。そこから次のような疑問が浮かぶ。東南アジアでみ

はしがき

られるオートバイに表出する，ローカルさとグローバリゼーションというギャップは，一体，何を主体として，どのようなイノベーションと競争から発現し，いかなる産業形成の帰結をもたらしたのか。東南アジアとそこで使われるオートバイの現状から発想を得た本書は，オートバイというひとつの製品に着目しながら，発展途上国産業のありようを考察していくものである。

東南アジアのオートバイ産業
――日系企業による途上国産業の形成――

目　次

はしがき　*i*

第Ⅰ部　東南アジアオートバイ産業の課題と視角

第1章　東南アジアオートバイ産業をめぐる諸問題 …………… *3*

 1　世界のオートバイ産業の概要 …………………………………… *4*
 2　先行研究のサーベイ ……………………………………………… *15*
 3　東南アジアオートバイ産業に関する実証的課題と理論的問題 …… *31*

第2章　オートバイ産業分析のフレームワーク ……………… *35*

 1　研究目的と分析枠組み …………………………………………… *35*
 2　研究範囲 …………………………………………………………… *81*
 3　構成とデータ ……………………………………………………… *85*

第3章　オートバイ産業の製品・工程ライフサイクル ……… *91*

 1　日本オートバイ産業の発展プロセスと生産システム ………… *91*
 2　中国オートバイ産業の発展プロセスと生産システム ………… *110*
 3　東南アジアオートバイ産業の発展プロセス・生産システム・市場特性の概要 ……………………………………………………… *119*
 4　その他主要生産国の輸出動向 …………………………………… *135*
 5　製品・工程ライフサイクルからみた東南アジアのオートバイ産業 ………………………………………………………………… *139*

目　次

第Ⅱ部　東南アジアオートバイ産業の形成と発展

第4章　タイオートバイ産業の勃興（1964年から1985年）
　　　　──狭隘な国内市場・脆弱な産業基盤・強硬な保護育成政策………… *147*

1　産業の創始期（1964年から1975年）──日系完成車企業の
　　最終組立への特化と補修需要のある日系サプライヤーの進出 ………… *149*
2　規模と政策の制約下における生産体制の確立期（1976年から1985年）
　　──完成車企業の部品内製能力拡大とAAPの設立 ………………… *156*
3　政策インパクト ……………………………………………………………… *165*
4　規模の制約下の段階的な能力構築と産業形成 ………………………… *167*

第5章　タイオートバイ産業の形成（1986年から1997年）
　　　　──途上国産業の量的拡大と企業行動の相互関係 ……………… *171*

1　市場競争の動向 ……………………………………………………………… *173*
2　企業の能力構築行動──増産対応とサプライヤー群の形成 ………… *176*
3　産業形成に対する政策の影響 …………………………………………… *183*
4　市場拡大と能力構築競争のインタラクション ………………………… *184*

第6章　タイオートバイ産業の変動（1990年代後半）
　　　　──産業形成のターニングポイント ………………………………… *187*

1　市場競争の動向 ……………………………………………………………… *188*
2　企業の能力構築行動 ……………………………………………………… *192*
3　政策変更とその影響 ……………………………………………………… *201*
4　顕在化した日系企業のタイへの粘着性 ………………………………… *202*

第7章　タイオートバイ産業の発展（2000年以降）
　　　　——日系企業主導の組織能力構築による途上国産業の競争優位確立…… 205

1　市場競争の動向………………………………………………………… 206
2　企業の能力構築行動…………………………………………………… 222
3　日系企業のタイにおける能力構築行動……………………………… 255

第8章　ベトナムオートバイ産業の形成と発展
　　　　——圧縮された発展プロセス・短期の保護育成期間・中国車の大量流入…… 259

1　ベトナムオートバイ産業の発展プロセス…………………………… 260
2　ベトナムオートバイ産業の発展要因………………………………… 278
3　グローバル化と輸入代替型産業……………………………………… 283

終　章　グローバル化時代における途上国産業の形成と発展
　　　　——東南アジアオートバイ産業の国際比較とインプリケーション…… 285

1　本書の要旨……………………………………………………………… 285
2　タイ・ベトナムオートバイ産業の形成と発展に関する国際比較… 288
3　途上国産業の新たな理解をめざして………………………………… 304

参考文献一覧……314

あとがき……337
人名索引……345
事項索引……349

第Ⅰ部

東南アジアオートバイ産業の課題と視角

第1章
東南アジアオートバイ産業をめぐる諸問題

　本書の目的は東南アジアオートバイ産業の形成と発展のあり方を明らかにすることである。そこで，本章の課題は，本書全体の議論の導入としての東南アジアオートバイ産業に関する実証的課題と理論的問題を示すこととする。それゆえ，本章ではオートバイ産業の概要を確認し，あわせて先行研究のサーベイを行っていく。

　まず，オートバイ産業の概要と特質についての整理を行う。このことにより，東南アジアオートバイ産業の世界における相対性と独自性が示されるだろう。続いて，オートバイ産業に関する先行研究のサーベイを行う。東南アジアオートバイ産業に関して必要な先行研究のサーベイとして，日本オートバイ産業と中国オートバイ産業，そして東南アジアオートバイ産業の3つを挙げることができるだろう。これは以下のような理由による。すなわち，日本と中国オートバイ産業は地場系企業が発展を主導するという内生的な発展パターンを示したのに対して，東南アジアオートバイ産業は日系を代表とする外資系企業が発展を主導するという外生的な発展パターンを示した。それゆえ，東南アジアオートバイ産業を検討するに当たっては，それに大きな影響を及ぼすこととなった日本および中国のオートバイ産業についての動向を確認する必要があると考える。ただし，本章で行う先行研究のサーベイは，その特徴とそれに対する評価に限定する。なお，先行研究によって明らかにされた日本，中国，東南アジアオートバイ産業の形成と発展の具体的な動向については，本書第3章以下で検討することにする。こうした実証的課題と理論的問題の検討から，外資系企業が主導する発展途上国の工業化のあり方に関する理論的枠組みについての示唆が得られることだろう。

第Ⅰ部　東南アジアオートバイ産業の課題と視角

1　世界のオートバイ産業の概要

　ここでは以下の構成に従って議論を進めていく。まず，世界のオートバイ産業における生産，販売，輸出の現状を確認する。あわせて世界の主要国における生産台数，輸出台数の推移を見ていく。こうした検討から世界における日本と中国，東南アジアのオートバイ産業の存在感の大きさが示されるだろう。それゆえ，本章では日本と中国オートバイ産業の発展プロセスとその特質について，続いて，世界のオートバイ産業における主要オートバイ生産国の1990年代以降の輸出額と輸出先エリアの推移を通関統計に拠りながら検討する。さらに，生産主体を完成車企業とサプライヤーそれぞれについて確認する。最後に市場特性について示していく。

(1)　世界の生産・販売・輸出台数と直接投資の概要

　図1-1は，オートバイ産業の生産台数と販売台数，直接投資の流れ，完成車輸出の動向に関する概要を示している。2007年，世界全体で5000万台程度のオートバイが生産されたと推計されている（『世界二輪車概況』，2008）。そのうち図1-1ではその90％以上にあたる4678万台分の生産台数が示されている。販売についても世界全体で5000万台程度と考えられ，図1-1にある各国合計販売台数は3185万台と世界全体の63％を占めている。ちなみに図1-1は円の面積が各国の生産台数のおよそのスケールを，黒矢印が直接投資の流れを，白抜矢印が完成車輸出の流れを示している。

　2007年の各国の生産台数は，中国2544万台，インド815万台，インドネシア472万台，タイ約300万台，ベトナム約300万台であった。2007年の販売台数は，中国1266万台，インド741万台，インドネシア468万台，タイ159万台，ベトナム275万台，であり，ベトナムを除いて，生産台数より販売台数のほうが少なくなっている。

　また一部生産国は輸出を盛んに行っている。生産台数に占める輸出割合は日本が73％と圧倒的に高くなっている。台数ベースでは944万台もの輸出を果た

第1章　東南アジアオートバイ産業をめぐる諸問題

図1-1　アジアにおけるオートバイ生産・販売・輸出台数と直接投資フローの概要（2007年）

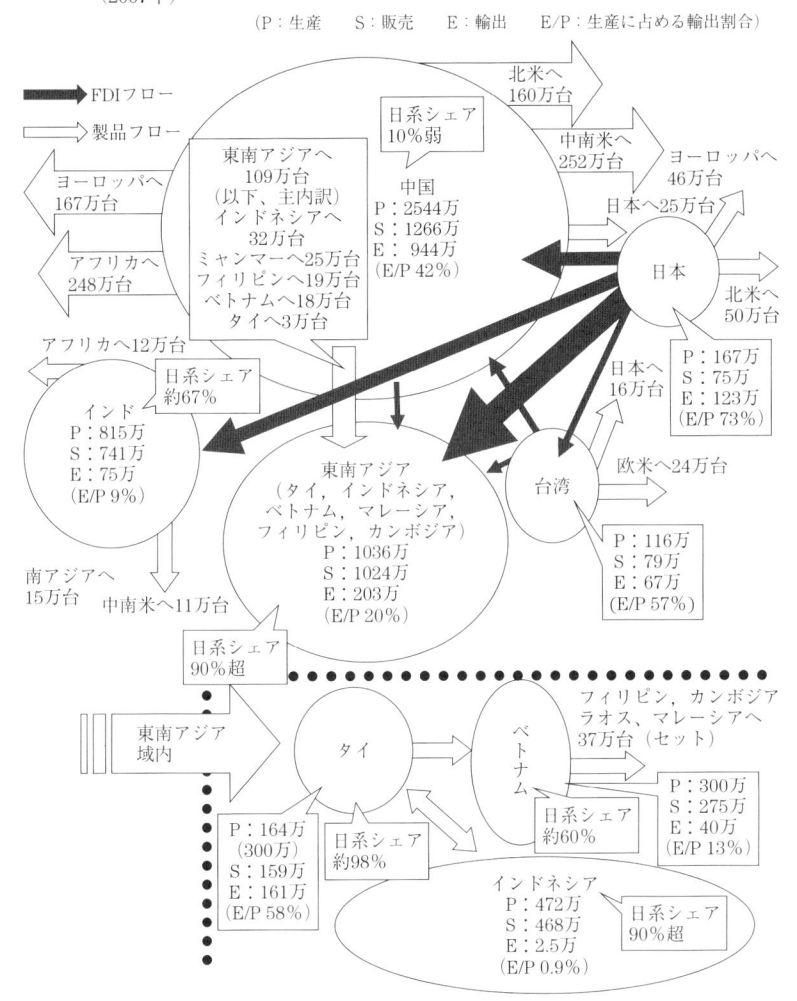

（P：生産　　S：販売　　E：輸出　　E/P：生産に占める輸出割合）

- ➡ FDIフロー
- ⇨ 製品フロー

中国
P：2544万
S：1266万
E：944万
（E/P 42%）

北米へ160万台（日系シェア10%弱）
中南米へ252万台
ヨーロッパへ46万台
日本へ25万台

日本
P：167万
S：75万
E：123万
（E/P 73%）

北米へ50万台
日本へ16万台
欧米へ24万台

東南アジアへ109万台
（以下、主内訳）
インドネシアへ32万台
ミャンマーへ25万台
フィリピンへ19万台
ベトナムへ18万台
タイへ3万台

ヨーロッパへ167万台
アフリカへ248万台
アフリカへ12万台

インド
P：815万
S：741万
E：75万
（E/P 9%）
日系シェア約67%

南アジアへ15万台
中南米へ11万台

東南アジア
（タイ、インドネシア、ベトナム、マレーシア、フィリピン、カンボジア）
P：1036万
S：1024万
E：203万
（E/P 20%）
日系シェア90%超

台湾
P：116万
S：79万
E：67万
（E/P 57%）

東南アジア域内

タイ
P：164万（300万）
S：159万
E：161万
（E/P 58%）
日系シェア約98%

ベトナム
日系シェア約60%

フィリピン、カンボジア、ラオス、マレーシアへ37万台（セット）

P：300万
S：275万
E：40万
（E/P 13%）

インドネシア
P：472万
S：468万
E：2.5万
（E/P 0.9%）
日系シェア90%超

（注）　各国の円の面積は生産台数の大きさにほぼ比例している。日系シェアとは当該国販売市場における日本企業の販売シェアを意味している。
（出所）　生産・販売・輸出台数は『世界二輪車概況』（2008）を、仕向地別輸出台数はWorld Trade Atlasを参照した。日系シェアは筆者調査に基づいている。

5

した中国が第1位となっている。またタイも輸出割合が50％を越え，輸出拠点となっていることが確認できる。輸出先は，北米やヨーロッパなどの先進国の既存市場に加え，中南米，中近東，アフリカなど新興の発展途上国市場も目立つ。これら輸入国は（小型）オートバイの国内生産をほとんど行っていないため，アジア各国の完成車輸出の受け皿となっている。ただし，インドやインドネシアなどは輸出割合が10％以下で，これら国々における大部分の生産は国内市場を満たすために向けられていると考えられる。こうした輸出の拡大に対し，直接投資を通じた海外生産は日本によるものが大部分であり，他は台湾，中国が一部行っているに過ぎない。

　以上，アジアにおける発展途上国が世界のオートバイ産業の生産・販売両面において極めて重要な地位にあることが分かるだろう。さらに中国やタイなど一部の国は輸出も積極的に行っていることが示された。ただし，海外直接投資に関しては日本によるものが大部分であった。すなわち，図1-1に示されているアジアの各発展途上国は，完成車に関する輸入代替は達成し完成車輸出も一部積極的に行っているが，直接投資を通じた海外生産までは本格化していない，と結論できる。

（2）　主要国における生産台数の推移

　1980年代まで，オートバイの生産は日本及び欧米に限られていた（図1-2）。しかし1990年代以降，アジアにおける生産台数が急激に拡大した。

　全世界のオートバイの生産台数は，1991年の1220万台から，2007年には5000万台程度にまで増加した。この間の増加分は3780万台（約309％増）であり，13年で4倍以上成長した。こうした中でも，中国，インド，インドネシア，タイ，ベトナムの5カ国における生産台数の成長は突出していた。これら5カ国合計の生産台数は，1991年に474万台（中国131万台，インド159万台，インドネシア117万台，タイ67万台，ベトナムごく少量）であったのが，2007年には3384万台と，13年で生産台数を2910万台（613％増）も増大させ，7倍以上の規模に成長した。以上から，オートバイ生産の中心が欧米や日本といった先進国からアジアを中心とした発展途上国にシフトしたことが分かる。

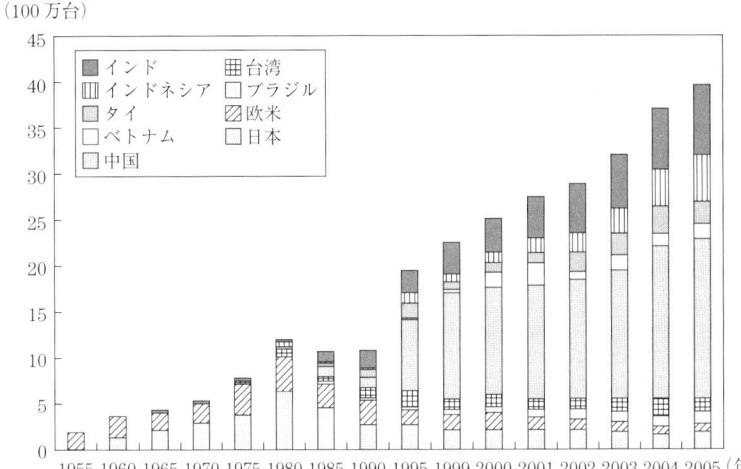

図 1-2　主要国における生産台数の推移

(100万台)

凡例：インド／台湾／インドネシア／ブラジル／タイ／欧米／ベトナム／日本／中国

1955 1960 1965 1970 1975 1980 1985 1990 1995 1999 2000 2001 2002 2003 2004 2005 (年)

(出所)『世界二輪車概況』(各年版)を参照。ただし，中国の1980年から1995年までの生産台数については中国汽車技術研究中心(1999)を，タイの生産台数についてはFTIのHPを参照した。またベトナムの生産台数については筆者調査に基づいている。

(3) 主要国における完成車輸出台数の推移

　オートバイの輸出は，生産と同様に，1980年代までは日本およびドイツ，イタリアなどのヨーロッパ各国に限られていた。1985年，日本はCKD (Complete Knock Down) を含む完成車輸出が254万台，KD (Knock Down) セットが約147万台と世界のオートバイ貿易量の70％から80％をも占めていた (『世界二輪車概況』，1986)。しかし，1980年代後半からアジア各国で国内生産が本格化したことを受け，90年代に入ると台湾，タイが輸出を本格化させた。さらに1999年末以降，中国は爆発的に輸出拡大をさせ，2002年以降，中国が世界最大の完成車輸出国となった(**図1-3**)。2007年の中国の輸出額は日本の完成車輸出額のおよそ5倍の38億ドルであった。その一方で，日本の完成車輸出は長期低落傾向を示し，2002年以降は10億ドルを割り込んでいる。これは，海外における日系企業の生産能力の高まりとそれによる各国における完成車の輸入代替の進展を示していると考えられる。輸出額は中国，日本に続いて，台湾，タイ，インドの順となっている。また輸出先国・エリア数は，中国，日本，インド，タイ，台湾，インドネシアの順となっている(**表1-1**)。中国，日本の輸

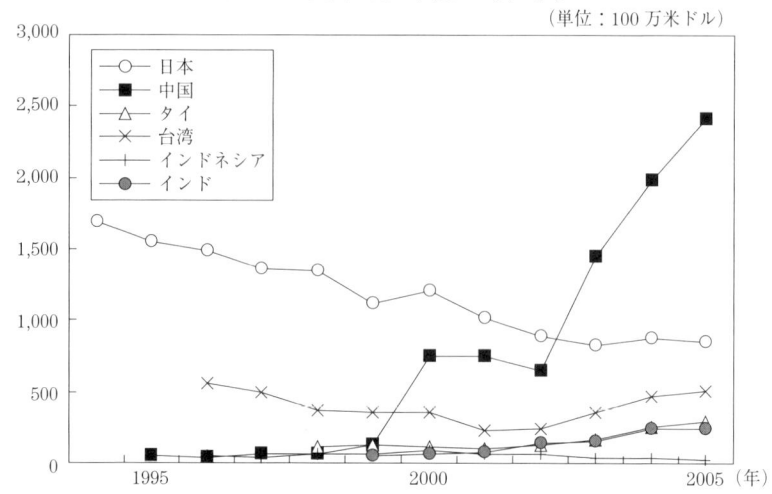

第 I 部　東南アジアオートバイ産業の課題と視角

図1-3　主要国の完成車輸出金額の推移

（単位：100万米ドル）

（出所）　World Trade Atlas より。ただし，原データは，日本（1994年から2005年）：日本関税協会，中国（1995年から2005年）：China Customs，タイ（1998年から2005年）：Thai Customs Department，台湾（1996年から2005年）：Taiwan Directorate General of Customs，インドネシア（1996年から2005年）：Statistics Indonesia，インド（1999年から2005年）：DCGI&S, Ministry of Commerce。日本の輸出額には排気量250 cc 以上の中大型オートバイは含まれていない。

表1-1　主要国の完成車・部品輸出先国・エリアの数（1995年から2005年）

	日本	中国	タイ	インドネシア	台湾	インド
完成車	201	216	146	126	146	171
部品	168	207	144	110	165	174

（出所）　図1-3に同じ。

出先は200を超え，全世界に輸出している。

一方，部品輸出については2005年まで日本が世界第一位の座を守っていた（図1-4）。しかし，中国は2000年以降に部品輸出も増大させ，2006年以降，日本を抜いて世界第一位の座を占めるようになった。2007年，中国の部品輸出額は日本の約1.5倍の14.8億ドルであった。中国，日本に続いては，タイが世界第3位の部品輸出国である。

なお，中国，台湾，インドは完成車輸出額のほうが部品輸出額よりも多くなっているが，日本，タイ，インドネシアは部品輸出額のほうが完成車輸出額よりも多くなっている。これは，後者の国々の間で国際的な部品供給のネットワークが構築されていることを示唆しているだろう（後に詳述）。輸出先国数に

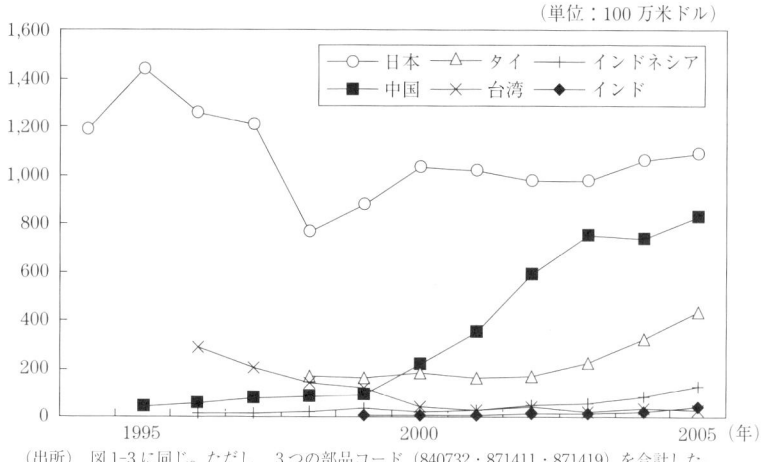

図 1-4 主要国の部品輸出金額の推移

(単位：100万米ドル)

(出所) 図 1-3 に同じ。ただし、3つの部品コード（840732・871411・871419）を合計した。

ついては、中国が最多となっていて、それにインド、日本、インド、台湾、タイ、インドネシアが続いている（表 1-1）。完成車と同様、部品も世界各地に輸出されていて、日本、中国、タイは輸出拠点化していることが分かる。

(4) 生産主体

オートバイ産業は、完成車オートバイを開発し、生産し、販売する完成車企業と部品を生産するサプライヤー（完成車企業も部品生産を行う）によって構成されている機械組立型産業である。以下、完成車企業とサプライヤーのそれぞれについて確認していく。

(1) 完成車企業

完成車販売市場における日系企業のシェアは中国で約10%、インドで約40%、東南アジアで約90%である（図 1-1）。日系完成車企業は、日本で167万台、海外の主要生産拠点で1330万台以上を生産し、世界全体で1500万台程度の生産規模にあると考えられる。中国系完成車企業は、中国国内で約90%の市場シェアを確保しさらに輸出を行っていることから、1860万程度の生産規模である。インド系完成車企業は、インド国内市場のシェアが60%程度であることから450万台程度の生産規模である。この他、欧米の企業が30社ほどあるとされている

が，その生産規模は各社とも10万台以下が大部分である（『世界二輪車概況』，2006）。またアジア各国で地場系完成車企業は勃興しつつある。しかし，現地進出した日系完成車企業と中国からの輸出圧力により，各国市場の急激な拡大ペースほどは各国地場系完成車企業の成長は見られない。すなわち，全世界の生産台数5000万台のうち，40％強を中国系完成車企業が，40％弱を日系完成車企業が，10％程度をインド系完成車企業が，生産しているといえる。こうしたことから，世界のオートバイ産業における主要な生産主体は，中国系完成車企業と日系完成車企業と考えられる。

図1-1で示されているように，日系完成車企業と中国完成車企業は，現地で生産するか，完成車を輸出するかという海外進出への形態に違いがある。日系完成車企業は直接投資で市場があるところで現地生産を行っている。一方，中国系企業は，主に中国国内で生産したオートバイおよびオートバイ部品を海外に輸出している。

以上の完成車の生産主体に関する考察から，インド，中国を除くアジア各国市場の拡大は，各国の地場系完成車企業の生産によるものというよりもむしろ，進出日系完成車企業の生産もしくは中国を中心とする海外からの輸入によって担われているといえる。オートバイ産業は多様な各国販売市場が存在し成長している一方で，完成車の生産主体は限定的であると結論できる。

(2) サプライヤー

モデルや部品のカウント方法により幅が生じるが，1台の完成車オートバイの組立には300種類から1000種類，3000点もの部品・材料が必要とされる。それゆえ，オートバイ産業は自動車などと同様の機械組立型産業とされる。

主な部品は，エンジン部品，駆動部品，電装部品，車体部品，その他に大きく分けられる。それぞれの特徴や構成部品は表に示すとおりである（**表1-2**）。また主な材料は，冷延鋼板・棒材などの鋼材，アルミ・銅・白金などの非鉄金属，スプリング・電線などの金属製品，塗料・樹脂などの化学製品，ガラス・セラミックなどの窯業製品，その他繊維製品，石油製品，ゴム製品，皮革製品など多様なものから構成される。重量的には鋼材関係の占める割合が大きく，一般的な排気量100cc程度の小型オートバイの場合，全車体重量100キログラ

第1章　東南アジアオートバイ産業をめぐる諸問題

表1-2　オートバイの機構と構成部品

	特徴	主な構成要素	主な構成部品
エンジン	最高速度，登坂性能，加速性能（発進加速，追越加速），燃料消費を要件とする動力性能を規定する	シリンダ・クランク関係	ピストンリング，クランクシャフト，シリンダヘッドなど
		動弁系	エンジンバルブなど
		吸気系	キャブレター，エアクリーナーなど
		排気系	マフラー，触媒など
		冷却系	ラジエターなど
駆動機構	エンジン・駆動輪間に位置しエンジン動力を走行条件に合った駆動力に変換し伝達し必要に応じて断続する機能を有する。機動性確保のため小型軽量を要し，乗車姿勢により変換・クラッチ操作に大きな力や動きを要求できない	1次減速機構	ドラムギアなど
		クラッチ・トランスミッション系	クラッチなど
		2次減速機構	スプロケット，ドライブチェーンなど
電装機構	構造上取付けスペース制約が大きく小型軽量化を要す。またエンジン振動や悪路走行による車体振動を直接受けるため高い耐震性を要する。さらに外部に直接露出するものも多く高い耐水性と耐候性を要する。近年，燃費向上や要求性能の向上から電子制御化が進みつつある	点火系	スパークプラグ，CDIなど
		充電系	バッテリーなど
		始動系	スターター，ACGなど
		信号系	スイッチ類，計器類など
		照明系	ランプ類，ホーンなど
車体	エンジン，駆動部品，電装部品を除いたものを指す	フレーム系	フレーム，ハンドル
		ステアリング系	スロットルなど
		サスペンション系	ショックアブソーバー，フロントフォークなど
		タイヤ・ホイール系	タイヤ，ホイール，リムなど
		ブレーキ系	ブレーキディスク，ブレーキホースなど
		ぎ装系	カウルなど
その他			ステッカー，塗料，スプリング類，ボルト類，ゴム部品，樹脂部品など

（出所）　ヤマハ発動機株式会社モーターサイクル編集委員会編著（1991），つじ（1999），神谷（2005）などを参照。

ムのうち40キログラム程度を鋼板や鋼管で占めている[1]。

このようにオートバイというひとつの製品を生産するためには，1000種類3000点以上からなる部品・材料を必要とする。そのため，オートバイ産業の発展に伴ってプレスから鋳造，鍛造，溶接，熱処理，表面処理，機械加工，電子基盤の実装と様々な工程を経た多種多様な部材の供給体制基盤が整備され，特定部品や工程に偏重しない総合的な工業化を推進することが期待できる。

さらにこうした部品生産や工程は，完成車企業だけでなくサプライヤーによっても担われる。そのため，完成車組立には多数の企業からなるサプライヤー群の形成が必要となる。実際，日本オートバイ産業におけるサプライヤーの数は，完成車企業と直接取引を行う1次サプライヤーが150社から200社程度，完成車企業と直接取引を行わない2次以下のサプライヤーは1500社以上とされる[2]。また中国オートバイ産業のサプライヤー数は1995年に1346社であった（大原，2005a，p.64，表3）。そして，こうしたサプライヤー群（裾野産業）は後に確認する日本オートバイ産業の発展過程でもみられたように，オートバイ産業だけでなく自動車産業や電機産業の発展にも大きく寄与した。オートバイ産業が自動車産業の発展に大きな貢献を果たしたことは，「二輪車分野では，…（略）…1952年に本田技研工業および鈴木式織機（1954年鈴木自動車工業，1990年スズキに）への納入を開始した。…（略）…二輪車メーカーを顧客とすることで，顧客の要求にこたえられる技術対応力のスピードと，激戦を生き抜いていくための原価低減の企業体質を，身に付けることができた」とデンソーの社史においても明確に指摘されている（デンソー，2000，pp.238-239）。

(5) 市場特性

オートバイという製品は耐久消費財であり，各国市場の特性に強く影響される。そのため，市場特性について確認することは，オートバイ産業のあり方を考察する本書にとって重要な作業であるだろう。1990年代以降，世界のオート

---

[1] タイホンダでの聞き取り調査（2002年8月）に基づく。
[2] 日本オートバイ産業における1次サプライヤー数については本書第3章で詳しく検討する。ただし2次以下のサプライヤー数については，太田原（2006，p.102，図1）に基づいている。

バイ販売台数は3倍以上に拡大したが，その9割以上は中国，インド，東南アジア各国というアジアの発展途上国で占められた。こうした市場の特性は各国で異なるが，次のような共通点も確認できる。

第1に，所得レベルとオートバイ普及率である。一般に3000米ドルに達しないと自動車のモータリゼーションは生じないとされる一方，1000米ドルがオートバイのモータリゼーションの普及の目安とされている（ヤマハ発動機，2002, p.26）。こうした成長著しい国々の所得水準はマレーシアを除き一人当たり年間GDPが3000米ドル未満であり，オートバイのモータリゼーションの時期にあたるかそれへの突入期にあたる（**表1-3**）。オートバイの普及率について，人口をベースとしたオートバイの普及状況から確認すると台湾が1台あたり約2人と世界で最も高くなっている。そのためこの台湾の普及率の数字はどこまでオートバイ市場が拡大するのかという市場の潜在性の一つの基準となっている。中国，インドは現在でも市場が世界最大であるが，普及率から見てもまだまだ潜在的な成長可能性が大きいことが伺える。一方で，東南アジア各国ではオートバイの普及が進んでいることが分かる。

第2に，オートバイの社会的な位置付けの高さとそれに起因する潜在的需要の大きさである。成長著しいアジア各国におけるオートバイの位置付けは日本や欧米諸国と大きく異なり，その特徴として次の2点を挙げる。

ひとつはこれら途上国におけるオートバイの社会的な地位の高さである。途上国においてオートバイは単なる移動手段ではない。これら各国では，オートバイは移動のために個人が乗るだけでなくトラックの代わりに荷物を運ぶなど実用面でフル活用されている。このように途上国ではオートバイは極めて厳しい環境下で用いられるため，オートバイに対する要求性能は厳しくなる。さらにこうしたハードな使用環境は，オートバイの代替製品としての自転車の役割を減じることになる。なぜなら，これら途上国の気候は熱帯に属するため，自転車ではこうしたオートバイの役割を代替しがたいからである。

もうひとつは公共交通機関の未整備を補うことである。発展途上国ではバスや鉄道などの公共交通機関は未整備であることが多く，個人的な移動に加えタクシーとしての役割も果たすオートバイが重要な交通インフラの一翼を担って

表1-3 オートバイの普及率と所得水準の関係（2005年）

		普及率	一人当たり年間 GDP（米ドル）
アジア	台湾	1.73	15,203
	マレーシア	3.34	5,042
	タイ	4.09	2,659
	ベトナム	5.73	618
	日本	9.70	35,672
	インドネシア（2003）	10.76	1,100
	中国（2003）	21.70	1,270
	カンボジア（2002）	23.03	297
	インド（2001）	37.22	461
	フィリピン	38.32	1,168
	パキスタン	43.87	728
	バングラデシュ	477.08	400
欧米	イタリア（2004）	5.78	29,830
	ドイツ	14.58	33,854
	フランス（2004）	25.05	33,048
	米国（2003）	54.26	37,666
中南米	ブラジル	21.25	4,320
	アルゼンチン	22.48	4,799
	メキシコ	141.45	7,298
アフリカ	ナイジェリア（2000）	273.77	341
	ケニア（2002）	1,119.15	419

(注) 普及率とは，オートバイ1台あたり人口（人/台）を意味する。
(出所) 一人当たり GDP について IMF "World Economic Outlook Database" を参照。普及率は『世界二輪車概況』（2005）の各国保有台数から筆者が計算。

いる。このためオートバイが普及している途上国では，一足飛びにドアトゥードア（door to door）の交通インフラが現出している。オートバイと人々の生活は日本より格段に強く密着しているといえる。

2　先行研究のサーベイ

（1）　日本オートバイ産業に関する先行研究

　日本オートバイ産業に関する先行研究は，議論の対象から次の3つに区分できる。第1は，日本のオートバイ完成車企業に焦点を当てて，日本オートバイ産業の歴史的発展プロセスと技術形成プロセスを明らかにしたものである。主要な研究として，日本自動車工業会（1995），太田原（2000a），富塚（2001），出水（2002），片山（2003），Demizu（2003）などが挙げられる。太田原（2000a）はホンダの主導により日本オートバイ産業が大量一貫生産システムを確立し，規模の経済における優位性を築いたことが成長の礎となったことを明らかにした。出水（2002）は，技術史的な観点から，ホンダの生産技術の形成と大量一貫生産システムの確立，商品開発システムを示した。それまで明らかではなかった日本オートバイ産業の発展史に正面から取り組みその特質を指摘した点で，太田原（2000a），出水（2002）の研究上の功績は大きかったといえる。

　第2に，ホンダの生産拠点のある浜松・熊本における産業集積に焦点を当てて日本オートバイ産業の企業間取引関係について考察した先行研究である。浜松を対象とした主な研究として，静岡県中小企業総合指導センター（1976），田中（1977），青山（1988），関（1991），長山（2004），太田原（2006）などがある。また熊本を対象とした研究として横井（2006）がある。これらの研究は上のタイプの研究であまり検討されなかったサプライヤーを含めた日本オートバイ産業の分業構造を明らかにしたという意義がある。本書で後に詳細に検討するように，オートバイ産業における完成車企業は高い外注率を示し，その競争力はサプライヤーから調達する部材のQCD（quality・cost・delivery）に依存するところが大きいため，サプライヤーも含めた分析は欠かせないものであった。また完成車企業は生産に当たってサプライヤー群の形成を促すとされるが，そうしたサプライヤー群の性質は完成車企業の取引形態や製品アーキテクチャ（後述）に大きく依存することがこれらの研究から示された。

　第3に，日本のオートバイ産業の海外展開に関する先行研究である。日本オ

ートバイ産業は，1970年代以降輸出を本格化させ，1980年代後半からは海外生産を本格化させたことが，輸出に関する通関統計から明らかであるだろう。ただし，こうした日本オートバイ産業の海外展開に関する研究は，上記2点に関する研究に比べてその蓄積は限られている(3)。しかし，東南アジアオートバイ産業は日本企業の海外展開によって担われた側面が大であることから，このタイプの先行研究は本書とも直接関係する。そこで以下，やや詳細に研究内容の確認とそれに対する評価を行いたい。

日本のオートバイ産業の海外展開に関する最も本格的な先行研究として，大原（2006b）が挙げられるだろう。大原（2006b）は，本章でも後に詳しく検討する知的資産アプローチに基づいて，日本の完成車企業がグローバルな生産ネットワークを構築するプロセスを，産業資源の活用と現地市場適応に即して分析を進めた。所収文献の序論（佐藤，2006b, p.6）によると，以下のような問いを立て，それに対し次のような解答を示したという。すなわち，大原（2006b）は，1960年代から基本技術が変化しないオートバイ産業において，どうして日系企業は支配的な地位を維持できるのか，ということを問いにした。これに対して大原氏は，日本オートバイ産業は本国における多様で厚みのある産業資源の蓄積を活用できること，産業資源を各国の市場に適した形で投入する現地適応能力を向上させてきた，という答えを与えたとされる。

分析視角の曖昧さに起因する生産ネットワークに関する問題点については本章で後に検討することとして，大原（2006b）の実証的な面での問題は，日系サプライヤーがどのように海外展開するかの具体的内実を明らかにしていないにもかかわらず，生産ネットワークという完成車企業を超えた産業の全体像を述べていることであるだろう。ただし大原氏は日系サプライヤーの海外展開の時期を，2003年時点のオートバイ事業への依存度によって規定した（大原，2006b, pp.74-75）。すなわち，オートバイ依存が高いほど海外進出が遅く，低いほど進出が早いというように，オートバイへの事業依存度が海外進出に関係

---

(3) 海外展開を行った日系企業を中心とした報告記録として，ベトナムに関して植田・三嶋（2003），関・長崎編（2004），タイおよびインドネシアに関して三嶋（2004a；2004b），中国に関して出水編（2007）などがある。

しているとした。確かに収益面での自動車事業の支えがサプライヤーの海外展開にとってひとつの重要な要件であるかもしれないが，それだけをもってサプライヤーの海外進出要件もしくは特質とするならば，それは積極的な分析とはいえないだろう。なぜなら，サプライヤーが海外進出する際には，部品や工程の有効最小生産規模と進出先の市場規模との関係，補修需要の有無，労働集約的か資本集約的かといった部品や生産工程の特性，現地調達規制など政策対応の側面が重要になるはずであるからである。大原（2006b）ではこうした観点が捨象された結果，日系サプライヤーの海外展開の動向およびその背景は必ずしも十分には解明されなかった。

　日本オートバイ産業の海外展開についてはこの他，欧米への展開に関してホンダのケースに即した太田原（2000b），出水（2002）が挙げられる。しかし，アメリカへの展開について述べた太田原（2000b）は1950年代後半の輸出先としての先進国である北米市場の開拓という市場参入戦略に焦点を当てたものであり，現地生産の展開など産業形成に関する言及はない。

　出水（2002）は1960年代のホンダのアメリカおよびベルギー進出について明らかにしたが，その焦点は市場動向に当てられていて，現地生産の具体的内実やサプライヤー群の形成に関する考察は行われていない。このように出水（2002）は日本オートバイ産業の海外展開，特に生産面での展開に関して正面から取り組んだものではないが，ホンダに代表される日本企業が海外に進出する際の生産についての段階区分を行っている（出水，2002，pp.275-279）。まず日本企業の海外進出は，完成車の輸出から開始し，ある程度の市場形成の後，当該国の政府による完成車の輸入禁止政策に伴って現地生産が始まる。初期は全部品を輸入し組立だけを現地で行うCKD生産方式が採用される。現地では組立作業のみを行う「スクリュー・ドライバー工場」（付加価値の低い単なる組立工場）だが，雇用が発生し，就業機会の増加という効果が生まれる。さらに現地の生産状況や関連産業の整備が進んだ段階でKD生産方式に進む。溶接以降の塗装，部品現地調達など現地作業工程が入り，現地での生産工程が増大し，より大きな産業が現地に創出される。

　こうした出水（2002）の指摘する現地生産の進展プロセスは，本書の各論で

検討するように，1960年代以降の東南アジアにおける日系企業でも見られたことであった。そういう意味でこの区分は妥当である。しかし，この区分の視点は完成車企業に限定され，これがサプライヤーを巻き込んでどのように現地生産を展開していくのか，という点を出水（2002）は示していない。

（2） 中国オートバイ産業に関する先行研究

中国オートバイ産業に関する主たる先行研究は次の3つに区分できるだろう。第1に，完成車企業およびサプライヤーも含めた中国オートバイ産業の形成と発展のあり方を明らかにした研究である。その代表的なものとして，中国汽車技術研究中心（1999），松岡・池田・郝（2001），大原（2001：2004：2006c）が挙げられる。

第2に，中国オートバイ産業の海外展開に関するものである。その主なものは，大原・田・林（2003），丸川（2003），山村・申（2005），葛・藤本（2005），大原（2006c）などである。先の統計データに基づく検討と同様に，これらの先行研究から，中国オートバイ産業は海外直接投資による現地生産を伴う進出よりも輸出が主流となっているということであり，現地生産を伴う海外展開は今後の課題であることが分かる。

第3に，生産システムや製品アーキテクチャに着目して，オートバイ産業から中国産業の特徴を抽出しようとする研究である。代表的なものとして，葛・藤本（2005），大原（2005），椙山・太田原（2002），Ohara（2006）が挙げられる。これらの研究は日本オートバイ産業の製品アーキテクチャ（product architecture）をクローズ・インテグラル（closed-integral）型，中国オートバイ産業のそれをオープン・モジュール（open-modular）型とした。これら先行研究は日中オートバイ産業をアーキテクチャの観点から特徴付け，それぞれの産業の特質と競争優位について考察した。

（3） 東南アジアオートバイ産業に関する先行研究

東南アジアオートバイ産業に関する先行研究は自動車産業や電機・電子産業などの他産業や日本・中国オートバイ産業などの他地域に比べると限られたも

のであった。その主なものとして次の3つを挙げる。

 第1に，東南アジア各国オートバイ産業の概要に関する研究である。例えば，タイについては Nattapol（2002）や横山（2003）において，インドネシアについては Ridwan（2002）や山下（2003）において，ベトナムについては池部（2001）や植田（2003）などである。また佐藤・大原編（2005）も各国概要を示している。

 第2に，途上国産業の発展を，オートバイ産業をケースとして発展のプロセスや主体など全体像に焦点を当てた研究である。代表的なものとして，Mishima（2005）のほか，佐藤・大原編（2006）に所収の各論文（東，2006a；藤田，2006；佐藤，2006a）が挙げられる。佐藤・大原編（2006）の各論文の意義を総じて言うならば，各国の地場系企業がオートバイ産業にどのように参入し，どのように質的向上を図ろうとしたのかについて明らかにしたことである。しかし，地場系企業に焦点が当てられるあまり，日系企業の展開プロセスと生産の内実に関する分析が不十分となっていることが指摘できる。すなわち，日系企業の進出動向についての分析が行われているものの，それらはあくまで地場系企業を分析するために必要な範囲内のものであった。そのため，日系企業が主導した東南アジア各国オートバイ産業の発展に関する全体像がこれらの研究からは判然としない。

 確かに，佐藤・大原編（2006）は日系企業の競争優位の源泉としての産業資源や生産経験の蓄積という指摘も若干は行っている。けれども，それが東南アジア各国に進出した日系企業によってどのように発現され，どのような順序で展開され，どのようにして競争優位に結びついたのかはこれらの研究からは判然としない。

 第3に，中国オートバイ産業の研究で見られたような開発，生産システムの

---

(4) タイの自動車産業に関する代表的な先行研究として，森（1999），末廣（2005）がある。また東南アジア自動車産業については，アジア経済研究所編（1980），足立・小野・尾高（1980），Odaka（1983），Doner（1991），丸山編（1994），加茂（2006）などを参照。またベトナムの電機・電子産業は，岡本（2003），Mori & Ohno（2005）などに詳しい。東南アジアエレクトロニクス産業に関しては，アジア経済研究所編（1981），森澤（2004），竹内（1999），Borrus et al. (Eds.)（2000）などを参照。

特質について述べた研究の植田（2005）である。植田（2005）は，オートバイ産業における日系企業と中国企業の間の生産システム競争に焦点を当て，21世紀初頭の生産システムを展望した。植田氏が検討した生産システムは次の2つであった。ひとつは，日系企業に見られる生産システムであり，完成車企業とサプライヤーが協力しながら製品や部品を開発し，材料工程，設備から製品まで一貫した管理の下で生産を行っていく「統合型」生産システムである。統合型生産システムは，製品の機能と品質について競争力を高める効果を有した。もうひとつは，中国企業に特徴的な生産システムであり，以下の5つの特徴に代表される「分散型」生産システムとした。第1に，標準化モデルを前提とすること，第2に，低コストで部品を生産する仕組みを備えていること，第3に，サプライヤーを活用するネットワークとノウハウを持つ企業が存在すること，第4に，完成車企業とサプライヤーがこうした生産の仕組みを活用することで開発費用を抑えることが可能になること，第5に，常に変化やイノベーションが生じること，である。

さらに植田（2005）は，ベトナムオートバイ産業での両者の競合関係を事例に両者の比較分析を行い，次の2つのことを指摘した。第1に，こうした生産システム間の競争が発展途上国の市場を中心に今後はオートバイ産業以外でも生じることを前提に，そこではコスト競争力を有する分散型生産システムが常に優位にあるわけではなく，開発力に基づく技術的優位性を有する統合型システムが優位に立つことも十分ある，ということである。第2に，両生産システムは硬直的なものではなく，統合型生産システムが積極的に分散型生産システムの仕組みを取り入れている，ということである。

こうした植田（2005）における分析視角について本書でも参考にする。というのも，先にみたように日本オートバイ産業と中国オートバイ産業の生産システムは互いに異なるものであり，両者を考察するに当たって企業間取引関係に着目することで，両者の特質を浮き彫りにし，さらに生産システムに関して多くの示唆を得られると考えるからである。

しかし，植田（2005）には次の2つの課題も残されていると考える。第1に，統合型生産システムの特質を述べるに当たって，日本におけるオートバイ産業

の形成プロセスについては具体的に説明されているが，日本企業が海外に進出した際にどのように産業形成を果たし，どのように質的向上を達成するのか，に関する具体的な考察が欠けている点である。第2に，事例としたベトナムオートバイ産業における競争構図として，日系企業イコール統合型生産システム，地場系企業イコール分散型生産システム，と単純な二項対立に設定して議論を行ったために，日系企業の現地への適応動向や地場系サプライヤーの動向が判然としない点である。確かに近年の統合型生産システムの変化については指摘があるものの（植田，2005, pp.44-45），分散型生産システムの変化の有無に関する分析はない。そもそもベトナムにおける地場系企業は中国と同一の分散型生産システムにあるのかどうかについても実証的な議論が行われていない。

（4） 佐藤・大原編（2006）の分析視角——知的資産アプローチ
(1) 位置付け

ここまでの先行研究サーベイで明らかになったように，東南アジアオートバイ産業に関して，日系企業の主導による産業形成と発展の内実を正面から明らかにしようとした先行研究はほとんどなかった。こうした中，佐藤・大原編（2006）は本書とは分析焦点が外資系企業か地場系企業かで異なるものの，類似の問題意識をもったほとんど唯一の先行研究として挙げられる。佐藤・大原編（2006）は日系という先発に対してどのように後発の地場系企業が対抗していくのか，という視点で検討が行われた。そして，タイ，インドネシアのオートバイ産業について，日系企業との乖離の存在を前提に地場系企業の主体的な意思とその役割を評価し，乖離の解消のための取り組みを指摘した（東，2006；佐藤，2006a）。しかし，日系企業が圧倒的な優位を占める東南アジアオートバイ産業における地場系企業の存在は極めて小さく，そこに焦点を当てたこれら先行研究は東南アジアオートバイ産業の全体像を明らかにするようなものではなかった。

なぜ，佐藤・大原編（2006）は地場系企業に焦点を当てる一方で日系企業について詳しく検討してこなかったのだろうか。その要因は，佐藤・大原編（2006）の全体の分析視角として次にみる知的資産アプローチが採用され，そ

の主体が地場系企業に限定されていることが大きいと考える。

　ここで佐藤・大原編（2006）の分析視角を検討する前に，その分析対象である地場系企業，日系企業を含む外資系企業，多国籍企業についてそれぞれ整理しておく。末廣氏はアジア諸国の工業化の担い手として，「国営・公企業」「国内民間大企業」「多国籍企業」の3つを挙げ，これを「支配的資本の鼎構造」と呼んだ（末廣，2000，pp.160-162）。しかし本書が議論の対象とする東南アジアオートバイ産業の地場系企業は，ベトナムの一部を除き国内民間企業が大部分である。そのため，本書では，東南アジアオートバイ産業については支配的資本の鼎構造のうちの前2者をまとめて地場系企業とする。また，本書は多国籍企業を「1つの経営単位のなかに多くの国籍の企業を抱え込んでいる企業」（吉原，2001，p.8）と定義する。さらに本書で議論する外資系企業とは「ある国に対する外国企業の直接投資によってできる子会社」（吉原，2001，p.242）と定義できる。東南アジア各国オートバイ産業の地場系企業の大部分は多国籍化していないが，外資系企業は多国籍化している。それゆえ，本書では外資系企業を多国籍企業とほぼ同義のものとして議論を進めていく。すなわち，東南アジア各国産業の視点から見た際の多国籍企業の海外子会社とは外資系企業といえるだろう。以上から，本書は企業形態として地場系企業と外資系企業の2つに区分した議論を展開していく。

　以下，まず，大原氏の2つの論文（大原，2006a；大原，2006b）の内容を確認する。続いて，佐藤・大原編（2006）全体の分析視角となっている知的資産アプローチについて明らかにし，途上国産業の形成と発展の原動力となりうる蓄積主体として地場系企業に限定することの理論的問題点を指摘する。その問題点を先んじていうならば，知的資産の定義の曖昧さ，企業による設定時間軸の異なり，多国籍企業による優位性移転の方向の単純化，中国と東南アジア各国の混同，の4つである。

(2)　大原（2006a；2006b）の概要

　ここで検討すべき議論は，大原氏の佐藤・大原編（2006）の分析視角の提示を行った理論面を焦点に当てた大原（2006a）と日本の二輪車産業の海外展開を扱った実証面に焦点を当てた大原（2006b）である。両者はともに知的資産

アプローチにより議論が展開されていることで共通し，大原氏の描く，オートバイ産業と途上国産業との関係が明らかにされている。大原（2006a：2006b）の具体的な内容の要旨は次のようにまとめられる。

大原（2006a）は次の3点に着目する知的資産アプローチという佐藤・大原編（2006）全体の分析視角を説明した。それは第1に，地場系企業の独自の能力構築を重視することである。第2に，産業発展のあり方に影響を与える最大の要因として，一国に歴史的に蓄積された産業資源を重視し，グローバル競争よりも国内市場での活動に着目することである。第3に，地場系企業の，外資系企業とのグローバルな協調よりも，それを利用し対抗するという意思を重視することである。地場系の大企業は，本国に高度な部門を残し，進出先でオペレーションを行うという外資系企業よりも，知識の蓄積や産業資源の構築に貢献しうる，とした。

その上で，オートバイ産業から明らかになる産業発展の側面として，第1に，地場系企業の能力の形成，第2に，先進国の支配的企業との関係，第3に，国内の産業資源の活用，第4に，国内市場の重要性，を挙げた。この4点から，大原（2006a）は，各国の地場系企業が国内市場をベースとして成熟技術の地道な積み重ね型革新によって知的資産を蓄積し，先進国企業に対抗しうる自立性を獲得していくという企業成長，産業発展の多様な経路の予測を示した。

一方，大原（2006b）は知的資産アプローチに基づいて，日本の完成車企業がグローバルな生産ネットワークを構築するプロセスを産業資源の活用と現地市場適応に即して分析を進めた。所収文献の序論によると，以下のような問いを立てそれに対し次のような解答を示したという（佐藤，2006b，p.6）。すなわち，ここでは1960年代から基本技術が変化しないオートバイ産業において，どうして日系企業は支配的な地位を維持できるのか，ということを問いにした。これに対して，日本オートバイ産業は本国における多様で厚みのある産業資源の蓄積を活用できること，産業資源を各国の市場に適した形で投入する現地適応能力を向上させてきた，という答えを与えた，ということである。しかし，大原氏が提示した分析視角としての知的資産アプローチは以下にみる4つの問題点を抱えていると思われる。

(3) 知的資産の定義の曖昧さ

1つ目の大原氏の分析視角に関する問題は，根幹となる「知的資産」のとらえ方である。具体的には次の2つである。

第1に，知的資産に関する厳密な定義の欠落である。大原氏はアムスデン（Amsden, 2001）の「知識ベースの資産」を蓄積するアプローチを分析枠組みとする。しかし，大原氏はこれを知的資産アプローチと名称を変えながらも，変更の理由の説明を行わず，「知的資産」の厳密なる定義も行っていない。これが議論を曖昧にさせ混乱させている根本的な要因であると考えられる。

第2に，限定的な知的資産の定義とそれに起因する多国籍企業による蓄積の皮相化である。おそらく大原氏は，アムスデンの「知識ベースの資産」の説明のための記述，すなわち「後発組にとって模倣が難しい企業特殊な資源，能力であり，その本質的な源泉は，企業およびそれを取り巻く社会に，長期にわたる製造経験の末に積み重ねられた」（大原，2006a, p.18）資産を「知的資産」と同義とし，その性質としているのだろう。

そして大原氏は知的資産の性質を限定することにより多国籍企業による蓄積を単純化している。このことは次の文章に特に象徴的に表現される。「最も高度な知識を要求する部門を先進国に残し，オペレーション部門を後発国に展開する多国籍企業よりも，自国にベースをおき，その国と将来を共有しようとする企業こそ，内部により知識を蓄積し，国内の産業資源のグレードアップをより力強く牽引すると想定されるからである。そしてそれらの企業が，往々にして現地の「大企業」だからである。さらにそのなかで，独自ブランドで販路を開拓する地場のリーディング企業が，産業発展の牽引役の頂点に立つと本章はみなしている」（大原，2006a, pp.17-18）。

すなわち，大原氏の分析視角においては，「多国籍企業は先進国のみに高度な能力を蓄積し，途上国では重要な蓄積は行わない」かつ「地場系企業は，途上国で知識を蓄積し，途上国産業資源のグレードアップに貢献する」という図式が固定的に描かれていることが分かる。

この図式において大原氏の想定する知的資産とは研究開発機能に限定されているという解釈が可能になるだろう[5]。しかし，製造企業における能力蓄積とし

て，研究開発と同等にもの造りの技能，改善能力，エンジニアリング技術もまた重要であると考える。これはそもそも，大原氏が依拠するアムスデンが「知識ベースの資産」についてより幅広い製造に関係する能力から形成されると定義し，その蓄積の重要性を主張していることと同様である（Amsden, 2001, p. 4, table 1.2.）。また佐藤・大原編（2006）所収の各論文も蓄積を考察するに当たって，全般的なもの造りの諸能力について検討している。すなわち，大原氏の定義は依拠するアムスデンとも，分析視角となっているはずの佐藤・大原編（2006）所収の各実証論文とも整合的ではない。

以上から，大原氏は「知的資産」の定義を狭めることによって多国籍企業の海外拠点の意義を減じさせるという印象を受けざるを得ない。地場系企業によるものだけでなく，外資系企業による多様な蓄積についてもより正当に評価するべきではないだろうか。

(4) 企業による設定時間軸の異なり

2つ目の大原氏の分析視角に関する問題は，地場系企業と外資系企業とで設定時間軸が異なっていることである。大原氏は，地場系企業に関しては蓄積という動態的な行動を認めるのに対して，外資系企業に関しては蓄積という動態的な行動を十分考慮しなかった（大原，2006a，p.27）。そのため大原氏は分析視角を議論するに当たって，外資系企業の蓄積を無視し，地場系企業の蓄積の重要性を主張することとなった（大原，2006a，pp.17-18）。確かに大原氏は日本オートバイ産業の海外展開について述べてはいるが（大原，2006b），それは日本の国内産業資源の移転をベースとしたものであり，進出先国での知的資産

---

(5) さらに研究開発機能と一口に言っても，カラーリングの変更などデザインを中心とした機能から，機能部品以外のスペックの小変更を行う機能，既存モデルに基づいたエンジンスペックなど機能部品も含めたスペック変更を行う機能，既存モデルの一部流用も含めた新モデル開発，新モデルの抜本的な開発，というように多岐に渡る。大原氏はオペレーションと対比させていることから，外資系企業はこれら全てを含んだ研究開発機能を本国に持ち，行っているという想定であることがうかがわれる。こうした研究開発とオペレーションを二項対立させた大原氏の議論は，本書の後の章でその問題点を指摘することであり，また大原氏自身も日系企業のデザイン機能を中心とした研究開発機能の現地化の進展を紹介しているように（大原，2006b），実態に即した認識であるようには思われない。東南アジア各国のオートバイ産業における外資系企業の現状に即していうならば，新モデルの抜本的な開発という研究開発機能の一部を本国で担い，その他の研究開発機能は徐々に現地化されつつある，というように言うべきであるだろう。

の蓄積という観点は捨象された。こうした議論を展開することで，大原氏はアジア各国オートバイ産業における外資系企業による生産ネットワークを所与のものと位置付け，地場系企業はその内部で発展していくというひとつのプロセスを描いた（大原，2006a，pp. 27-29）。

けれども本書各論で確認していくように，東南アジアオートバイ産業は輸入代替を進展させ輸出を盛んに行うまでに発展したが，それは段階的で動態的なプロセスを経て形成されたものでありこれを担ったのは日系企業であった。さらに，これは概要でも確認したが，そもそも機械組立型であるオートバイ産業は，装置型産業のように最新設備の導入によって一朝一夕に産業が形成されることはない。

以上から，外資系企業の生産ネットワークも動態的な発展プロセスを経たことは歴史的にも産業特性からも明らかである。これに対し，大原氏は企業によって異なる時間軸を設定することによって，外資系企業の生産ネットワークを静態的なものとし，途上国産業に外在的なものと位置付けているように思われる。しかし，外資系企業についても動態的に考察し，そうすることで外資系企業の生産ネットワークも知的資産の蓄積に伴って動態的に形成されたと考えるほうが実態に沿った理解であるように思われる。

また，国レベルでの産業資源の構築を重要視するという佐藤・大原編（2006）の立場（佐藤，2006b，p. 5；大原，2006a，p. 17）からしても，その主たるプレーヤーである地場系企業と外資系企業はともに同一の時間軸で考察するべきである。それはなぜなら，先に見た大原氏のいう外資系企業による生産ネットワークは，佐藤・大原編（2006）において議論の重点とすると自ら定めた一国単位の生産ネットワークにも依拠するものであり，議論の主たる対象から外したグローバルな生産ネットワークのみに依拠するものではないからである（大原，2006a，p. 17）。ここでアジアのオートバイ産業がグローバルな生産分業に加え一国単位の生産体制を築いているということは，佐藤・大原編（2006）所収の各論文からも明らかである。

このように地場系企業だけでなく外資系企業も動態的なプロセスから把握するならば，外資系企業の生産ネットワークは所与で産業に外在的なものという

位置付けではなくなるだろう。それは，外資系企業の進出と進出後の蓄積行動によって段階的に形成されその高度化が進展したもの，すなわち動態的な発展プロセスを経て形成されたものと捉えなおすことができると考える。それゆえ，知識ベース資産の蓄積や産業資源の構築を途上国産業というレベルで考察するのであるならば，生産ネットワークに依拠して発展を遂げる地場系企業だけでなく，生産ネットワークそのものを築いた外資系企業の蓄積行動を含めて考察を進めたほうがその理解はより深まることだろう。

(5) 多国籍企業の優位性移転の方向

3つ目の大原氏の分析視角の問題点は多国籍企業の優位性移転の方向を単純化したことである。大原氏が知的資産の蓄積主体を地場系企業に限定したことは，優位性の移転の方向をめぐる多国籍企業論からも問題を指摘することができる。

多国籍企業論においては，多国籍企業が国外での事業活動を行う理由のひとつとして優位性の活用が挙げられている（ハイマー，1979, pp.35-39）。多国籍企業の優位性とは一般に所有優位性，内部化の優位性，立地優位性の3つからなる（Dunning, 1988, p.27, table 1-1）。そして伝統的な多国籍企業論では，多国籍企業の優位性とは個々の職能を優れて実施できる能力とそれを支える有形無形の経営資源を意味し，多国籍企業の組織能力とは優位性を多国籍企業内部で移動させ海外子会社で利用可能にする能力を意味した（山口，2006, p.49）。こうした伝統的な多国籍企業論が指摘してきたように，従来，オートバイ産業の多国籍企業の中でそのほとんどを占める日本企業についても，その海外子会社の果たす役割も小さく，優位性は日本本社から海外子会社に一方向的に移転されるだけで逆方向への移転（逆移転）はほとんどなかったとされた（吉原，1993, p.318）。

以上は佐藤・大原編（2006）の多国籍企業の海外子会社に対する捉え方でもあるだろう。確かに大原氏は日本から進出先国という一方向の移転経路から日本の完成車企業の海外展開を描いた（大原，2006b）。けれども，先に見たように大原氏は多国籍企業の進出先での知的資産の蓄積行動に関する考察を十分には行っていないことから，こうした大原氏の議論は逆移転が存在しないという

実証的な検討に基づいているわけではなかった。すなわち，大原（2006b）の多国籍企業の優位性の移転に関する考察は，日本本社から海外子会社への移転という一方向のみであったといえる。

しかし1980年代後半以降，国際的な競争環境の変化や海外進出経験の蓄積などを受けて，多国籍企業はグローバルへの統合とローカルな環境への分化という2つの課題に同時に取り組む必要が生じた。各多国籍企業は，中央集中的なグローバルな規模の経営でコスト優位性を追求する「グローバル企業」や親会社の知識と能力を世界的に広めて適応させる「インターナショナル企業」という優位性の移転が一方向であるタイプから，1980年代後半以降，本社と海外拠点が相互依存の関係にあり共同で知識を開発し共有する「トランスナショナル企業」という優位性の移転が双方向であるタイプへの進化が求められるようになった（Bartlett & Ghoshal, 1989, p.15, Table 1.2; p.65, Table 4.2）[6]。さらに多国籍企業の海外子会社は進出先の環境に影響を受け，そうした影響が海外子会社に限定されず企業全体へと広がる可能性も指摘された（Kogut & Zander, 1993）。こうした変化は日系の多国籍企業についても生じ，各種優位性が進出先から日本へ移転するという逆移転の増加はアンケート調査の結果からも実証された（吉原，2001，第6章）。

このように近年多国籍企業の組織モデルは競争環境の変化に伴い変化しつつあり，分散化，相互依存性，サブユニット間のタイトな連結，ユニット間での相互学習，組織構造の柔軟性，がその理想型とされている（ゴシャール＝ウエストニー，1998，pp.5-6）。このことから多国籍企業の組織能力の役割はかつての優位性の一方的な移転能力に加えて，次の2つが加わることとなった（山口，2006，pp.54-55）。第1に，優位性の創造を海外子会社で可能にし，その優位性を多国籍企業全体で活用できるようにすることである。第2に，多国籍企業のある部分で起こった競争に対して他の部分で対応できることである。

---

[6] こうした「トランスナショナル」な組織は「マルチフォーカス」（multifocus）（Prahalad & Doz, 1987），「ヘテラルキー」（heterarchy）（Hedlund, 1986）など色々な言葉で定義されていることからも明らかなように，多国籍企業論において近年多くの関心を集めるようになっている（ゴシャール＝ウエストニー，1998，p.5）。

以上，国際競争環境の変化に伴って，多国籍企業一般に関する議論ではその優位性が海外子会社から本社へという逆移転が増加しつつあることが指摘され，移転の双方向性が明らかとなっている。こうした逆移転の増大は，多国籍企業の海外子会社の蓄積活動が増大し知的資産を構築し優位性を確立させていることの証左であると考えられる。

しかし，佐藤・大原編（2006）はこうした国際環境の変化に対応した多国籍企業の進化を考慮せず，先の伝統的な多国籍企業のイメージに終始した。それゆえ，外資系企業が圧倒的である東南アジアオートバイ産業を検討するに当たって，進出日系企業の優位性移転に関して日本から東南アジア各国へという一方向の移転のみを考察した佐藤・大原編（2006）は，外資系企業の蓄積活動を看過し，各国産業に関する断片的な理解を得るに留まったと思われる。そうではなくて外資系企業の能力構築も考慮の対象に含め，優位性の移転だけでなく逆移転に代表される近年の多国籍企業の組織能力の進化についても実証的に検討していくべきだろう。そうすることで，東南アジア各国オートバイ産業の現状に即した理解が得られ，全体像が明らかになると考える。

(6) 中国と東南アジア各国の混同

4つ目の問題は，大原氏がアジアのオートバイ産業に関する議論を展開するに当たって，地場系企業が強い中国と日系企業が圧倒的な強さをみせる東南アジア各国を必ずしも整理せず混在させていることである。大原氏は中国と東南アジア各国を混同することによって，佐藤・大原編（2006）の全体に関わる2つの大きな問題を生じさせた。

ひとつは実証と理論の関係である。佐藤・大原編（2006）に所収の各実証論文では各国各地域の多様性が丁寧に検討されていることとは対照的に，大原（2006a；2006b）では日本オートバイ産業の競争優位となりうる一般性を引き出そうとするあまり，そうした多様性を無視するような印象を受ける。

例えば，「2000年以降，…アジアの地場完成車企業の技術的能力が急速に向上し，既存モデルの製造品質ならさほど差はないレベルまで到達している」（大原，2006b, p. 88）と述べている。この場合，アジアとは中国をイメージしていると考えられるが，インドネシアやタイ，ベトナムを含むのであろうか。

東南アジア諸国における地場の完成車企業が必ずしも日系企業と同等のレベルに達していないことは、上述の佐藤・大原編（2006）に所収の論文の検討からも明らかであるし、本書第4章以下の検討からも明らかである。

また逆に、地場系企業が期待する発展経路について図を用いて検討し、「外国企業の生産ネットワーク内部の発展」経路は「自立的発展を目指す場合の（地場企業の）当面の経路」よりも常に「能力のレベル」が高いとしている（大原, 2006a, p. 28, 図2）。ここで図示された地場系企業の発展経路は中国を除くアジア各国の地場系企業をイメージしているような印象を与える一方で、中国が含まれるのかどうかは明示的に述べられていない。中国を含むのであるならば、一義的に外国企業に依拠する経路のほうが自立的発展を目指す経路よりも能力的に劣っているといえるのだろうか。価格競争力や生産規模なら中国の地場系企業は外資系企業を凌いでいるように思われるが、この図からこれらについての十分な理解は得られない。

このように中国と東南アジア各国を明示的に区分しない議論は他にも散見される。それゆえ、大原氏の示すアジアオートバイ産業の発展像と各章の実証論文との関係、つながりが曖昧なものとなっている。

もうひとつは分析視角の妥当性に対する疑いである。大原氏はアムスデンの議論に依拠して、蓄積主体を地場系企業に限定した知的資産アプローチを示した。しかし、そもそもアムスデンによって、地場系企業が知識ベースの資産を蓄積し発展を主導した第2次大戦後の途上国として挙げられた国は、台湾、韓国、中国、インドのみである（Amsden, 2001, p. 14）。アムスデンは東南アジア各国における地場系企業が知識ベースの資産の蓄積をどのようにして行ったのかということに関しては必ずしも明確に示してはいない。これについて何らかの説明なり考察なりが必要であるはずだが、大原（2006a）にはそうした言及はない。そのため、東南アジア各国のオートバイ産業の分析視角として蓄積主体を地場系企業に限定した知的資産アプローチが妥当であるかは、大原（2006a）の議論によって明らかにはされず不明のままとなっている。

もちろん、アムスデンの議論に依拠するかどうかによらず、産業発展を考察するにあたって東南アジア各国と中国、インド、台湾、韓国とでは区別する必

要があるだろう。なぜなら，東南アジア各国とこれらの国々では産業基盤やその背景が大きく異なるからである。中国，インドは10億を超す人口と長い産業発展の歴史を持つ有力で多様な地場系企業，と発展途上国の中でも独自の強みを持つ（末廣，2003，pp.125-127）。台湾，韓国も地場系企業が豊富に存在した。これに対し，東南アジア各国は未成熟な地場系企業と相対的に小さな国内市場であった。こうしたことから，東南アジア各国の発展パターンは「東北アジア諸国や中国とはっきり異なるもの」（木村，2002，p.77）とされている。

　東南アジア各国はこうした国内産業基盤の脆弱性を補うため外資系企業を積極的に導入した。これは日系企業が販売市場シェア90％以上を占め，寡占的な生産体制を確立しているタイやインドネシアのオートバイ産業に関してより強く当てはまる。このように地域特性からも，地場系企業に蓄積主体を限定した知的資産アプローチを東南アジア各国オートバイ産業に用いることの妥当性に関しては十分な考察が必要であることが示されるだろう。

3　東南アジアオートバイ産業に関する実証的課題と理論的問題

　世界のオートバイ産業に関する概要の検討から，東南アジア各国では日系企業が生産，販売両面で圧倒的な地位にあること，そしてそれが中国やインドとは異なる東南アジアオートバイ産業の独自性であること，が確認できた。それにもかかわらず，先行研究はこれらを正面から検討してこなかった。日本企業の海外展開という観点からの先行研究も東南アジアオートバイ産業に関しては十分存在しなかった。すなわち，東南アジア各国オートバイ産業における競争主体の動向と競争優位の源泉は不明のままであり，あわせてその独自性も依然明らかにされていない，と結論できる。

　確かに，地場系企業に焦点を当てた佐藤・大原編（2006）所収の各論文は，圧倒的優位にある日系企業に対していかに地場系企業が対応しているのかを明らかにしたという点で意義深いものであった。けれども，圧倒的な地位を築いている日系企業という基本を理解してから，販売シェアが10％にも満たない地場系企業という例外を検討する，というのが研究のステップとしてはより自然

ではないだろうか。そうしたことから，東南アジアオートバイ産業の研究にあたって，現在，日系企業の進出による産業形成とそれが牽引する産業発展の姿の解明が求められている，といえるだろう。

具体的な議論は本書第Ⅱ部各論で行うことにして，ここでは日系企業が形成・発展を主導した東南アジアオートバイ産業に関する理論的問題について佐藤・大原編（2006）と比較検討し，それを概要確認と先行研究のサーベイを行った本章のまとめとする。こうした比較を行う理由は，佐藤・大原編（2006）が東南アジアオートバイ産業に関するほとんど唯一の先行研究であるが，その分析枠組みである知的資産アプローチはいくつかの理論的問題も抱えていたからであり，日系企業が主体である東南アジアオートバイ産業の検討にはそのまま適用できないからである。

東南アジアオートバイ産業を議論するにあたって，知的資産アプローチが有効であると考えられるのは次の3点である。第1に，佐藤・大原編（2006）やアムスデンがとったような途上国における企業による蓄積活動を重視するというアプローチである。第2に，東南アジアオートバイ産業は国内市場を基盤とした外生的な輸入代替プロセスを経て発展してきたことを踏まえ，大原（2006a）と同様に国内市場とそこにおける競争環境を重視していくことである。第3に，東南アジアオートバイ産業の形成と発展という歴史に着目していくことである。

一方，東南アジアオートバイ産業を議論するにあたって，知的資産アプローチでは不十分であると考えられるのは次の4点である。第1に，知的資産の定義をより企業の内実に即したものにしていく必要があることである。知的資産（知識ベースの資産）は企業を蓄積と活用の主体とし，その企業特有で価値を有し模倣が困難なものであるため，企業の組織能力に対応すると考える。第2に，地場系企業だけでなく多国籍企業の海外拠点（外資系企業）についても動態的な時間軸で考察していく必要があることである。というのは，佐藤・大原編（2006）の問題点は，大原（2006a）が外資系企業の海外拠点における能力蓄積について実証的にも理論的にも明らかにしていないにもかかわらず，知的資産アプローチのロジックのもと，蓄積主体を地場系企業に限定して議論を展開し

たという点に集約されるからである。第3に研究開発機能及び多国籍企業の優位性に関する多様性を認め，その内実を詳しく検討していく必要があることである。第4に，東南アジア各国は中国やインドと工業化の初期条件が異なるものとして区別して検討していく必要があることである。外資系企業を蓄積主体に含めることは東南アジアの地域特性という観点からも，さらにオートバイ産業という産業特性という観点からも不可欠なことであると考える。これは中国やインドと大きく異なることであり，東南アジアオートバイ産業を検討する際には強く意識しなければならないことであるだろう。

　上記の点を東南アジアオートバイ産業に関する議論の前提とすることによって，佐藤・大原編（2006）が示した地場系企業に限定した能力構築の固定的な図式は解消されるだろう。そのため，各国オートバイ産業においては地場系企業だけでなく外資系企業も能力構築の主体になりうることが示されると考えられる。その結果，東南アジアオートバイ産業の独自性が明らかになり，さらには地場系企業だけでなく外資系企業の寄与する当該途上国の産業発展の重要性も引き出すことができるだろう。それゆえ，本書の第Ⅱ部ではこうした個別実証的な議論が課題となる。

第2章
オートバイ産業分析のフレームワーク

　本書第1章におけるオートバイ産業の概要確認から,東南アジア各国オートバイ産業の急成長とそこにおける日系企業の圧倒的な優位が示された。またアジアのオートバイ産業に関する主要な先行研究のサーベイから,東南アジアオートバイ産業に関する研究蓄積は少なく,その主要な研究は多国籍企業による能力構築を考慮の対象から外した上で構築主体として地場系企業にのみ限定した考察が行われたことが明らかになった。しかし,日系企業が圧倒的な優位を占める東南アジアオートバイ産業については地場系企業からの考察には産業の全体像を示すという点で限界があった。また理論的にも,途上国産業の発展を考察するに当たって,多国籍企業の能力構築を捨象し地場系企業のみに着目することの問題点が明らかとなった。以上より,本章は,第1に本書の研究目的を示すこと,第2に本書が研究目的を果たすための分析枠組みを提示すること,の2点を課題とする。あわせて本書の議論する範囲と構成,用いるデータの出所について確認する。

1　研究目的と分析枠組み

(1)　本書のねらい
　オートバイ産業の概要と先行研究の動向を踏まえて,本書は次の3点を目的とする。第1に,国際的に後発である東南アジアオートバイ産業の形成・発展のプロセスと内実を企業行動から明らかにすることである。そのために,第2の目的は,企業行動の中でも外資系企業を含んだ各企業の能力構築行動と競争行動,企業間分業関係を明らかにすることである。これらを踏まえて,第3の

目的として，東南アジアオートバイ産業に関する考察に基づいて，外資系企業を主体とする発展途上国産業の形成と発展のあり方を示すことを挙げる。こうした目的の意義については，分析枠組みを検討しながら明らかにしていく。

本書の分析枠組みは大きく分けて次の2つの視角に基づいている。第1に，発展途上である東南アジアオートバイ産業の形成と発展のあり方に関する分析視角として，相対的後進性仮説と製品・工程ライフサイクル説に関する議論について確認する。あわせてその鍵概念であるイノベーションについて検討していく。この議論から，相対的後進性仮説において後発性利益を享受するためのひとつの要件は工業化の社会的能力であるが，製品・工程ライフサイクルからみた後発性利益の享受の要件は，イノベーションの源泉となりうる企業の組織能力，競争行動，企業間関係であることが示される。そこで，第2に，イノベーションの源泉に関する視角として，動態的能力アプローチ，対話としての競争概念，企業間関係論の3つを取り上げる。これは企業行動に即して東南アジアオートバイ産業の形成・発展を考察しようとする本書の目的とも合致するだろう。

（2） 発展途上国産業の後進性に関する分析視角
――相対的後進性仮説と製品・工程ライフサイクル説

(1) 相対的後進性仮説による発展途上国産業の位置付け

① 後発性の利益に関する理論

貧困削減に迫られる現代の発展途上国にとって，産業形成と発展を通じた経済の底上げはひとつの重要な選択肢である。そして後発である途上国の工業化

---

(1) 構造主義的な開発経済学が指摘するように，近代部門（工業）と伝統部門（農業）からなる二重構造の解消は経済全体の発展にとって極めて重要なことである（Lewis, 1954）。また世界銀行の「包括的な開発枠組み」（comprehensive development framework）という一般原則と「貧困削減戦略書」（poverty reduction strategy paper）の作成，様々な取り組みに表出されているように，貧困削減のためのアプローチは産業発展にのみ限定されないことは明らかである。しかし，経済発展と貧困削減とは密接な関係にあり，経済発展にとって産業形成と発展は欠かせないこともまた明らかであるだろう（渡辺，1996；大野，2003）。こうしたことを踏まえて，本書では，途上国の産業発展は貧困削減に際して唯一絶対の方法ではないがひとつの有力な選択肢になりうる，というスタンスをとっている。産業発展と経済発展，貧困削減に関する議論の変遷について，絵所（1997），石川（2006）に詳しい。

において大きな影響を与えるもののひとつが後発性の利益であると考えられる。この後発性の利益に関する概念はガーシェンクロンの「相対的後進性仮説」に由来する（ガーシェンクロン，2005）。相対的後進性仮説において後発性の利益とは，経済成長の初期において相対的後進性が大きいほど後発国は既に先発国が確立した技術などをより迅速により安く入手できるため，その後の後発国の経済成長は急速になる，とされている（ガーシェンクロン，2005，pp.51-53；末廣，2000，p.38；南，2002，p.27）。さらにこうした後発性の利益を途上国が享受するためには工業化の社会的能力が必要であり，それは技術形成・習得能力，新しい制度の創出・革新など企業や政府の能力として発揮されるとされた（Amsden, 1989, p.8；中岡，1990；末廣，2000，pp.60-67）。

　しかし，多くの発展途上国が貧困状態からなかなか抜け出せないことに表れているように，途上国には工業化の社会的能力が内生的には発達せず欠如している場合が多い。けれどもこうした一方で，工業化に成功したかつての発展途上国はそれに向けた社会的能力の不備を補完するために各々の相対的後進性に応じて「特殊な制度的諸要因」を形成し，それを工業化の原動力とした（絵所，1997，p.37）。「制度」とは，社会におけるゲームのルールであり，社会が人間同士の相互作用のために設けるルール，制約であり，相互作用を形成するものである（North, 1990）。以下，19世紀のフランス，ドイツから20世紀後半の韓国，台湾まで，各時代の発展途上国が形成した特殊な制度的諸要因を確認する。

② 発展途上国による後発性利益の享受をめぐる歴史的経緯とその教訓

　19世紀のヨーロッパでは，イギリスに対して後発であったフランスやドイツは工場制度の欠落に対して長期工業金融機関を新たな制度として創出し，工業化の担い手とした（ガーシェンクロン，2005，p.82；絵所，1997，p.37）。またフランス，ドイツに対して後発であったロシアは金融制度自体が未発達であったため，政府による財政政策という新たな制度を創出し，それを工業化の原動力とした。またロシアは国営企業を新たな制度として既存企業群の不備を補完し活用した。こうした政府主導の工業化は明治期の日本も同様であった(2)。このように19世紀の各発展途上国は金融機関や国営企業の創出によって，技術や資本を個別に導入し，社会的能力の不備を補うとともに工業化の担い手を形成した。

さらに20世紀半ば以降，急速に発展した韓国，台湾などは，政府が工業化を主導したという点は日本と変わらなかった。[3]しかしこれら諸国の工業化における新たな制度的諸要因の創出は直接投資の受け入れや技術提携による外資系企業の活用であった。

　一般に発展途上国産業に直接投資や外資系企業がもたらすとされるメリットは以下の点である。[4]それは第1に，国際競争力を持つ多国籍企業の技術や経営ノウハウが途上国産業に移転され，蓄積されることである。第2に途上国産業における産業集積が促され，グローバルな生産ネットワークへの参加を果たすことである。こうした結果，第3に未成熟な地場系企業のみに依存するよりも短期の産業形成を果たすことである。この他，潤沢な投資資金の獲得，雇用の拡大，税収の増大なども挙げられるだろう。しかし，直接投資の導入による途上国の産業発展にはメリットだけでなく以下のようなデメリットも指摘されている。それは例えば，技術や経営ノウハウだけでなく異なる文化や価値も導入されることで社会的摩擦が生じ，労働争議が発生することである。また，インフレ傾向が強まること，貿易収支や国際収支の悪化，人材や産業インフラの不足の顕在化などである。

　このように功罪併せ持つ直接投資や外資系企業の活用であったが，韓国や台湾は技術，資本に加えて企業経営やノウハウなどを一括導入し，地場系企業を強化することに成功した（渡辺，1985，p.39）。さらに韓国，台湾はそうして強化された地場系企業を軸に，より圧縮した工業化を主体的に達成した。

　こうした後発国による先発国へのキャッチアップの歴史にも顕在化している

---

(2) 日本の産業発展に関しては分厚い先行研究の蓄積があるが，明治期の日本の産業発展については，例えば，橋本・大杉（2000）を参照されたい。また，日本で地場系企業がどのように蓄積を果たし，発展の主体となったのかについては，清川（1995），宮本（1999），中岡（2006）を参照。この他，その発展概要について述べたものとして，岡崎（1997），鶴田・伊藤（2001），南（2002）を挙げておく。

(3) 韓国，台湾の産業発展に関しては，服部・佐藤（1994），Amsden（1989；2001），Wang ed.（1992），Hobday（1995），Kim（1997），宮城（2003）を参照。また両国の地場系企業がどのようにして外資系企業と接しそこから技術，能力を蓄積し，工業化の主体となったのかという点について，台湾については佐藤（2007），韓国については曺・尹（2005）に詳しい。

(4) 外資系企業が途上国の産業発展において果たす役割について，Vernon（1966），小島（1998），北村（1995），大野・桜井（1997），末廣（2000），大野（2003b）を参照。

ように,キャッチアップを目指す発展途上国の課題は,相対的後進性に起因する社会的能力の不備をいかに克服するか,すなわち,政府や企業をベースに特殊な制度的諸要因の形成をいかに果たすか,ということに集約できる(末廣,2000,pp.40-41)。

③ 東南アジア各国による後発性利益の享受に対する制約とそれへの対応

20世紀半ば以降,東南アジア各国が工業化に向けた胎動を始めたとき,後発性利益の享受を可能にする社会的能力は脆弱であり,特に企業群の欠落という大きな制約が存在した。[5] なぜなら,東南アジア各国は工業化の歴史が浅く産業基盤が未成熟であり,機械や電機・電子など製造業に関する地場系企業が質量とも不十分であったからである。[6]

さらに東南アジアの中でも後発であったベトナムにはもうひとつの制約が存在した。ベトナムは1980年代後半以降に工業化を本格化させたことから,その産業形成期は国際的に自由貿易の傾向が強まった時期と重なった。そのために政府に対する制約もかつてなく強まり,ベトナムの政策オプションの幅は狭まった。[7] それゆえ,ベトナムでは直接的な保護育成政策によって社会的能力の不備を補完するという従来の方法は採用しがたかった。このように工業化の社会的能力が発現する企業,政府の双方に大きな制約が存在したことから,ベトナ

---

(5) 東南アジア産業発展概要について,谷浦編(1989),原編(2001),末廣(2004)を参照。またタイについてはSuehiro(1989),末廣・安田編(1987),末廣(1993),Muscat(1994),Pasuk & Baker(2002),ベトナムについては関口・トラン編(1992),トラン(1996),江橋編著(1998),大野・川端編著(2003),石田・五島(2004),インドネシアについては三平・佐藤編(1992)に詳しい。

(6) 東南アジア各国では一部国営企業などを除くと機械産業では地場系企業の勃興は多くはなかったものの,軽工業については地場系企業の勃興がみられ,著しい成長がみられたものもあった。例えば,タイのアグリビジネスについて,末廣・南原(1991;第2章),Pasuk & Baker(2002;Chapter 4),ベトナムの軽工業について,藤田編(2006)に詳しい。

(7) ただし,発展途上国の工業化に当たって政府の産業政策が有効に機能するかどうかは多様な見解がある。産業政策について例えば,自由貿易の傾向が強まる世界経済と途上国経済との関係から,Gallagher ed.(2005),アジア各国の経済発展との関わりから世界銀行(1994;1997)や太田(2003),産業政策のメカニズムに関して伊藤・清野・奥野・鈴村編(1988)などに詳しい。本書は産業発展が政策によるものかどうかそのものの議論を目的とはしていないため,市場競争と能力構築競争に際しての企業行動に関係する範囲内でのみ政策に関する評価を行っていく。ちなみに本書の産業政策に対するスタンスは,経済発展段階が異なれば政府の役割は異なり,途上国政府は産業発展に対して一定の影響を持ちうるというものである。

ムは後発性の利益を享受し先発国にキャッチアップを果たすことが非常に厳しい環境にあると考えられた（大野，2003b）。

こうした制約から，東南アジア各国において工業化の主体としての役割を各国の地場系企業が担うことは少なかった。それゆえ，ベトナムを含めた東南アジア各国にとって，工業化を圧縮して達成するための海外直接投資を通じた外資系企業の大量誘致が，韓国や台湾における工業化を果たしたとき以上に重要な課題のひとつとなった（小島，1998；木村，2002；大野，2003b）。

このように東南アジア各国は地場系企業の脆弱さや産業基盤の欠落ゆえ，外資系企業に多くを依存することで圧縮した工業化を果たした。東南アジア各国の工業化は，先発国とのギャップを解消するための能力構築の役割を地場系企業ではなくて外資系企業に担わせたことが，そのオリジナルな制度的特殊要因のひとつであったと考えられる。従来，各時期に工業化を果たした発展途上国が，先発国へのキャッチアップのために銀行や国営企業，政府の直接的関与，直接投資や技術提携などを特殊な制度的要因として創出したこと，そして，こうした制度的各要因によって強化された地場系企業を主体に据えて先発国とのギャップを解消し後発性利益を享受したこととは大きく異なるといえるだろう。

④　外資系企業を主体とする能力構築行動の途上国産業への影響と評価

後発である発展途上国がどのようにして工業化を遂げ，キャッチアップを果たしてきたのか，という歴史的経緯を簡単に確認した。ここで，東南アジア各国に特有であった外資系企業を主体とする能力構築行動の途上国産業へもたらす影響について理論的に考察しておく必要があるだろう。というのは，従来の先行研究が佐藤・大原編（2006）のように外資系企業による能力構築行動を進出先である発展途上国産業の発展に資するものとは位置付けてこなかったからである。これについて既に本書は佐藤・大原編（2006）の知的資産アプローチの検討を通じて，地場系企業に能力構築主体を限定することの問題点を指摘した。そこで以下，外資系企業の能力構築行動を積極的に評価できる要素を挙げ，考察していく。具体的には，吸収能力の形成促進，学習の場の形成促進，激化する国際競争環境への適応という次の3点が指摘できるだろう。

第1に，外資系企業を主体とする能力構築行動によって，発展途上国産業が

吸収能力を形成すると考えられるからである。後発である東南アジア各国が組織的に能力を吸収して先発国との技術ギャップを解消するためには，組織能力に関する外部からの情報を受容した経験によって形成された吸収能力が必要とされる（Cohen & Levinthal, 1990）。しかし，脆弱な産業基盤と工業化の歴史から，東南アジア各国の地場系企業が吸収能力を当初から備えているとは考えにくい。そこで東南アジア各国産業は次の2点のいずれかで対応することとなるだろう。ひとつは，吸収能力を有する外資系企業を技術ギャップの解消主体とすることである。もうひとつは，能力構築行動をとる外資系企業が，取引や競争を通じて組織能力に関する情報を地場系企業に届け，その吸収能力の形成を促進することである。東南アジアの相対的後進性を考慮するならば，外資系企業からの既に標準化された情報は地場系企業によって内生的に生み出した場合よりも相対的に質量とも優れたものであると考えられる。

　第2に，学習の場の構築は困難であるとされるが，外資系企業を主体とする能力構築行動はそうした学習の場の構築を促進するからである。ある組織に学習そのものの経験がない場合，学習の場としての新たな組織化の方法から学習を開始する必要がある（コグット，1998，p.184）。そしてこうした組織化は社会的な影響を強く受けるが，ゼロから立ち上げるよりも既に確立した組織を外資系企業が海外から持ち込んだほうがその困難は少ないと考えられる。すなわち，外資系企業を介在させることによって，地場系企業の学習を促進するだけでなく地場系企業が学習するための場を提供することとなるだろう。

　第3に，競争激化とそれに伴う競争優位の源泉の変化である。今日国際競争の激化により，ひとつの静態的な競争優位が長期に持続することは極めて困難になっている。すなわち，競争優位の源泉は製品そのものや市場構成といった静態的なものから，企業行動の動態性に移行しつつあるとされる（Stalk, Evans & Shulman, 1992, p.62）。そのため，後発国が持続的な産業発展を遂げるために，競争優位を生み出す制度やメカニズムを内部化することが必要となりつつあるといえるだろう。外資系企業による能力構築行動はまさにその役割を担うことになると考えられる。

　以上の3点から，外資系企業を主体とする能力構築行動は，従来の後発性利

益の享受に向けた制度的要因が地場系企業の強化を目的としたこととは異なるものの，その鍵概念として位置付けることは妥当であるといえる。すなわち，本書は，外資系企業による進出先発展途上国での能力構築行動を当該国の産業発展に資するものと位置付けていく。これを踏まえて，本書は，外資系企業による能力構築行動は東南アジア各国の相対的後進性に由来する後発性劣位を後発性優位へと転換し，圧縮した工業化を達成するひとつの原動力になると主張していく。

　こうした外資系企業を主体とする能力構築行動は，国際環境の変化によって選択しがたくなった，かつて国営金融機関が果たしていた資本調達や国有企業が果たしていたパイロットファーム，政府による幼稚産業の育成といった役割を内包するだろう。さらに，外資系企業は脆弱な産業基盤に由来して質量とも不十分な地場系企業の役割そのものをも代替していく。それゆえ，地場系企業が必ずしも発展途上国の工業化において主体的な役割を果たさなくなるという可能性も考えられる。これは，経済自由化圧力の下での「より圧縮された工業化」が求められる現在の途上国では「国の競争優位」を「自国の企業」が代表できなくなっているとし，国レベルの後発性の利益と地場系企業という個別企業レベルの後発性の不利益の間に生じる乖離の顕在化として指摘されている（末廣，2000，p.198）。このような東南アジア各国の工業化に顕在化したと思われるグローバル化時代の今日に生じつつある新たな問題についても，本書はあわせて考察していく。

(2) 製品・工程ライフサイクル説による発展途上国産業の位置付け

　発展途上国は後発性利益を享受して圧縮した産業形成・発展を達成するために，工業化の社会的能力の不備を補完する制度的諸要因を創出する必要があった。こうした国民経済レベルの議論を個別産業レベルへとその焦点を絞るならば，相対的後進性や後発性の利益，工業化の社会的能力はどのように位置付けることができるのだろうか。そこで以下，産業レベルにおける途上国の相対的地位と発展プロセスを検討するための分析視角として製品・工程ライフサイクル説を取り上げ，その理論的背景について検討していくことにする。具体的には次の3点を取り上げる。第1に，製品・工程ライフサイクル説の基礎概念で

あるイノベーションについて，先行研究を踏まえながら確認していく。第2に，製品・工程ライフサイクル説を明らかにする。第3に，製品・工程ライフサイクル説が発展途上国産業においてどのような固有の問題を生じるのかということを検討しながら，それと相対的後進性仮説とを対照させていく。

① 産業形成・発展の原動力としての多様で動態的なイノベーション

イノベーション（革新；innovation）は経済や産業，そして企業にとって発展に向けた原動力であるとされている（Schumpeter, 1934; Abernathy & Clark, 1985, p.3）。イノベーションに関して経済学的に初めて取り上げたシュンペーターによると，イノベーションとは生産手段の新結合を通じた創造的破壊（creative destruction）の遂行であり，新結合とは，第1に新しい財貨・品質の生産，第2に新しい生産方法の導入，第3に新しい販路の開拓，第4に原料あるいは半製品の新しい供給源の開拓，第5に新しい組織の実現，の5つを指す（シュムペーター，1977, pp.182-183）。こうしたイノベーションは企業家や企業組織によって担われることから（Schumpeter, 1934；シュムペーター，1995, p.130），イノベーションの主要な源泉は企業家精神および企業の組織能力であると考えられる。ただし新結合の概念が多様なため，イノベーションの源泉は企

---

(8) 新古典派経済学では，ソロー・モデルによって資本ストック，労働力の成長，技術進歩の相互作用と産出への影響が検討され，経済成長における技術進歩の重要性が明らかにされた（Solow, 1956）。しかし，ソロー・モデルは技術進歩を外生的なものに設定し，技術進歩がなぜ生じるのかという決定要因を十分に示さなかった。これを改善すべく，収穫逓増の概念を導入した内生的成長モデルは，技術進歩，経験による学習，知識の蓄積などからなる技術変化のメカニズムを明らかにしようと試みた（Romer, P., 1986; Romer, D., 1996）。しかし内生的成長モデルについても，知識や技術要素は一つのパラメーターとして扱われていることや生産性の決定要因として制度・組織の役割が捉えられていないことなどの問題が指摘されている（絵所，1997, p.186；進化経済学会編，2006, pp.44-45）。この要因のひとつとして，新古典派経済学は1873年以降の限界革命に基づき，経済発展や富の源泉に関する理解よりも，諸資源の配分に関する分析を意図したことを挙げることができるだろう（ラングロワ＝ロバートソン，2004, p.16）。一方，制度学派の祖，ヴェブレンもまたイノベーションのひとつである技術進歩を経済発展の有用な要因であると考えた（宇沢，2000, p.71）。ただし，制度学派についても，そうした理論化には必ずしも成功していないという評価が一般的である（ホジソン，1997, pp.19-21）。

(9) これに類似してポーターは競争優位の源泉となりうる5つのイノベーションとして，第1に新しい技術，第2に新しいもしくは変化する買い手のニーズ，第3に新しい産業セグメントの出現，第4に原材料コストまたはその入手可能性の変化，第5に政府規制の変化，を指摘した（ポーター，1992, 上巻pp.66-69）。この他の様々なイノベーションの定義に関して，Tidd et al., 2005, pp.66-75）にまとめられている。

業内部に留まらず企業間関係や市場との関係などもその重要な要素となりうるだろう（Tidd et al., 2005, pp. 170-174）。

またイノベーションのプロセスは均衡の打破でありラディカルで非連続的であるとされた（シュンペーター，1977：伊丹，1985b）。しかしその一方でイノベーションの不均衡から均衡へという連続的なプロセスの重要性も指摘されている（Nelson & Winter, 1982; Rosenberg, 1982; Abernathy & Clark, 1985）。産業の実態をみると，均衡から不均衡へのイノベーションと不均衡から均衡へのイノベーションの両プロセスは同時に存在し，それらが発展の原動力になっているように思われる（安部，1995，p. 221）。ここでイノベーションが連続的であるか非連続的であるかは，企業の有する既存の技術や組織能力とのギャップに左右される（延岡，2006，pp. 152-153）。

これらを踏まえて本書はイノベーションについて，シュンペーターの新結合の遂行概念に準じて産業形成・発展の原動力であるという認識の下，「機会を新しいアイディアへと転換し，さらにそれらが広く実用に供せられるように育てていく過程」（Tidd et al., 2005, p. 66）という多様性と動態性を含んだ定義に従うことにする。また本書は，均衡・不均衡の両プロセスのイノベーションを認めるが，既存の技術や組織能力の延長線上で対応できるものを連続的で漸進的なイノベーション（incremental innovation），全く新しい技術や組織能力を必要とするものを非連続的で急進的なイノベーション（radical innovation），と定義し2つを区別していく。

② イノベーションと製品・工程ライフサイクル説

イノベーションの発生頻度とその内実に関して，製品およびその生産工程が誕生し標準化が進むまでの技術的なライフサイクルに即した議論が「製品・工

---

(10) シュンペーターは革新の担い手として企業家を特に重視していた。しかし，シュンペーターは革新を果たす企業家の機能はある人物によって体現されるだけでなく，企業内の協業，すなわち企業組織によっても体現されるということも明らかにしている（シュンペーター，1998，pp. 125-126）。この背景には20世紀以降の企業の大規模化に伴い，企業内におけるある企業家を特定することはより困難になったことが指摘できる。そこで本書はある特定人物による革新よりもむしろ企業組織による革新について着目していくことにする。なお，企業家という個人および企業という組織のいずれに議論の焦点を当てていくかという点については本章で後に詳しく検討するのであわせてそちらも参照されたい。

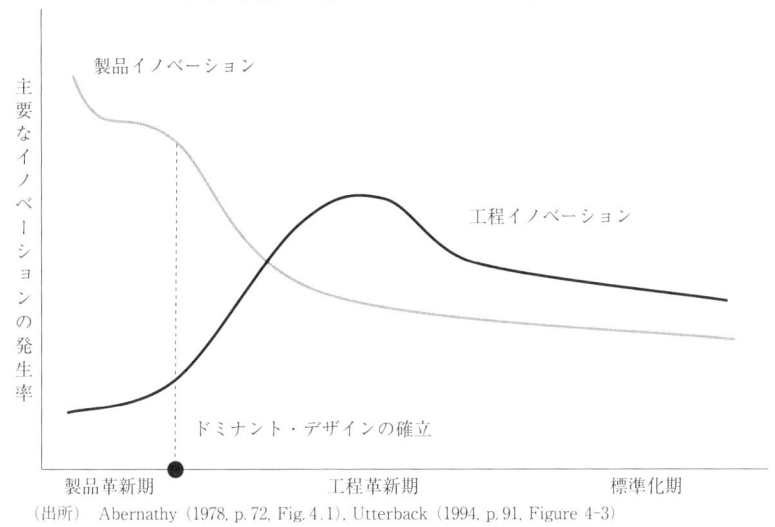

第2章 オートバイ産業分析のフレームワーク

図 2-1 製品・工程ライフサイクルの基本パターン

主要なイノベーションの発生率

製品イノベーション
工程イノベーション
ドミナント・デザインの確立

製品革新期　　工程革新期　　標準化期

(出所) Abernathy (1978, p.72, Fig.4.1), Utterback (1994, p.91, Figure 4-3)

程ライフサイクル説」である (Abernathy, 1978; Utterback, 1994)。この説によると，イノベーションの発生頻度に顕在化する製品・工程ライフサイクルは**図2-1**のように時間の経過に従って，製品革新期から工程革新期，標準化期という段階を経ながら進展していくとされる。さらにイノベーションは市場と技術的特性，アーキテクチャの点から**図 2-2**のように区分でき，それらはすぐ後で確認するように製品・工程ライフサイクルにおおよそ対応させることができる。

このように製品・工程ライフサイクルは産業自身のライフサイクルを描くものである。ただし，この説はすべての産業に完全に当てはまるものではなく，製品特性を改善できるような要素を含みうる複雑な生産工程から成り，またその特性そのものが多様で変化しうるような製品に対して特に適用可能性が高いものである (Abernathy, 1978, pp.83-84)。しかし，こうした制約を踏まえた上でも，製品・工程ライフサイクル説は産業における製品進化と生産システムの形成と発展に関する強力な分析枠組みであるとされる (藤本，2001, Ⅰ p.58)。以下，このライフサイクルの基本パターンについて確認していくことにする。

産業発展の初期，すなわち製品・工程ライフサイクルの初期である製品革新

図 2-2 市場と技術・組織能力からみたイノベーションの区分

	既存技術・組織能力 （生産システム・製品アーキテクチャ）	新技術・組織能力 （生産システム・製品アーキテクチャ）
新市場	【第3段階】 ニッチ市場的革新	【第1段階】 アーキテクチャ的革新
既存市場	【第2段階】 通常的革新	【第4段階】 革命的革新

（出所） Abernathy and Clark (1985; p.8 Fig.1) を一部修正して作成。

期では，製品や技術に関するイノベーションが集中して起こることが多い（図2-1；Abernathy & Clark, 1985, pp.7-8)。この時期は規模の経済の確立以前ということもあって，多数の参入が生じて厳しい競争が繰り広げられる。その結果，新市場と新技術を生み出すようなアーキテクチャ的革新が生まれる（図2-2)。こうしてその産業では製品のドミナント・デザイン（dominant product design）が確立され，あわせて製品アーキテクチャも確立していく。ここで製品のドミナント・デザインとは供給側に対する大多数の市場ニーズを満たした市場の支配を得た製品デザインと定義される（Abernathy, 1978, pp.56-57)。

次いで，ドミナント・デザインが出現した産業では，製品イノベーションの速度は緩やかになり工程イノベーションが加速する工程革新期へと入る（図2-1)。ドミナント・デザインに基づく製品は規模の経済性と生産工程の標準化を要件とすることが多く，これに対応できる少数の企業は規模を拡大させるがその一方で競争主体数そのものは減少していく。こうして工程革新期においては，通常的革新（regular innovation)，すなわち既存技術と市場に基づきながら漸進的な改善に拠るイノベーションが主流となる（図2-2)。これは先に見た漸進的イノベーションに相当し，主に生産工程のイノベーションに基づいて品質やコストの改良改善を進めるものである。通常的革新を遂行するためには，場当たり的で無計画でアドホックな行動ではなく体系的で計画性や一貫性に基づく行動が重要となる（安部，1995, p.226)。それゆえ，後にみる組織のルーチ

---

[11] アーキテクチャとは基本的な設計構想のことであり，本章の企業間関係のところでさらに詳しく検討する。

ンが特に重要になるのはこの通常的革新の遂行に際してのこととなるだろう。このイノベーションの耐えざる実行に基づいて，第2次大戦後の日本における多くの製造企業は競争優位を確立したとされている（明石，2002）。

　最後に産業のライフサイクルは工程革新期を経て標準化期へと向かう（図2-1）。この期間になると各競争主体の規模は巨大化し，寡占的な競争が繰り広げられるようになる。生産工程は標準化が進み効率的になるが，資本集約的になり硬直性も増す（Utterback, 1994, p. 96）。そのため競争の焦点はコストになることが多い。こうした中，各競争主体は引き続き生産工程の改善を進めるが，あわせてニッチ市場的革新（market niche innovation）という既存の技術に基づいて新たな需要を創出しニッチ市場を形成するようなイノベーションを志向するようになる（図2-2）。このイノベーションは市場に関してはラディカルなイノベーション，技術に関しては漸進的なイノベーションといえるだろう。しかし既存技術に基づいているために競合相手に模倣されやすく，一般に，このイノベーションを起こした主体の競争優位が長期に維持することは少ない（Abernathy & Clark, 1985, pp. 10-11）。また時には新技術を活用して既存市場を深耕するラディカルなイノベーション，すなわち革命的革新（revolutionary innovation）を果たす企業が出現することもある（図2-2）。この革命的革新はドラスティックな技術上のブレイクスルー（安部，1995, p. 227）を意味するだけでなく，産業全体の脱成熟化をももたらすことになる（Abernathy et al., 1983）。というのも，革命的革新の出現によって，技術が標準化しブランドによる製品差別化や標準品の価格競争が行われていた産業で，再び技術がその産業における競争の焦点となるからであり，さらには従来の技術や生産システムが新たなそれに完全にとって代わりうる可能性があるからである（新宅，2006, p. 116）。

　以上の製品・工程ライフサイクル説が示すように，一般に産業は時期に応じた多様で動態的なイノベーションをとおして進化を遂げていくと結論できるだろう。

③　**製品・工程ライフサイクルにおける発展途上国産業の相対的後進性**

　イノベーションの特質と製品・工程ライフサイクルの基本パターンは確認したとおりである。しかし，これらを発展途上国産業の考察に当てはめるときに

は注意が必要であると考える。それは製品・工程ライフサイクル説が，世界最先端であり長期にわたってリーディング的な地位にあったアメリカ自動車産業の経験を踏まえていることに主に由来する。すなわち，製品・工程ライフサイクル説に示された基本パターンとは異なり，後発である発展途上国産業が勃興し形成を開始する多くの場合，先発国では既にアーキテクチャ的革新が果たされ，製品のドミナント・デザインが確立し，生産工程の標準化が完了している，という固有の問題が存在するということである。これに対して途上国産業の大部分は先発国の製品の模倣やCKD生産からスタートし，通常的革新に特化していく。それゆえ，途上国産業では上で見たような製品・工程ライフサイクルの基本パターンを忠実に辿るのではなく，独自のライフサイクルを描くように思われる[12]。

これに対して，各産業の製品・工程ライフサイクルと相対的後進性とを整合的させた視角に基づいて東南アジア産業を考察した先行研究は十分存在するとはいいがたい。確かに，Hobday（1995），Kim（1997）などいくつかの主要な先行研究は発展途上国産業と製品・工程ライフサイクルとを関連付けて考察した。しかし，これらの先行研究は地場系企業が工業化の主体であった台湾や韓国などを考察の対象としていて東南アジア産業については明らかにしていないこと，地場系企業の能力構築のためのひとつの外在的な手段として外資系企業が位置付けられていること，などからその分析枠組みを東南アジアを対象とする本書へそのまま適用することは問題があるだろう。

一方，外資系企業を考察主体とした先行研究の場合，技術移転元からの視点であったため，技術移転先途上国産業の製品・工程ライフサイクルにおける位

---

[12] 本書の製品・工程ライフサイクル説の途上国産業への安易な適用に関する注意の喚起は，園部・大塚（2004；pp. 32-33）による「プロダクト・ライフサイクル論」に対するそれと同様の趣旨であるだろう。産業が新製品の開発とともに勃興してから成熟するまでの進化論的なプロセスに着目する点において，製品・工程ライフサイクル説とプロダクト・ライフサイクル論は共通するからである。ただし，園部・大塚（2004）はプロダクト・ライフサイクル論のひとつとしてアバナシーらの説を含めているが，アバナシー自身は製品と工程の両者を考察の対象にしていることを理由として，製品・工程ライフサイクル説はプロダクト・ライフサイクル論とは異なるという位置付けを行っていたことには留意しておくべきだろう（Abernathy, 1978, p. 7）。こうしたアバナシーの指摘はすなわち，製品だけでなく工程のライフサイクルに着目することの重要性を示唆していると考えられる。

第2章 オートバイ産業分析のフレームワーク

置付けが必ずしも明確ではなかった[13]。また先発国から途上国への直接投資を重視した先行研究の中には，生産要素の投入増大による経済発展を重視して技術は外生的で天下り的に得られるものという視角に基づき，途上国における企業の能力構築とそれに基づくイノベーションの重要性を捨象したものもあった(Nelson & Pack, 1999)[14]。これらは本書第1章で確認した多国籍企業論における移転の方向性の問題と同様，途上国における経験や学習を基盤としたイノベーションが軽視されてきたことが背景にあると考えられる[15]。

以上，製品・工程ライフサイクル説において発展途上国産業には固有の問題が存在すること，先行研究の考察対象と視角をそのまま本書に適用することはいくつかの問題があることが明らかになった。それゆえ，本書は，相対的後進性と製品・工程ライフサイクルを踏まえながら，東南アジア各国地場系企業とそこに進出した外資系企業の能力構築とそれに伴う東南アジア各国産業の形成と発展のあり方を考察していく。そこで，以下の4点に着目して産業の製品・工程ライフサイクルと相対的後進性をひとつの統合的な枠組みで捉えていくことにする。

第1に，発展途上国産業の相対的後進性は，途上国産業が先発国で既に確立されている製品のドミナント・デザインとアーキテクチャを受け入れること，なおかつそのために標準化された生産工程に従ってもの造りを展開していくこと，と言い換えられる。もちろん，発展途上国産業がアーキテクチャ的革新を生じさせ，新たな製品・工程ライフサイクルを当初から築きあげるという可能性も考えられる[16]。しかし，東南アジア各国の場合，外資系企業群，地場系企業

---

[13] 例えば，丸山編（1994）や板垣編著（1997）などが挙げられるだろう。

[14] 生産要素の投入増大に基づく経済発展の側面を強調した研究として，Krugman（1994）やKim & Lau（1994）などがある。

[15] 投入増大を重視する視角の問題については，本章注8で検討した新古典派経済学に内在する問題に起因したものであるともいえる。

[16] 実際に中国製造業では，地場系企業を主体とするアーキテクチャ的革新や革命的革新が生じつつあり，こうした動向は「アーキテクチャの換骨奪胎」（藤本・新宅編著，2005）や「垂直分裂」（丸川，2007）などの端的な言葉，概念を用いて説明されている。しかし，本書第1章で指摘したように，中国の状況は発展途上国としては特別のものであり，東南アジア各国とは区別して考察するべきであると本書は考えている。ただしもちろん本書も中国産業の動向を参考にはしている。

群ともそうしたイノベーションを起こす能力は産業形成当初は不十分であった。それゆえ，発展途上国である東南アジア各国が後発として産業を勃興させる場合，製品・工程ライフサイクルにおける標準化期からの開始になると考えられる。

第2に，発展途上国産業が標準化期から産業をスタートすることで享受する利益，すなわち，製品・工程ライフサイクルからみた後発性の利益とは，製品のドミナント・デザインやアーキテクチャ，標準化され効率的な生産工程の利用可能性とそれによる発展期間の圧縮である。先発国では，ドミナント・デザイン出現までは多数企業間による競争，ドミナント・デザイン出現後は生産工程の改善，というように時間を費やしながら製品・工程ライフサイクルを標準化期まで進展させることによって，製品の品質向上やコスト削減を実現し，生産工程の効率化を達成した。しかし，後発である発展途上国には，先発国により試行錯誤と改善が積み重ねられた成果である製品のドミナント・デザイン，アーキテクチャ，標準化された効率的生産工程を一足飛びに利用するための環境が用意されている。それゆえ，こうした先発国による製品・工程イノベーションの成果を利用できるならば，後発の発展途上国は短期間で優れた品質・コストの製品を生産し，またそれを成しうる効率的な生産体制を早期に築くことができるだろう。

第3に，標準化期から産業創始することで被る不利益，つまり，製品・工程ライフサイクルからみた後発性の不利益とは，次の3つに起因すると考えられる。ひとつは，発展途上国産業は先発国で標準化された製品や生産工程を導入するにあたって，段階的な発展プロセスを経ていないことからイノベーションに関する技術ギャップが大きく，ギャップを解消できない可能性が考えられることである。ひとつは，生産工程が標準化され資本集約的であることから，規模の経済に起因する制約が大きくなると考えられることである。ひとつは，地場系企業が新規参入する際に，製品・工程ライフサイクルを経て寡占化し巨大化した先発国の効率的な企業が強力なコンペティターになると考えられることである。こうした各要素によって，後発の発展途上国産業の発展が阻害されその期間が長期化する，すなわち後発性の不利益が顕在化するという可能性も無

視できないだろう。

　第4に，後発性の利益を享受するための主要な要件のひとつは工業化の社会的能力であったが，これは製品・工程ライフサイクルからするとイノベーションを起こすための発展途上国産業における企業の組織能力であるだろう。また多様なイノベーションの源泉を考慮するならば，企業の競争行動や分業関係も含めることができるだろう (Hippel, 1988)。これを踏まえると，多くの発展途上国が工業化の社会的能力の不備により後発性利益を享受できなかったことの要因として，発展途上国における企業の多くが不十分な組織能力しか備えていなかったこと，市場の未発達に起因して競争が停滞したこと，企業間分業関係が未成熟であったこと，などが挙げられる。それゆえ，かつての発展途上国が特殊な制度的要因によって地場系企業を強化したことは確認したとおりであるが，これはすなわち，地場系企業の組織能力の向上促進であったとも言い換えることができるだろう。一方，東南アジア各国の場合，外資系企業そのものを導入した工業化を志向した。そうしたことから，東南アジア各国の相対的後進性に対応した特殊な制度的要因とは，地場系企業の組織能力を鍛えて育てることだけでなく，外部からあらかじめ一定の組織能力を備えた企業，すなわち外資系企業を導入し，なおかつその能力構築を促進したといえるだろう。また外資系企業を軸とした企業間分業関係の形成を促進した意義もあっただろう。さらには，地場系企業に対してであれ外資系企業に対してであれ，制度的要因によって能力構築を促進したことによって，未発達な市場を補完して競争を促進したとも考えられる。

　このように発展途上国産業の相対的地位を製品・工程ライフサイクルから捉えるならば，その形成と発展を考察するにあたって重要な概念となるのは，相対的後進性をプラスに転換するイノベーションの源泉となる企業の組織能力と競争行動，そして企業の相互関係（すなわち企業間関係）という3点に集約できると考えられる。もちろん，イノベーションは基礎研究などの科学なども源泉とする。そのため，教育や公的研究機関の拡充を図ることもイノベーション，特に急進的イノベーションには不可欠である。しかし，製品・工程ライフサイクル説の検討から明らかになったように，途上国産業は既存の製品アーキテク

チャや生産システムに依拠しながら，通常的革新に特化することが一般的である。そうしたことから，発展途上国産業を検討する本書は急進的イノベーションだけでなく漸進的イノベーションも重視している。そして，後にみるように漸進的イノベーションには日々の操業における改善が重要であり，改善には組織ルーチンが強く作用する。それゆえ，本書はイノベーションの源泉として，組織ルーチンを束とする組織能力に着目しながら，それが顕在化した企業行動と企業間分業関係を重視していく。そこで以下，それぞれについて詳しく検討していくことにする。

（3） 相対的後進性をプラスに転換するイノベーションに関する分析視角
——動態的能力アプローチ・対話としての競争概念・企業間関係論
(1) 企業の能力構築行動に関する分析視角——動態的能力アプローチ
① 企業の組織能力

本書は企業の組織能力を検討するにあたって，企業行動の動態性に着目しながら，イノベーションとその遂行に向けた企業の能力構築行動を明らかにしていく。こうした視角の研究としては，「動態的能力アプローチ」(dynamic capabilities approach) が挙げられる (藤本, 1997, 2003 ; Teece, Pisano, & Shuen, 1997)。この動態的能力アプローチは，企業を経営資源の集合体とみなす「資源ベースの企業観」(Resource-Based View of the firm；以下，RBV) (Penrose, 1959; Wernerfelt, 1984; Rumelt, 1984; Prahalad & Hamel, 1990; Grant, 1991; Barney, 1991) から，より動態性を発展させて企業固有の能力を環境に適応させながら活用していく面に着目した。

RBV は企業が固有に保持する経営資源に焦点を当てたが，厳密には資源は所有することだけではなくそれを活用する組織能力によって競争優位の源泉になりうるとした (Grant, 1991, p. 119)。持続的な競争優位を導く組織能力の要件は，耐久性 (durability) が高いこと，透明性 (transparency) が低いこと，移転可能性 (transferability) が低いこと，複製可能性 (replicability) が低いことである (Grant, 1991, pp. 123-128)。耐久性とは企業の競争優位が存続する期間の長さであり，その長短は資源価値の高低に依存する。すなわち，価値が高い

資源ほど耐久性は高いものとなり競争優位が持続する。透明性は企業の外からみた競争優位の源泉の解明に関する難易度である。それゆえ，透明性は企業の競争優位の存続を左右する競合企業の模倣速度に直結し，透明性が低ければ競合企業にとって模倣困難性が高まる。移転可能性は優位性，特に企業間における資源や組織能力の移転が可能であるかどうかが問題となる。資源や組織能力の有する地理的移動不可能性，不完全情報，企業特殊的資源，組織能力の移動不可能性などによって優位性の移転可能性は低くなるとされる。複製可能性は，移転可能性の低い組織能力を，企業が外部から導入するのではなく自社で構築しようとする際に問題となる。そのため，ある企業の有する組織能力の複製可能性が低ければ競争優位は持続し，高ければ競合企業が育たないために競争優位は持続する。

こうした組織能力は，単に資源を組み合わせるのではなく，学習の成果として組織内で資源を調整する組織ルーチンによって形成される（Grant, 1991, p. 122）。そして組織ルーチンとは組織のスキル，つまり組織において繰り返される活動パターンや個人のスキル，諸活動に基づく知識の蓄積からなる（Nelson & Winter, 1982, pp. 14-19; pp. 96-98）。すなわち，組織内の諸蓄積によって組織ルーチンが形成され，その組織ルーチンが集合として統合されることで組織能力が形成される[17]。そしてこうした組織能力が耐久性という価値，低透明性，移転困難性，複製困難性を有するようになることで持続的な競争優位が形成される。

② **組織能力の内実と能力構築競争**

このような視点を持つRBVは多角化した大企業全体を分析対象とすることが多かったが，これを単一製品，単一工程レベルという開発を含んだ生産システムの分析に落とし込み（藤本，1997, p.12），なおかつより動態的な分析を志向したのが，藤本氏による一連の研究である（藤本，1997：2003）。

藤本氏の議論における組織能力は先に見たRBVによる定義とほぼ一致している（藤本，1997, pp 11-12：2003, p. 28）。ただし，藤本氏は企業組織や機能に対応して多様な組織能力がある中で，生産・製品開発・部品調達など現場の

---

[17] 組織能力とルーチンの関係のより詳細な議論についてはラングロワ＝ロバートソン（2004）を参照。

表2-1 もの造りの組織能力の3階層

もの造りの組織能力	時間軸	ルーチン性	影響する対象
静態的能力 （もの造り能力）	静態的	ルーチン的	定常状態における競争パフォーマンスのレベル（量産活動）
改善能力	動態的	ルーチン的	競争パフォーマンスの上昇率，異常発生時の回復速度（問題解決の繰り返し）
能力構築能力 （進化能力）	動態的	非ルーチン的	競争能力そのものの構築の速さと有効性

（出所） 藤本（1997, p.12, 表1-1），藤本（2003, 第2章）。

オペレーション能力をもの造りの組織能力と定義した（藤本, 2003, p.28）。さらに，組織能力が組織ルーチンの範囲によって階層構造が生じるように（Grant, 1996, pp.377-379），もの造りの組織能力も時間軸とルーチン性，影響する対象によって区分される3層構造であることを示した（**表2-1**）。この背景には，もの造りの組織能力の考察に対して時間軸を導入したことで，組織ルーチンは学習の成果であるという静態的なRBVの捉え方に加えて，学習を通じて組織ルーチンそのものがレベルアップするという動態的な捉え方もなされるようになったことが挙げられる（Teece, Pisano, & Shuen, 1997）。また，もの造りの組織能力を階層化することでRBVにより定義された組織能力に関して，競争優位が持続するための要件だけでなく競争優位そのものが創出されるプロセスを描いたことにもなったと考えられる[18]。これを踏まえ，以下，本書でも基本的な組織能力として先のグラントの定義に従いながら，生産や開発の現場における組織能力として藤本のもの造りの組織能力の定義に従うことにする。

もの造りの組織能力の第1の階層は静態的能力（もの造り能力）であり，同じ製品を競争相手より低コスト，高品質，短納期で供給し続ける能力である。

---

[18] RBVは企業のポジショニング分析に基づく外部環境から明らかにされた競争優位を持続させるための条件を明示しているに過ぎず，価値の創出に関しては必ずしも明らかにしていない，という限界も指摘されている（Priem & Butler, 2001; Barney, 2001）。そのため，ポーターに代表される企業のポジショニングを競争優位の源泉と考える競争戦略論とRBVは二律背反の関係にはなく，補完的なものといえる。こうした見方に沿ったテキストとして，例えば青島・加藤（2003）が挙げられる。本書も企業の競争優位を考察していくにあたっては，組織能力だけでなく企業のポジショニングについても重視していく。企業のポジショニングと競争優位の関係については，次にみる対話としての競争概念に基づきながら検討していく。

これはある時点の競争力指標（「4P」と「QCDF」；後述）のレベルに影響を与える組織能力であり，製品を一定の品質・コストで納期通りに量産することを可能にする。

第2の階層は改善能力であり，生産性・品質・納期などを繰り返し着実に向上させていく能力である。これは生産現場の「改善」活動や新製品の開発を通じて，生産工程や製品のレベルを不断に向上させていく組織能力である。すなわち，競争力指標の上昇率に影響を与えるルーチン的な活動パターンに起因する組織能力である。

第3の階層は能力構築能力（進化能力）であり，以上のような企業のルーチン的な組織能力そのものを構築する組織能力である。改善能力と能力構築能力はともに動態的な能力であるが，前者は企業内で繰り返し行われる問題解決サイクルを促進するルーチン的な能力であるのに対して，後者は多分に歴史的一回性に支配される能力構築の創発的（emergent）プロセスそのものに関わる，非ルーチン的な能力である（藤本，1997，p.12）。創発とは計画の対概念であり，計画が事前の明確な意図に基づいた行動とそのコントロールを重視することとは対照的に，計画的な行動だけでなく様々な行動を通じて事後的偶発的に学習するという行動も重視する（Mintzberg & Waters, 1985）。

ただし，組織ルーチンを繰り返すことによる能力構築は常にプラスの成果をもたらすとは限らず，弊害を生じさせる可能性もある（オルドリッチ，2007，pp.253-254）。例えば，確立された組織ルーチンが新たな企業行動の阻害要因となって組織のフレキシビリティを失わせることや，「対話としての競争」（後述）によってルーチンが業界慣行のようになり，イノベーティブな企業行動を阻害して企業や産業全体のダイナミズムを減じさせること，といった能力構築の罠にはまることが考えられる。[19]能力構築能力は企業組織をこの罠から脱却させ，さらには進化させる原動力になるという点からも重要である。

藤本氏はこうしたもの造りの組織能力を基盤に2つの競争力が生じるとした（藤本，2001，p.105；2003，第2章）。2つの競争力とは「表層の競争力」と

---

[19] 能力構築の罠は企業の組織学習を巡る「学習の罠」（青島・加藤，2003，pp.172-177）を能力構築競争に適用させたものである。

「深層の競争力」であり，それぞれの競争力に対応する指標に「4P」と「QCDF」がある（藤本，2001，pp.99-104）。ここで，4Pとは製品の内容（product），価格（price），広告・プロモーション（promotion），販売チャネル（place）の4つを指し，QCDFとは，品質（quality），コスト（cost），納期（delivery），フレキシビリティ（flexibility）の4つを指す。[20]

表層の競争力とは「特定の製品に関して顧客が直接観察・評価できる指標のことで，具体的には，価格，知覚された製品内容，納期などである」（藤本，2003，p.40）。一方，深層の競争力とは「表層の競争力を背後で支え，かつ企業の組織能力と直接的に結びついている指標のこと」で，具体的には，生産性，生産リードタイム，開発リードタイム，開発工数，適合品質（不良率），設計品質などである（藤本，2003，p.40）。品質を背後で支える二大要素として設計品質（design quality）と製造品質（manufacturing quality）がある。コストについては，生産性と投入要素価格（時間当たり賃金，設備単価，部品単価など）が挙げられる。納期の背景には生産リードタイムや開発リードタイムがあり，また生産能力（各工程の産出可能量）も納期を左右する。フレキシビリティについては，変動費に対する固定費の比率引き下げや低コストの段取り替え（生産品目の切り替え），部品の共通化や工程の汎用化が挙げられる。

以上の議論では，もの造りの組織能力が深層の競争力を規定し，それがさらに表層の競争力に影響する，という重層構造が想定されている（**図2-3**）。そして，深層の競争力ともの造りの組織能力を巡る企業間の競争が能力構築競争である（藤本，2003，第2章）。

こうした重層構造から，能力構築競争はもの造りの組織能力の要件に大きく規定されることが分かるだろう（**表2-2**）。また表2-2に示されているように，能力構築競争は価格競争と異なる点が多いが，実際には表層レベルの価格競争と深層レベルの能力構築競争は同時並行的に進行することが多い（藤本，2003，

---

[20] フレキシビリティとは「QCDといった競争力のレベルが，外的環境要因の変動によってマイナスの影響を受けない度合いのこと」（藤本，2003，p.39）と定義される。フレキシビリティはQCDほど一般的ではないが，競争力の構成要素として欠かせない重要なものであるだろう。より詳しくは，藤本（2001；第8章，pp.308-344）を参照されたい。

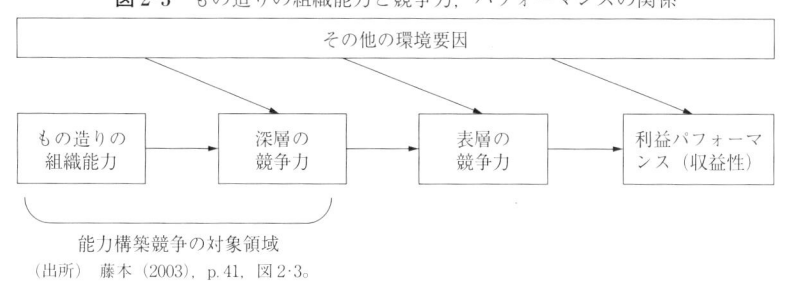

図 2-3　もの造りの組織能力と競争力，パフォーマンスの関係

```
              ┌─────────── その他の環境要因 ───────────┐
              │           │           │              │
              ↓           ↓           ↓              ↓
      ┌──────────┐  ┌────────┐  ┌────────┐  ┌──────────────┐
      │もの造りの│→ │ 深層の │→ │ 表層の │→ │利益パフォーマ│
      │組織能力  │  │ 競争力 │  │ 競争力 │  │ンス（収益性）│
      └──────────┘  └────────┘  └────────┘  └──────────────┘
       └─────────────────┘
       能力構築競争の対象領域
```
（出所）　藤本（2003），p. 41，図 2-3。

表 2-2　能力構築競争の特徴

	特徴	背景	対応・帰結
競争期間	本質的には長期に及ぶ	組織能力の高耐久性，低透明性，低移転可能性，低複製可能性	継続的な組織能力の構築
競争焦点	競争の焦点が曖昧でベンチマーキングが困難	組織能力の透明性の低さ	継続的な組織能力の構築
競合への対応	対応に手間がかかる	組織能力の高耐久性，低透明性，低移転可能性，低複製可能性	継続的な組織能力の構築
談合の可能性	少数の企業間でも談合が成立しにくい	組織能力は瞬時に適応できないから	少数企業間の厳しい能力構築競争
協調か対抗か	協調による競争の促進	組織能力の獲得では協調し，それをベースに表層では最終製品の価格と内容で競争する	競合の組織能力を短期間で学習するためにあえてライバルと提携
競争プロセス	創発的なプロセス	組織能力の構築プロセスは完全には制御できないから	能力構築能力を要件とする組織学習能力が重要となる

（出所）　藤本（2003）pp. 43-50 などに基づく。ただし，組織能力の要件に関する用語は Grant（1991）に従った。

p. 49)[21]。それゆえ，この能力構築競争のプロセスは計画と偶然が混在する創発的プロセスを辿る。

　なお本書では，発展途上国産業の相対的後進性を後発性利益へと転換させる

---

[21]　表層レベルと深層以下のレベルとの関係については，以下にみる対話としての競争概念に基づいてより詳しく検討される。

ためのひとつの要件としてイノベーションを想定し，イノベーションのひとつの源泉として企業の組織能力を位置付けた。こうした組織能力とイノベーションの関係について，ルーチン性による組織能力の区分と連続性によるイノベーションの区分を踏まえると，次のように規定することができると考える。すなわち，企業はルーチン的で累積的な組織能力であるもの造り能力と改善能力に基づくことによって，通常的革新やニッチ市場的革新という漸進的なイノベーションを達成できるだろう。一方で，企業は非ルーチン的で創発的なもの造りの組織能力，すなわち能力構築能力に基づいて，アーキテクチャ的革新や革命的革新という急進的なイノベーションを果たすといえるだろう。ただし，こうした各組織能力はイノベーションの必要十分要件であるのでは必ずしもなく，ひとつの十分条件にとどまるものであると考える。

③ 外資系企業の優位性・組織能力と地場系企業のそれとの比較

本書は外資系企業という東南アジアオートバイ産業における多国籍企業の海外子会社を能力構築競争の主体として扱っていく。あわせて地場系企業の能力構築も含めて考察することで産業全体の発展のあり方についても考察していく。そこで，企業のもの造りの組織能力と多国籍企業の各種優位性やその組織能力とではどのような関係にあるのかを明らかにしておく必要があると考える。それはなぜなら，多国籍企業であることに起因する競争優位だけではなく地場系企業も含めた企業の組織能力とそれに向けた能力構築行動にも重点をおいた観点から，東南アジア各国オートバイ産業の競争優位の内実とその発現プロセスについて考察したいと考えるからである。

本書第1章で見たように，多国籍企業の優位性は，所有，内部化，立地の3つを要件とした個々の職能を優れて実施できる能力とそれを支える有形無形の経営資源を指した。さらに多国籍企業の組織能力は，第1に優位性を多国籍企業内部で移動させ，海外子会社で利用可能にする能力，第2に優位性の創造を海外子会社で可能にし，その優位性を多国籍企業全体で活用できるようにする能力，第3に多国籍企業のある部分で起こった競争に対して他の部分で対応できるようにする能力，という3つを指した。

これらをRBVや動態的能力アプローチから考察すると次のようなる。まず，

第2章　オートバイ産業分析のフレームワーク

多国籍企業の優位性は学習や活動の結果として組織に蓄積されている静態的な組織ルーチンであるため，RBVでいう組織能力の静態的な側面にあたる（山口，2006，pp.63-64）。すなわち，動態的能力アプローチにおけるもの造りの組織能力では，静態的でルーチン的なもの造り能力に相当するだろう。また多国籍企業の組織能力のうち第1と第3の能力，および，第2の後半部分である優位性の逆移転を可能にする能力は，企業内の各組織で形成された組織ルーチンを多国籍企業内の別組織に移転して活用できるようにする組織ルーチンであり，RBVでいう組織能力の動態的な側面に当たる（山口，2006，p.64）。これをもの造りの組織能力に対応させるなら，動態的でルーチン的な改善能力が該当するだろう。さらに，第2の前半部分の能力，すなわち，優位性の創造を海外子会社で可能にする能力はもの造りの組織能力でいう能力構築能力に当たると考える[22]。

　以上から，一般的に多国籍企業の海外子会社は競争優位の源泉である組織能力に関して，進出先途上国の地場系企業よりもルーチン的で静態的なもの造り能力を備えていること，そして本社や他の海外子会社から移転された組織ルーチンを活用できること，の2点で地場系企業に対する優位性を有することが明らかになった。つまり，多国籍企業の海外子会社である外資系企業は，ルーチン的なもの造りの組織能力であるもの造り能力と改善能力については，進出先でゼロから全く新たに構築するというよりも組織内で蓄積したものを移転しそれを活用しながら構築していくことができると考える。

---

[22]　ここまでで明らかなように本書は山口（2006）の多国籍企業の組織能力に関する議論に多くを依拠している。しかし，多国籍企業の動態的な組織能力の捉え方については本書と山口（2006）とでは理解が異なっていることに注意されたい。山口氏は本書のように多国籍企業の第2の優位性を創造する組織能力を他と区分せず，ルーチン性を問題としていない（山口，2006，pp.64-65）。さらに山口氏はこの動態的な組織能力を藤本（2003）が定義した進化能力と位置付けている（山口，2006，p.66）。しかし，組織学習の階層性に関する議論ではルーチン性の有無は区別され，組織ルーチンを繰り返すレベルと組織ルーチンそのものを創造するという「学習することを学習する」レベルとでは同じ学習メカニズムでは学習できないとされている（Argyris & Schon, 1978, pp.18-28; Fiol & Lyles, 1985）。また，藤本氏もルーチン的かどうかで改善能力と能力構築能力を区分しその重要性を主張している（藤本，1997，p.20注16）。それゆえ，本書は多国籍企業の動態的な組織能力をルーチン的なものと非ルーチン的なものとに区分して，以下，議論を進めていく。

一方，操業経験のない地場系企業がオートバイ産業に新規参入した場合，これらのルーチン的なもの造り能力をゼロから構築する必要があるだろう。企業に競争優位をもたらす組織能力のひとつの要件は低透明性および低複製可能性であるため，地場系企業にとって組織ルーチンや組織能力の模倣は容易ではない。それゆえ，地場系企業は模倣よりもそうした組織能力を有する企業から学習することで，能力構築を進展させようとするだろう。そのため，地場系企業の能力構築はそれを有する外資系企業とともに進展するという協調的なプロセスを辿ると考えられる。以上から，外資系企業は地場系企業よりも短期に能力構築を進めることが可能であるといえるだろう。

ただし，これも本書第１章で確認したことであるが，これらの組織能力そのものを海外子会社自身で創造する能力構築能力については，本社や他の海外子会社から容易に移転できる，もしくは移転したものをすぐさま活用できるということではなかった。そのため，多国籍企業の海外子会社は進出当初から能力構築能力を必ずしも所与とはしていないと考えられる。すなわち，多国籍企業論も踏まえた組織能力の観点からは，能力構築能力に関する初期条件として，多国籍企業の海外子会社と地場系企業とでは大差がないといえるだろう。もちろん，能力構築能力の構築プロセスという動態的な側面を考察するならば，ルーチン的なもの造りの組織能力に関する基盤を有する多国籍企業の海外子会社のほうが，そうした基盤のない地場系企業よりも有利であるだろう。

以上の外資系企業と地場系企業の組織能力に関する考察から，東南アジア各国産業における企業の組織能力に伴うキャッチアップに関して，次のようにまとめることができるだろう。すなわち，相対的後進性に起因する地場系企業のもの造りの組織能力の欠落に対して，東南アジア各国はそうしたもの造りの組織能力の構築が進みその移転と活用が可能な外資系企業を工業化の主体として積極的に導入した。それはなぜなら，これによって企業群の圧縮した能力構築を図り，早期の産業の競争優位の確立を狙ったからであった。こうした企業の組織能力に関するキャッチアップの方法は，企業群全体の能力構築プロセスとそのメカニズムを外部から導入し，なおかつその担い手である企業も外部に多くを依存したものであったと考えられるだろう。

④ 動態的能力アプローチによる東南アジアオートバイ産業に関する検討課題

こうした動態的能力アプローチを分析視角として，本書では以下の4つの課題を設定し，東南アジアオートバイ産業の形成と発展，競争優位の発現プロセスについて考察を行っていく。第1に，東南アジアオートバイ産業におけるもの造りの組織能力の解明である。そのため，本書は各企業の生産現場における実態調査や先行研究を踏まえながら，コスト削減や品質向上のための取り組みに着目する。あわせてこうしたもの造りの組織能力の形成プロセスを明らかにするために，各時期のもの造りの組織能力とその構築動向を示し，その順序と段階を追う。

第2に，東南アジアオートバイ産業における深層の競争能力の解明である。本書では，各企業の現地調達率や生産リードタイム，不良率などを確認することで深層の競争能力について確認していく。もの造りの組織能力の形成プロセスと同様，深層の競争能力についても各時期の特徴を明らかにする。

第3に，東南アジアオートバイ産業における能力構築競争がどのような特質を備えていたのかを明らかにすることである。具体的には，競争主体とその動向，焦点，それに伴う各企業の能力構築過程といった点を確認していくことになる。また，外資系企業と地場系企業の関係については，両者が協調して能力構築を進めていく面を重視していく。これは佐藤・大原編（2006）が両者の対抗する面に着目したこととは異なる視角であるだろう。

第4に，東南アジアオートバイ産業における能力構築競争が，どのような表層の競争力を発現したのかを示すことである。これはすなわち，企業の能力行動によって，どのような漸進的なイノベーションが生起したのかを明らかにすることでもある。具体的には，製品の品質やコスト，販売モデルとその価格，特徴について確認し，同時に市場における競争の焦点について検討していく。ただし，これは次にみる市場行動とも深く関わってくるのでそこでさらに深く検討することにする。

(2) 企業の市場競争に関する分析視角——対話としての競争

① 「対話としての競争」概念

本書は市場競争の内実を明らかにするために，企業の市場行動の動態性に着

目しながら「対話としての競争」概念を導入していく。ここで,対話としての競争とは「何が最も優れたやり方であるのか,何が最も優れた製品であるのか,といったことを発見する手続きであり,人々が何を最も良いと考えるのか,という意見やものの見方を作り出すプロセス」と定義できる(沼上他,1993,p.29)。この定義の前提として,個々の経済主体の保有する知識は限定的であり,競争により情報は創出されるというハイエクの概念が挙げられる(ハイエク,1989;Hayek, 1945)。

この競争観によると,各企業は競合企業の行動と戦略に対する長期の観察を行うことになる。そして,その結果,各企業は発見から模倣,再構成,再び発見というプロセスの学習を行い,品質向上,コスト削減という製品の同質化を達成する(新宅・網倉,2001,p.57)。すなわち,対話としての競争という企業間の相互作用のプロセスを通じて,各企業には新たな知識が創出されることとなる。この影響は市場における製品に関する表層の競争力だけでなく,深層の競争力にも直結する企業戦略の思考枠組みである戦略スキーマにも及ぶことから,企業独自の組織能力の構築を促進すると考えられる。このように,競争を通じた知識や学習に基づく能力構築行動によって,それがルーチン的な組織能力であれば漸進的なイノベーション,非ルーチン的な組織能力であれば急進的なイノベーションを企業は果たしていくだろう。

② 先発優位・劣位の内実と組織能力との関係

ここでは対話としての競争の概念からみた企業間競争に関する内実とその理

---

(23) 必ずしも対話としての競争を前提にはしていないが,企業による知識創造のプロセスを暗黙知(Polanyi, 1958)と形式知との相互変換プロセスから明らかにしたものとして,野中(1990),野中・竹内(1996)を参照。

(24) 戦略スキーマとは「競争相手の行動や顧客の反応などに関する多様な情報の解釈を行い,新たな製品コンセプトを創る際に戦略策定者あるいは戦略策定を行う一群の人々が準拠する志向の枠組み」と定義されている(沼上他,1993,p.31)。この各個人の思考レベルの集合である戦略スキーマに対して全社戦略のレベルで同様の議論を行ったのが「ドミナント・ロジック」(Prahalad & Bettis, 1986)である。そして,本書のように企業の組織能力に着目した議論は,個人レベルと全社レベルの中間に位置すると考えられる。それゆえ,沼上他(1993)では組織能力に関する直接の言及はないものの,対話としての競争を通じて組織能力の構築は促進されると考えられるだろう。実際,沼上他(1993)の著者の一人である新宅氏は対話としての競争が組織能力の構築に貢献することを指摘している(新宅・網倉,2001,p.57)。ちなみにこうした分析の単位を個人とするか組織とするかについては次節に詳しく検討する。

論的背景を以下に確認していく。この競争概念に基づく競争構造に関する議論では，一時点の競争構造という静態的な側面だけでなく，画期的なイノベーションを実行して「先発優位」(first-mover advantage) を獲得した企業の行動とそれに対する他企業の対応，そして各企業や産業全体の発展への影響，という動態的な側面をも焦点としていく（宇田川・新宅，2000，p.8）。この画期的なイノベーションとは，先に確認したような急進的なイノベーションであることが多いが，漸進的なイノベーションの積み重ねであることもあるだろう。またここで先発優位とは経済的利益を得るための先発企業の能力と定義される (Lieberman & Montgomery, 1988, p.41)。それゆえこの競争観による議論は先発優位を巡る企業間の動態的な相互作用に着目していくことになる。そこで以下，先発優位と先発劣位の内実とそれに対する企業行動について確認し，続いてそれと RBV の組織能力との関係を明らかにする。

　先発優位が持続するための条件は，技術的リーダーシップが大きいこと，稀少資源を先取りすること，買手側のスイッチングコストが高いこと，である (Lieberman & Montgomery, 1988, pp.41-47)。技術的リーダーシップは，学習曲線及び経験曲線の効果によるコスト削減，および特許や研究開発を巡る競争の成果として得られる。稀少資源の先取りとは，生産要素や生産や販売に関する空間条件，工場や生産設備への先行投資を意味する。スイッチングコストとは製品・サービスを転換するためのコストである。買い手側にとって製品・サービスに関する情報の不確実性が高い場合や互換性が重要になる場合，スイッチングコストが高くなる。

　一方，先発劣位，すなわち，後発優位が生じるための条件は，ただ乗り (free-ride) の効果があること，新たな技術・市場に関する不確実性が解消されること，技術や消費者のニーズが変化すること，環境変化への適応を妨げる組織慣性が働くこと，である (Lieberman & Montgomery, 1988, pp.47-49)。後発のただ乗りが可能となる対象として，研究開発，消費者教育，インフラの整備が挙げられる。不確実性の解消によって，後発企業はリスクを回避しながら大規模投資や選別投資が可能となり，高収益が期待できる。組織慣性に関する弊害は，先にみた組織ルーチンの罠と同義であり，市場ニーズに対応するための

その時期の主流技術を有する先発企業が現在の市場ニーズとは無関係で不必要と思われた新たな技術の出現に対応できない，というクリステンセンの破壊的イノベーションの議論に集約できるだろう (Christensen, 1997)。

こうした先発優位に対する後発の各企業がとる対応行動は，具体的には次の2点である（宇田川・新宅，2000, pp.10-11）。第1に，先発優位が持続しないことを前提とした模倣・改善行動である。後発企業が先発企業と同次元で競争するためには，模倣に加えて，漸進的なイノベーションの継続が競争の鍵となる。第2に，先発優位が持続することを前提とした差別化行動である。先発企業とは異なる次元で競争するため，成功した場合，新たな先発企業となる可能性がある一方で，失敗のリスクも大きい。こうした差別化行動は，急進的なイノベーションを志向する。

先発優位の各条件と持続的な競争優位をもたらす組織能力の要件を比較すると，市場に関するもの（スイッチングコスト，消費者教育，ニーズの変化など）を除き，両者は概ね対応し，ほとんど類似の概念であることが分かる。まず技術的リーダーシップの大きさは競争優位をもたらす組織能力の要件にそのまま当てはまり，耐久性の高さ，透明性の低さ，移転可能性の低さ，複製可能性の低さを意味しているだろう。また稀少資源の先取りとは，資源価値の高さに基づく耐久性の高さであると考えられる。ただ乗りの効果がない場合とは移転可能性と複製可能性の低さであるし，技術に関する不確実性の高さは透明性の低さのひとつの表れであるだろう。

以上から，競争優位を巡る先発優位・劣位の争いの焦点は，市場競争の背後にある企業の組織能力をいかに確立するか，という点に集約できると考える。そして，先発優位が確立された後の競争においては，先発企業は競争優位をもたらす組織能力をいかに維持するかが課題となる。後発企業は，競合の競争優位がいかなるものかを学習してそれを自社にいかに内部化するか（模倣・改善），もしくは自社で新たなイノベーションを志向して差別化を図り，そのための組織能力の構築を志向するか，という2つの対応に分かれることになる。ただし，表層の競争力の同質化を志向することは，各企業が必ずしも深層の競争力やもの造りの組織能力まで同質化を志向するとは限らない[25]。なぜなら，ある表層の

競争力に一対一で対応する固有の深層の競争力なりもの造りの組織能力なりが常に存在するわけではないからである。

③ **競争フェーズと競争パターン**

競争優位を巡る先発優位・劣位企業間の競争の特徴を把握するため、本書は市場競争を個別企業の競争行動の束として次の2つのレベルで捉えていく（宇田川・新宅，2000, pp.11-13）。第1のレベルはある時点もしくは短期間での当該産業における企業の競争行動の全体状況を示す「競争フェーズ」であり、次の2つが代表的である。

ひとつは「同質的競争」のフェーズであり、「競争企業の多くが模倣・改善行動をとり、同一の競争次元での競争を繰り広げている局面」である（宇田川・新宅，2000, p.12）。模倣と漸進的革新が重視された競争プロセスの結果、頻繁な改善成果が個々の企業に累積的に蓄積される。さらに競争次元が同一であることから、企業間の相互作用を通じた成果の普及が進み、産業全体としての技術進歩が加速される効果があるとされる。この競争フェーズは、先に見た製品・工程ライフサイクルにおける工程革新期から標準化期にあたることが多いだろう。そしてここでのイノベーションの多くは通常的革新やニッチ市場的革新である。

しかし同時に、産業全体が同質的競争の限界によって停滞し熾烈な価格競争にロックインされてしまう可能性を挙げることができる。これは製品・工程ライフサイクルにおける標準化期を経て、産業が成熟した場合に生じるだろう。

もうひとつは「差別化競争」のフェーズであり、「競争企業の多くが差別化行動をとり、それぞれが異なる次元での競争を志向している局面」である（宇田川・新宅，2000, p.12）。このフェーズでは、差別化に成功した企業は先発企業に転じることができるが、失敗のリスクも大きい。製品・工程ライフサイクルでいうと、ドミナント・デザインが確立する以前の製品革新期や工程革新期にあたる。それゆえ、差別化競争フェーズのイノベーションはアーキテクチャ的革新や革命的革新であり、新たな技術や生産システムを志向する。

---

(25) この点は本章で後に詳しくみる競争優位の動態性・静態性に関係する。

また複数企業が異なる市場セグメントでの差別化に成功し，市場全体としての棲み分け状態がもたらされることもある。この場合，競争の次元が異なり企業間の相互作用は生じないため，同質的競争でみられた厳しい競争や産業全体の進歩はみられない。その結果，競争企業が各市場セグメントで独占的な状態を享受するという停滞に陥る可能性もある。そこで各企業はニッチ市場的革新に取り組み新たな需要の開拓を試みるが，革命的革新やアーキテクチャ的革新が生じないと産業は成熟化して，衰退へと向かう恐れがある。

　第2の企業間競争のレベルが「競争パターン」であり，これは「長期にわたって観察される競争フェーズのあり方」と定義される（宇田川・新宅，2000，p. 13）。特に東南アジアオートバイ産業を扱う本書に関係のある競争パターンとして，本書では同質的競争と差別化競争が長期にわたって繰り返されるパターンに着目する。一般に，同質的競争と差別化競争の繰り返しパターンは，競争の参加者全体の競争力向上に寄与し，それらにより構成される産業の競争力も長期にわたって強化するとされ，具体的には次のような繰り返しパターンをとる（宇田川・新宅，2000，pp. 14-16；橘川，2000，pp. 268-270）。

　第1のフェーズは，先発企業が画期的なイノベーションに成功して先発優位を築く差別化競争のフェーズである。第2のフェーズは，先発企業の行動に対して多くの企業が追随し，熾烈な改善競争が続く同質的競争のフェーズであり，市場が拡大するとともに競争力が平準化する。第3のフェーズは，漸進的革新に限界がみられる段階で差別化競争に移行するフェーズであり，各企業は新製品の開発と新市場の開拓を目指し，多様な試みが模索される時期である。第4のフェーズは，差別化競争の中で成功した企業が現れ，その後，他企業がそれに追随して再び同質的競争のフェーズに移行し，改善競争が続く時期である。

④　対話としての競争と能力構築競争の関係

　本書が市場競争の内実を明らかにするひとつの必要性は，市場競争を途上国産業の相対的後進性を後発性優位に転換させうるイノベーションのひとつの源泉として位置付けたことに起因した。さらにここでは，対話としての競争概念が先に見た動態的能力アプローチと補完的な関係にあることを確認していく。動態的能力アプローチは企業の能力構築行動と競争行動を明らかにするという

第2章　オートバイ産業分析のフレームワーク

点で有効な視角であった。競争によって能力構築が促されると同時に能力構築によって競争が激化するというように，企業の能力構築行動と競争行動は相互に影響しあう行動であり不可分の行動であった。しかし，動態的能力アプローチにおける能力構築競争の検討対象の重点は企業のもの造りの組織能力と深層の競争力に置かれた（図2-3）。動態的能力アプローチは表層の競争力とそのパフォーマンスを巡る市場競争を組織能力と深層の競争力に多くを規定されるものとして扱い，必ずしも十分な検討を行ったわけではなかった。これに対して，対話としての競争概念は主にもの造りの組織能力の表層部分である市場競争を焦点とした。それゆえ，対話としての競争概念は動態的能力アプローチの範囲を補うものであり，両概念は企業の能力構築行動と競争行動の内実をより明らかにするための補完的な視角であると考えられる。

さらに対話としての競争概念は，競争プロセスを動態的かつ創発的に捉える点においても動態的能力アプローチと整合的であるといえる。両視角とも，競争を通じた学習プロセスを経ながら各企業が合理的・事前的であれ偶発的・事後的であれ能力構築を図っていく，という動態的な企業行動を重視しているからである。これは東南アジアオートバイ産業を動態的に捉えようとしている本書の目的にも合致するだろう。

対話としての競争が明らかにする市場競争の重要性は，ポーターが日本の産業発展の成功要因として競争的寡占構造という国内競争の性質を上げていることからも明らかであるだろう（ポーター，1992下，p.39）。[26]一般に，市場競争の特質として表出する競争的な寡占構造は少数企業の競争を促進し激化させ，その結果として産業全体の競争力を長期的に向上させるとされる（山崎，1991；

---

[26] 本書はRBVだけでなくポジショニングを重視する戦略論（ポジショニング・アプローチ）も参考にすることは本章注18で確認したとおりである。ただし，ここでポーターの議論の扱いに関してもうひとつ注意を喚起しておく。それは対話としての競争概念に対立するものとして，沼上他（1993）がポーターの主張として「個々の企業にとって競争は避けるべきものであり，独占的地位を構築・維持することが競争の目的である」（沼上他，1993，p.52）としたことである。けれどもポーターは競争の重要性とそれによる競争優位の確立についても指摘していることから（例えば，ポーター，1985，第6章），本書はこうした極端な見方をとらない。すなわち，対話としての競争概念はポーターのポジショニング・アプローチと背反の関係にはないと本書は考える。なおこうした本書のスタンスは，明示的には述べられていないものの，ポーターを参照しながら対話としての競争概念に基づいている宇田川・新宅（2000）にもみられることである。

第Ⅰ部　東南アジアオートバイ産業の課題と視角

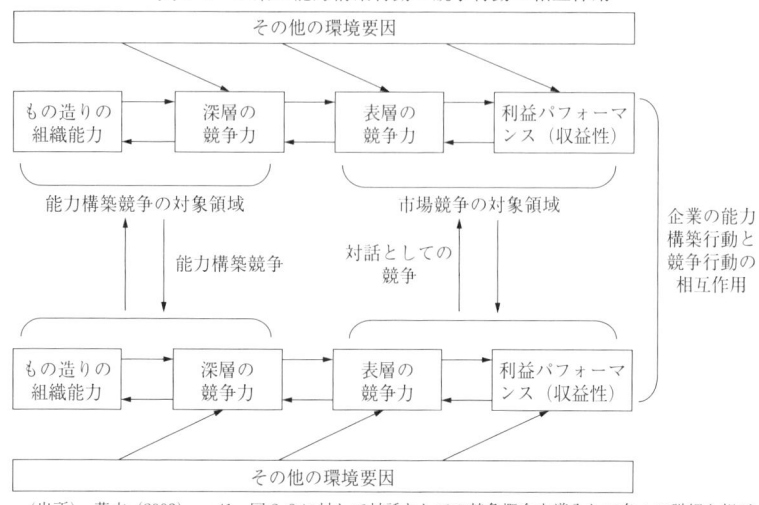

図 2-4　企業の能力構築行動と競争行動の相互作用

(出所)　藤本 (2003), p.41, 図2·3に対して対話としての競争概念を導入して各々の詳細な相互関係を明示し, 拡張した。

橘川, 1995)。

このように市場競争を把握するならば, 重層的な能力構築競争においても, もの造りの組織能力から深層の競争力, 深層の競争力から表層の競争力へというベクトルだけではなく, 表層の競争力から深層の競争力, そしてもの造りの組織能力へというベクトルも存在し, 各々が相互に作用しあう関係にあるといえるだろう (**図2-4**)。こうした表層・深層両レベルで相互に影響しあいながら競争が展開されることによって, 競争企業群全体の組織能力が向上していくと考えられる。

⑤　**東南アジアオートバイ産業における市場競争に関する検討課題**

本書は以上のような対話としての競争概念に基づいて市場競争を考察していくが, 次の3点を検討課題として設定する。第1に, 各時期の東南アジアオートバイ市場における競争フェーズがどのようなものであったのかを解明することである。具体的には, 東南アジアオートバイ市場の各時期について, どのような競争プロセスを経て, どの企業が先発となり, その企業はどのような先発優位を有していたのか, そしてこうした先発企業に対して後発企業はどのよう

に対応したのか，その結果，どのような競争フェーズが出現したのかを明らかにする。

第2に，各年代の東南アジアオートバイ市場における競争パターンの解明である。東南アジアオートバイ産業では，上記で確認した競争フェーズが時代の推移とともにどのように変遷していったのかを明らかにする。

第3に，競争パターンと能力構築競争の相互作用の解明である。まず，東南アジアオートバイ市場における競争が，その基層にある各企業のもの造りの組織能力と深層の競争力の構築に際するベクトルに与えた影響はどのようなものであったのかを明らかにする。さらに東南アジアオートバイ産業の競争パターンが各企業の能力構築競争にどのような影響を与えたのかを確認していく。あわせて，各企業のもの造りの組織能力や深層の競争力が市場競争における各企業の市場戦略に対してどのように対応したのかを確認する。

(3) 企業間分業関係に関する分析視角

① 企業間分業関係の区分と意義

発展途上国産業の相対的後進性を優位に転換させうるイノベーションの主要な3つの源泉のうちの最後のものである企業同士の相互関係，すなわち企業間関係を以下に検討していく。製造業の主な企業間関係として，完成車企業（最終セットメーカー）と完成車企業，完成車企業とサプライヤー（部品・一部工程企業），サプライヤーとサプライヤーを挙げることができるだろう。完成車企業同士や同一部品・工程を生産するサプライヤー同士については，先に見た能

---

[27] こうした区分について詳細にみると，サプライヤー間においてもあるサプライヤー（1次サプライヤー）が何らかの部材や工程を外部のサプライヤー（2次サプライヤー）に発注するという完成車企業とサプライヤーとの間と同様の企業間分業関係も存在するだろう。さらに2次以下のサプライヤーについても同様のことがいえる。しかし，本書では完成車企業と1次サプライヤーという企業間関係を議論の主たる対象としていく。また適宜1次サプライヤーと2次サプライヤーについても取り上げるが，2次以下のサプライヤーと3次以下のサプライヤーとの企業間関係については取り上げない。なぜなら，こうした企業間関係において途上国産業の量と質の両面で最も影響を及ぼすと考えられるのは完成車企業と1次サプライヤーとの間の企業間関係であり，なおかつこれに関する先行研究が不十分であるからである。ただし，本書が議論の対象を限定することは2次サプライヤー以下の企業間関係の重要性を否定するものではない。というのは，発展途上国産業の裾野拡大にはこうした末端のサプライヤーの形成と発展は寄与し，さらに末端のほうが地場系サプライヤーの占める地位が大きいと考えられるからである。この検討については，本書で完成車，1次サプライヤーの企業間関係を明らかにした後の課題としたい。

力構築競争と対話としての競争の概念で説明が可能である。というのは，これらの企業間関係は能力構築競争と対話としての競争の両概念が想定している企業間関係であると考えられるからである。またオートバイ産業における完成車企業間では協調よりも競争の側面が強く表れたからである。それゆえ以下で新たに検討しなくてはならない企業間関係とは，オートバイの構成部品を生産し素形材などの中間生産物の一部生産工程を担うサプライヤーとそれらの発注元であり納入先である完成車企業との企業間分業関係となるだろう。

　発展途上国産業にとって，企業間分業関係はイノベーションの源泉としての意義に加えて企業群の形成促進という意義もある。企業群の形成は従来，経済学的には前方連関効果および後方連関効果という産業連関の枠内で説明されてきた (Marshall, 1890；Hirschman, 1958；赤松, 1965；Krugman, 1991；小島, 2003)。後方連関効果とは，消費財，完成品の輸入代替生産には中間財，部品，投資財の投入が必要となり，これらの投入財の輸入拡大，さらにその輸入代替生産を誘発するというような，需要創出が新産業を勃興させるような産業連関の効果である (山澤, 1993, p.118)。一方，前方連関効果とは原料や中間素材が安価に供給されるとそれを投入する産業の発展が促されるような効果である。

　本書は企業行動に焦点を当てた分業関係の議論を行うことによって，こうした経済学的な概念を途上国産業のより実態面に即したものへと掘り下げていきたいと考えている。そこで本書は，完成車企業とサプライヤーという企業間分業関係について先にみた組織能力を軸に考察していくことにする。本書が検討する企業間分業関係の具体的なポイントは，企業間の境界設定，サプライヤー間の競争パターン，個別取引パターンである。[28]

② **完成車企業とサプライヤーとの境界設定**

　第1に，企業間の境界設定である。オートバイ産業は本書第1章で明らかにしたように機械組立型産業であり，完成車は多くの部品から構成された。そのため，オートバイ産業における完成車企業は製品設計から工程設計，各種部材の加工・生産，完成車の組立，検査など多岐にわたるレベルのことがらを自社で行う（内製する）か，それとも外から購入する（外製する）か，という内外製の区分に顕在化する境界の設定を行うことになる。このような企業間の境界

設定は本書に分析視角として有効であるが同時にいくつかの理論的な問題点を含む。そこで以下，各理論を検討しながら，本書の分析視角としての位置付けを行っていくことにする。

ⅰ）設計機能による境界設定

完成車企業が行う，ある部品・工程を内製するか外製するかという境界設定は完成車企業の設計機能の区分に基づいたものである。こうした設計機能の分業関係については浅沼（1997：第5章）によって「貸与図」と「承認図」に基づく区分がなされている。ここで貸与図（drawings supplied）とは，部品の生産に当たって完成車企業が部品の設計を行い，サプライヤーに設計図を貸与して製造を行わせる場合の図面のことである（浅沼，1997, pp. 187-188）。また貸与図サプライヤーとは貸与図に基づいて生産された部品を完成車企業に供給するサプライヤーのことである。一方，承認図（drawings approved）とは，完成車企業が大まかな仕様を提示し，その仕様に適合するような部品をサプライヤーが開発し，完成車企業がそれを提出させ承認を与えた図面である。そして，承認図サプライヤーは承認図に基づいて生産した部品を完成車企業に供給する。こうした設計図の区分によって設計機能の分業が顕在化されるため，完成車企業とサプライヤーとの間の設計機能に関する境界設定の把握に有効である。

浅沼はこの概念をさらに発展させて，サプライヤーの能力構築は貸与図から承認図へ進化するということを主張した（浅沼，1997, 第6章）。しかし，貸与図サプライヤーから承認図サプライヤーへの移行は能力構築のひとつの帰結に

---

(28) これら3点は日本自動車産業のサプライヤー・システムが検討されたときの視角（藤本，1997）であり，また以下でも主に日本自動車産業から抽出された論理を扱っていく。このひとつの背景として，サプライヤー・システムに関して，日本自動車産業についての理論的な先行研究は十分な蓄積があることに対して，日本オートバイ産業については本書第1章で確認したように理論的な先行研究があまり存在しないからである。本書は東南アジアオートバイ産業を議論の対象としていることから藤本（1997）などとは議論の対象とする産業，地域が異なるものの，企業間関係がどのような構造的，行動的特徴を有するのか，そしてそれがどのようなパフォーマンスを生じさせるのか，という問題意識は共通している。またオートバイ産業は自動車産業と同様に機械組立型産業であり類似の産業特性が見られ，ホンダやデンソー，日本精機のように両産業に属する完成車企業やサプライヤーも多い。それゆえ，この3点とそれに関係する各議論は本書における企業間関係の考察に際しても有益な分析視角となりうると考える。なお日本オートバイ産業におけるサプライヤー・システムについては本書第3章において実証的な先行研究および筆者による実態調査に基づいてその具体的内実を検討するのでそちらも参照されたい。

過ぎず，サプライヤーが能力構築を果たした結果，必ず承認図サプライヤーへ移行するということではないのではないだろうか（植田，2000a, p.14）。さらにいうならば，貸与図サプライヤーよりも承認図サプライヤーのほうが組織能力の点で優れているとは結論できないのではないだろうか。というのは，貸与図か承認図かというのはサプライヤーの組織能力のみに起因するのではなく，当該部品・工程のライフサイクルの位置など組織能力以外の要素にも強く影響されると考えられるからである。実際，自動車完成車企業に対しては承認図部品を供給し，オートバイ完成車企業に対しては貸与図部品を供給する，というような能力の優劣を図面からでは単純に測れないサプライヤーも存在する。[29]

このように設計図の区分とサプライヤーの組織能力は常に一対一で対応してはいないため，サプライヤーの組織能力の進化のプロセスを図面のみでは把握するのは困難であるように思われる。それゆえ，必ずしも貸与図サプライヤーが承認図サプライヤーよりも組織能力に優れるということではなく，設計図により一律に定まるものではないと考えられる。そこで本書は，設計図面の形態に着目して完成車企業とサプライヤーとの設計機能の境界設定を考察していくが，それによってサプライヤーの組織能力の優劣を決定したり，進化の方向を一義的に定めるということはしない。

ⅱ）アーキテクチャによる境界設定

完成車企業が，部品や生産工程に関する内外製の区分および承認図か貸与図かという設計機能の区分，さらに外製する場合に汎用部品と自社独自設計の部品（カスタム）のいずれを調達するかという区分，を行うにあたって完成車企業のアーキテクチャ（設計思想）がひとつの視角となる。一般に，製品・工程

---

[29] 例えば，オートバイと自動車の部品を生産する山田製作所は，オートバイでは貸与図部品の生産のみを行っているが，自動車については承認図部品を生産し，なおかつその製品開発に向けたR&Dセンターも設立し多額の投資を行っている（山田製作所社史編纂委員会，2001；筆者訪問調査（2004年7月））。高度な承認図部品を開発，生産する組織能力を山田製作所は有しているが，オートバイ部品については完成車企業との関係上，承認図メーカーになるような努力は行わず貸与図部品の生産に特化しているという。しかし，だからといって，組織能力の構築を怠っているわけではなく，種々の努力の結果，自動車向け承認図部品を生産するようにまでに成長した。またオートバイ向けの貸与図部品についてもVAを通じて改良を進めた。この山田製作所の事例は，図面のみによってサプライヤーの能力とそうした能力構築に向けた取り組みを推し量ることの困難さを示唆していると思われる。

のアーキテクチャとは「製品を「どのようにして製品を構成部品や工程に分割し，そこに製品機能を配分し，それによって必要となる部品・工程間のインターフェース（情報やエネルギーを交換する「継ぎ手」の部分）をいかに設計・調整するか」に関する基本的な設計構想」と定義されている（藤本・武石・青島編，2001，p.4）。

代表的な製品アーキテクチャの区分として「モジュラー型」と「インテグラル型」の区別，「オープン型」と「クローズ型」の2つがある（Ulrich, 1995；藤本他編，2001）。「モジュラー型」と「インテグラル型」は機能と部品の相互関係に関する区別である。モジュラー・アーキテクチャの製品とは機能と部品（モジュール）との関係が一対一に近く，インターフェースが整備されていれば，各部品（モジュール）の設計開発はそれぞれ独自に進めていくことが可能となる（Baldwin & Clark, 2000）。インテグラル・アーキテクチャの製品とは，機能群と部品群との関係が錯綜し，各部品（モジュール）の設計開発は，互いに調整を要する（Clark & Fujimoto, 1990）。

次に，「オープン型」と「クローズ型」とは複数企業間の連携関係に関する区別である（藤本他編，2001）。オープン・アーキテクチャの製品とは，基本的にモジュラー製品であり，なおかつインターフェースが企業を超えて業界レベルで標準化した製品のことを指す。このため，企業を超えた「寄集め設計」が可能であり，異なる企業から品質のよい部品を集めて組み合わせれば複雑なすり合わせを行わないでも全体としても機能性の高い製品が生み出されることになる。一方，クローズ・アーキテクチャの製品とは部品（モジュール）間のインターフェース設計ルールが基本的に1社内で閉じているものを指す。それゆえ，インターフェースの設計や機能設計などの基本設計部分は1社で完結している。

こうした製品・工程アーキテクチャは必ずしも固定的なものではなく，市場や技術の変化によって動態的に変化するものである（楠木・チェスブロウ，2001）。そして製品アーキテクチャが変化することによって，企業間関係は変化していく（Fine, 1998）。同時に，企業間関係が変化することによって，製品アーキテクチャは変化していく（武石・藤本・具，2001）。というのは，企業は

ダイナミックな組織能力にとって製品や工程のアーキテクチャに適応する能力構築行動や競争行動を志向するからである。すなわち，製品アーキテクチャと企業間関係の両者は相互作用的な関係にあり，長期的には製品・工程アーキテクチャと企業組織や企業間関係は適合していく。

　本書はこうした特徴を持つ製品アーキテクチャを踏まえながら，アーキテクチャから強い影響を受けている企業間の境界設定について検討していく。あわせて，本書はアーキテクチャを通じて企業行動についても考察していく。なぜなら，アーキテクチャに関する概念は企業の境界設定という企業間関係だけでなく，能力構築行動や競争行動に対しても一定の視角となるからである。このようにアーキテクチャと企業行動や企業間関係を関連させながら議論を展開することによって，本書は，東南アジアオートバイ産業が単に既存のアーキテクチャに対して受動的な地位にあるのではなく，能動的な地位にあることも示していくことができるだろう。

ⅲ）取引費用による境界設定

　内外製の区分による企業の境界設定に関する問題は，取引費用のアプローチによるならば，企業が設計から生産の各レベルにおいて内部組織と外部市場のいずれを活用するかという選択になるだろう（Coase, 1937; Williamson, 1975）[30]。ここで取引費用は，第1に取引を行うのに必要な投資の特殊性，第2に同じ取引が生じる頻度と取引が繰り返される継続期間，第3に取引の複雑性と不確実性，第4に取引における業績測定の難しさ，第5にある取引と第三者を含む別の取引との連結性，という取引特性によって影響を受けるとされた（ミルグロム＝ロバーツ，1997，pp. 33-36）。

　こうした取引費用アプローチのひとつの意義は，市場以外の配分メカニズムとして企業の内部組織の効率性を示したことにあるだろう。しかし，取引費用アプローチには次のような問題があるように思われる。それはすなわち，企業の能力構築や競争行動というイノベーションの促進作用を有する内部組織や市場のダイナミズムについて，取引費用アプローチは明らかにしないということ

---

[30] 内部組織と外部市場に加えて中間組織も存在するが，それについてはすぐ後に検討する。

である。なぜなら，取引費用アプローチは技術を所与とし，また技術により決定される生産費用を所与とした取引費用の大小で測った効率性に着目しているからである。さらにここで取引費用アプローチにおける生産費用と取引費用という両概念の区分は困難であるという問題も指摘できる（ミルグロム＝ロバーツ，1997，pp.36-37）。これらの背景には，そもそも取引費用に関する定義がはっきりとなされず曖昧なまま用いられているということを挙げることができるだろう（ホジソン，1997，p.214）。

本書は，イノベーションの源泉としての企業間分業関係に着目しそこから途上国産業が後発性優位を得るダイナミズムを重視する。それゆえ，本書は，企業間の境界設定として取引費用の重要性は否定しないが，同時にこうした効率性によってのみ企業間の境界設定を検討するということもしない。

ⅳ）組織能力の構築による境界設定

企業境界の議論に際して，取引費用アプローチに加えて，近年，企業や市場における能力構築プロセスを検討することの重要性が指摘されている（ラングロワ＝ロバートソン，2004；Loasby, 1998；谷口，2006）。この議論における企業の役割として，取引費用の節約よりもむしろ組織能力の拡大を実現するための社会的制度という点が重視された（Loasby, 1998, pp.151-152）。このときの企業間の境界設定は，組織能力を自社で構築していくか市場からの調達を通じて既に構築された自社以外の組織能力を活用するか，という選択になる（ラングロワ＝ロバートソン，2004，p.245）。

この選択は，取引費用アプローチにおける取引費用の位置付けと同様に，組織能力の範囲と質に関して，内部組織で能力構築した場合と外部市場を活用した場合を比較することになる。境界設定の主な具体的基準は，能力構築や競争行動によるイノベーションの質と範囲，規模の経済性の有無，能力構築に関する情報（ネットワーク）や経験の有無，製品・工程ライフサイクルの段階，である（ラングロワ＝ロバートソン，2004，p.245）。それゆえ，組織能力の構築によって生じるイノベーションの可能性や競争環境の変化，コア・コンピタンスの確立を志向する企業戦略などを鑑みた企業が，外部市場の活用に比べて効率性に劣る自社内での能力構築を選択するというケースも想定されうる。

こうした特徴を有する組織能力の構築による境界設定を分析視角として援用しながら，本書は，企業の創発的な能力構築行動と競争行動，それによるイノベーションからなる企業の境界設定のありようを考察していく。これは途上国産業のダイナミズムを描こうとする本書の趣旨に適合するといえる。さらにこの視角は企業を主体とした創発的なダイナミズムをひとつの鍵概念としていることから，先に見た動態的能力アプローチや対話としての競争概念とも整合的であると考えられる。

③ 完成車企業によるサプライヤーの選別とそこに生じる競争パターン

第2の企業間分業関係のポイントは，競争パターンである。完成車企業は企業境界の設定と同時にサプライヤーとの取引機会が生じることになる。また完成車企業によるサプライヤーの選別に伴い，サプライヤー間には完成車企業による選別を目指した新たな競争が生じる。

日本製造企業の場合，こうした競争は能力構築競争や対話としての競争に基づきながらも，完成車企業による管理という側面が強くなることに注意が必要であるだろう。これは買い手である完成車企業の「見える手」が売り手であるサプライヤー間の競争を「管理する」ことによって促進されるという「見える手による競争」(competition by visible hand) というひとつの競争パターンでもあるとされる（伊丹，1988, p.144）。見える手による競争のメリットは，少数者間の有効競争が促進され潜在的なコンペティターも確保されるという競争促進のメカニズムが提供されること，および技術進歩促進のための場が提供されることである（伊丹，1988, p.159）。そして見える手による競争が機能する要件は，企業を取り巻く環境要因も強く作用するが，組織能力に着目すれば，完成車企業がサプライヤーを管理する能力を備えていることといえる。

以上を踏まえて本書は，取引企業数や選別方法に着目しながら，完成車企業がサプライヤーをどのように選別しどのような競争を生じさせ，さらにはそれが各企業に対してどのような能力構築行動を促進しているのかを検討していく。あわせて，企業間の境界設定と競争パターンの関係についても考察していく。

④ 完成車企業とサプライヤーの個別取引パターン

企業間関係を議論するための第3の分析視角は個別取引パターンである。完

成車企業とサプライヤーの個別取引パターンは,両者の取引における期間や密度,取引を通じた組織能力の連動性などからその特徴を理解することができる(藤本,1997,pp.177-179)。

先ほどの境界設定に関する検討に際して,内部組織か外部の市場かという区分を行ったが,日本に特徴的な系列取引や企業集団に代表される中間組織という区分もある(ミルグロム＝ロバーツ,1997；青木・伊丹,1985；菊澤,2006)。ここで中間組織とは,内部組織による取引でも外部市場からの調達でもない関係,逆にいえば内部組織による取引であり外部市場との取引でもあるような企業間関係のことをいう(菊澤,2006,p.40)。中間組織は完成車企業とサプライヤーの企業間分業の境界を曖昧なものとし,両者は共同して製品開発を行いその後も VA/VE などを通じて改善を重ねていくというように取引の密度を高めた[31]。そこに管理された競争による圧力が加わって,サプライヤーは完成車企業と取引を行うために品質保証など多大な業務と責任を担うことになった(清,1990)。その結果,完成車企業のサプライヤー管理の必要性の高まりおよびサプライヤーにとっての品質保証能力と競争に対処できる能力の確立の困難さから,完成車と取引するサプライヤー数は絞られた。その一方で,完成車企業と取引関係を構築した少数のサプライヤーは,例えばカンバン方式や QC サークルの導入など,完成車企業の能力構築に対応して自社のそれを行う,というように取引の連動性を高めていった。中間組織に特徴的に表れる完成車企業とサプライヤーの取引は,静態的でスポット的なものではなく動態的で長期に及ぶことが一般的であった。これは長期相対取引と呼ばれ,取引における数量や価格の変化はあるものの,取引相手は変わらないような取引形態を指した(橋本,1991,pp.130-131)。

一般に,こうした特徴を有する相対的な長期取引(obligational contractual relationship)は,コスト効率の良い品質管理,製品開発期間の短縮,イノベー

---

[31] VA(Value Analysis)/VE(Value Engineering)とは,価値(＝機能/コスト)を最大化するために,設計変更,仕様改訂,製造改善,レイアウト改善,発注先変更,材料代替などを組織的に行うことであり,VA は製造段階の改善,VE は設計段階の改善を意味する(藤本,2001a,pp.148-149)。

ションという点に関してスポット取引（arm's-length contractual relationship）よりも優れているとされた（Sako, 1992, p. 244）。こうして日本企業は「密度と連動性の高い生産複合体（tightly networked production complexes）」（Kenny & Florida, 1991, p. 395）を生成し，その結果，実証的にも完成車企業と一部サプライヤーからなる大企業と大部分のサプライヤーからなる中小企業は同時に発展したとされている（本台，1992）。

　これらを踏まえて，本書は完成車企業とサプライヤーの取引の期間，連動性を確認しながら個別取引パターンの特徴を明らかにする。あわせて，個別取引パターンが企業の境界設定やサプライヤー間の競争パターンとどのように相互作用しているのかを検討する。そして，これらの特徴を有する企業間分業関係が総体として途上国産業の形成と発展にどのように影響を及ぼしているのかということを検討していく。

⑤　発展途上国産業における企業間関係と本書の検討課題

　これまでの検討から，日本企業に特徴的に見られる企業間分業関係により，企業群の形成という前方・後方連関効果の生起が期待できる。それゆえ，オートバイという特定産業を超えた途上国産業全体の底上げが期待できる。こうした量的拡大と同時に企業間関係はサプライヤー群の能力構築を促進することから，途上国産業の質的向上も期待できる。

　しかし，以上の企業間の境界設定，サプライヤー間の競争パターン，個別取引パターンの特質を有する企業間分業関係は，主に日本における日本製造企業の行動に即した議論であった。こうした企業間関係は発展途上国，特に工業化の歴史に乏しく地場系企業群が脆弱なために日系企業が産業形成と発展を主導する東南アジア各国ではどのようなものとなるのだろうか。本書はこの問題を東南アジアオートバイ産業に即して実証的に検討していくが，ここではその理論的課題について確認していくことにする。

---

(32) スポット取引はアメリカ自動車産業で特に顕著に見られたが，これについてはHelper（1991）やWomack, Jones & Roos（1990）に詳しい。スポット取引においては，サプライヤーは購買者である完成車企業が規定した詳細な発注を満たしているに過ぎず，デザインなどに関してはほとんど裁量を持っていないことが一般的である。

まず発展途上国産業における企業間の境界設定については，外部市場の未成熟と取引費用の高さが挙げられる。一般に，東南アジアのような発展途上国産業では未成熟なサプライヤー群や低所得による狭隘な国内の最終製品市場に起因して，日系企業に外製を可能とさせる外部市場が小さい。さらに完成車企業が外資系企業である場合，地場系企業の種類や能力，潜在性についての情報が乏しく，契約など企業環境に関する法制度も未成熟であることが多い。こうしたことから，日系企業は，本国である日本に比べ，進出先である東南アジアのような発展途上国における取引費用は高いものとなるだろう。それゆえ，発展途上国産業，特にその産業形成の初期には，完成車企業は内部組織の活用，すなわち内製の拡大を志向することが多くなると考えられる。

　競争パターンについては，同一の途上国産業にありながらも日系企業と地場系企業とでは製品・工程ライフサイクルの位置が異なるということが指摘できる。発展途上国に進出する日系企業の多くは，進出までの長い操業期間の経験を経た製品や生産工程の標準化を果たしている。そのため，日系完成車企業の取引相手に要求する品質やコスト，納期に関するレベルは高いものになっている。これに対して，発展途上国産業の地場系サプライヤーは勃興して日が浅いため，製品や工程に関する知識は乏しく経験もほとんどない。そのため，大部分の地場系企業は組織能力が未成熟であり，日系企業からの高いハードルをクリアすることは極めて困難な状況であるだろう。

　このように日系完成車企業と地場系サプライヤーの組織能力に関する格差は大きなものと考えられる。それゆえ，日系完成車企業のサプライヤーに対する要求レベルとそれに対応する地場系サプライヤーの実態レベルのギャップもまた極めて大きいだろう。これに対処するため，日系完成車企業は地場系サプライヤーに対する管理を取引において強めていくだろう。その結果，地場系企業は製品アーキテクチャの選択などの裁量や自主性を失うというマイナスがある反面，標準化された製品や生産工程の導入のために大きな支援を得て短期で能力構築を果たすことが予想できる。ただし，途上国に進出してくる日系企業は完成車企業に限らずサプライヤーも含まれる。それゆえ，地場系サプライヤーは完成車企業からの受注をめぐって日系サプライヤーとの厳しい競争に巻き込

まれるだろう。
　取引パターンに関しては，日本で産業全体の能力構築を促してきた長期相対取引が発展途上国への進出によって一度リセットされるということである。日系完成車企業は途上国に進出して新たに境界設定やサプライヤー管理を行うことになるが，取引のパターンも日本とは異なるものとなるかもしれない。そのとき，取引の期間が短期化してスポット的な取引になったり，取引相手を多数のサプライヤーへと拡張するということもひとつの可能性として存在する。また輸入に依存するという手段もあるし，長期相対取引を行ってきたサプライヤーの進出を促すということも考えられる。このように，取引パターンが変化することで産業全体が辿るプロセスを本書は考察する。
　なお，ここで製品・工程アーキテクチャと生産システム，ドミナント・デザインという３つの概念の相互関係について整理しておく。製品・工程アーキテクチャとは定義のとおり機能と構造に関する基本的な設計構想である。生産システムとは開発から生産までの一連の流れにおける各要素により成り立つ開発生産の仕組みであり，企業を主体とする生産体制である。それゆえ，生産システムは企業間分業関係も要素のひとつとするため，完成車企業だけでなく，サプライヤー（群）も含められる[33]。すなわち，生産システムはアーキテクチャという設計構想により規定された構造であり，ひとつの結果であるといえる。そして，ドミナント・デザインとは，ある製品・工程アーキテクチャに基づくある生産システムにより実現された製品のデザインのひとつである。それゆえ，基本的には製品・工程アーキテクチャが生産システムを規定し，生産システムがドミナント・デザインを実現する，という関係にあると考えられる。ただし，各概念の項目でも検討したように，一方が他方をリジットに規定するのではなく，相互作用しあうものであることには注意が必要である。各概念やその相互

---

[33] 生産システムには小売企業や流通企業など販売面も含める場合もある。それはなぜなら，製造と販売は相互に強く影響しあうからである（岡本，1995；石原・石井編，1996）。しかし本書では，不十分な先行研究を鑑み，また発展途上国産業の製造面での確立の解明を目的とすることから，生産システムという場合，開発生産の範疇に限定する。ただし，こうした限定はディーラー網などを構成する小売・流通企業の重要性を否定することに基づいている訳ではないことに注意されたい。販売面を司る企業に関する考察は，開発生産動向を確認した後の課題としたい。

関係が顕在化したものこそ,企業行動や企業間関係であるといえるだろう。

　以上から,企業行動や企業間関係の実態を検討することによって,本書は初めてその背後にある製品・工程アーキテクチャ,生産システム,ドミナント・デザインについて明らかにすることができるだろう。さらに,こうした議論のステップを踏んで得られる3つの概念を媒介することによって,本書は,東南アジアオートバイ産業の形成・発展のあり方から,外資系企業が主導する途上国産業の形成・発展に関するインプリケーションが得られると考える。

2　研究範囲

(1)　組織・個人

　本書では議論を展開するに当たって,その分析単位として個人ではなく組織に着目していく。というのは,組織ルーチンに基づく組織能力に着目して企業行動を考察しようと考えるからである。こうした組織ルーチンは学習成果の蓄積により形成されるが,学習する主体は「複数の個人からなる「企業組織」」(青島・加藤,2003,p.173)である。

　ただし,個人が産業発展に果たす役割は大きなものであるだろう。というのは,産業形成と発展のために欠かせない発展経路の発見,創造,選択に関してはすべて個人から始まるとされるからである(野中・竹内,1996,p.17)。つまり,産業形成と発展は,「ある個人の様々な内在的,外在的な要因が交錯した結果であり,それは彼／彼女の上において起こる」(佐藤,2007,p.17)ともいえる。

　けれども,個人の行動を単位とすると,産業形成と発展が人の意識というブラック・ボックスに包括され,そのプロセスがどのようなものかを理解するのは極めて困難になるのではないだろうか[34]。それゆえ,本書が途上国産業全体の

---

[34]　こうした個人を分析単位とする問題点は,企業戦略論においてアントレプレナー(起業家)を重視する議論に対して向けられているものと同様である(ミンツバーグ他,1999,pp.153-157)。例えば,コリンズとポラスは,ビジョンを持つリーダーに依存することよりもビジョンのある組織を構築することの重要性を主張している(Collins & Porras, pp.22-23)。

発展とその継続性を検討するに当たっては組織を分析，考察の単位としていく。

同様の理由から，販売市場における企業間競争を議論するに当たっても，本書は企業行動という組織を議論の単位とし，企業者行動などの個人を議論の単位には据えない。もちろん本書は途上国産業における企業者の行動は，多くの先行研究が指摘するように産業形成に際して大きな影響を与えたことは十分に認めている[35]。それゆえ，本書は企業者行動についての役割を軽視しているわけでは決してない。しかし，本書は，先の組織を重視する理由に加え，企業者行動とは異なる観点から企業行動の分析を行い途上国産業の形成のあり方を示したいと考えていること，そして，東南アジアでは機械産業における企業者行動が目立ったものではなかったこと，から企業者活動を主たる分析として設定しない[36]。ただし企業者行動については企業行動が明らかになった次の段階に検討するものとし，今後の課題としたい[37]。

（2） 組織能力・組織構造

本書は組織能力を検討していくが，組織構造（形態）については深く議論しない[38]。なぜなら，企業行動から東南アジア各国オートバイ産業の形成と発展のあり方を考察しようとする本書の課題は企業の競争優位の確立，さらには産業全体の競争優位の確立を果たす上で必要となる能力とは何かを理解することに

---

[35] 例えば，日本の産業形成における企業家の役割については，宮本（1999），日本，台湾，中国など東アジア各国の産業形成における企業者の行動の役割の重要性について，園部・大塚（2004）に詳しい。園部・大塚（2004）については，書評を通じた考察も行ったので詳細はそちらを参照されたい（三嶋，2005）。台湾については技術者という個人そのものを分析視角として台湾の半導体産業とパソコン産業からなるハイテク産業の生成と発展を説明した佐藤（2007）も挙げられる。

[36] 宇田川・新宅（2000，p.8）においても，市場での企業間競争における企業行動を考察する上で，企業者活動の重要性は十分に認めているものの，分析対象として企業者行動を必ずしも含めてはいない。

[37] こうした個人か組織かのいずれかに着目することは，進化論的な観点においては，集団的アプローチか個人主義的アプローチかで議論が生じている（塩沢，2000，pp.6-7）。これらの議論を遡れば方法論的個人主義か方法論的全体主義かということになるが，これについては，例えば，Hodgson（1988）を参照のこと。

[38] 組織構造（形態）とは，マネジメント組織のつくりのことであり，組織や人材のあいだでの権限やコミュニケーションの経路とそれらの経路を通じて社内に伝わる情報やデータのことである（チャンドラー，2004，pp.17-18）。

あると考えるからである（ゴシャール＝ウェストニー，1998, p. 177）。企業構造に関する境界線を引く前に，ある組織では他の組織に比べてなぜ低価格の製品を供給できるのか，あるいはなぜ新たなセグメントを開拓できるのか，ということを最初に理解することのほうが論理的であると考える。

また，組織能力と組織構造とは別に存在するものであり，発展していくものとされている（山口，2006，第3章）。それゆえ，組織能力の解明に主眼を置く本書が組織構造についても十分検討しなくてはならないということはないと考える。

（3） 動態的な競争優位・静態的な競争優位

本書は既述のようにして発現される競争優位を動態的な競争優位と位置付け，静態的な競争優位とは区分していく。すなわち，動態的能力アプローチが想定するように，もの造りの組織能力や深層の競争力の高まりとともに表層の競争力やパフォーマンスの改善がみられた場合，本書はそれを動態的な競争優位とする。一方，もの造りの組織能力や深層の競争力の高まりがみられないものの，一定の表層の競争力やパフォーマンスを示した場合，本書はそれを静態的な競争優位とする。このように，本書は静態的な競争優位として，もの造りの組織能力や深層の競争力を基礎としていないため動態的な改善を果たし得ない一時的でスタティックな競争優位を想定している。図2-4から考えるならば，静態的な競争優位とは，もの造りの組織能力，深層の競争力，表層の競争力，利益パフォーマンスとが相互作用せず，単独で表層の競争力と利益パフォーマンスが存在する，というイメージとなる。

なお，本書が競争優位を動態と静態とで区分する理由は，今日の途上国における地場系企業とそこに進出する外資系企業の競争優位の違いを理解するために有効であると考えるからである。従来，発展途上国の地場企業は長期継続的な改善行動により漸進的にもの造りの組織能力，深層の競争力を構築することが多かった。しかし，2000年以降になると中国からの部品セットの輸入に依存することにより，自身の組織能力を高めることがなくても，安価な製品を生産，販売することが可能になっているように思われる。

（4） タイとベトナム

　本書は東南アジアオートバイ産業の形成と発展の内実の解明を目的とするが，事例として取り上げるのはタイとベトナムのオートバイ産業である。理由は次の通りである。

　タイオートバイ産業を取り上げる理由は，東南アジアオートバイ産業の中でも最も長い歴史を誇りなおかつ輸入代替を進め，輸出拠点化しているからである。さらにタイオートバイ産業は東南アジアの各日系企業の開発，生産の中心拠点ともなっている。すなわち，タイオートバイ産業は東南アジアで最も形成が進みなおかつ発展し競争優位を有しているといえる。このため，タイオートバイ産業は日系企業が海外展開して当該途上国にオートバイ産業を形成し，発展させるということのモデルケースとしても位置付けることができる。そこで，本書は，タイオートバイ産業に関して，1960年から1980年代前半までの勃興期（第4章），1990年代半ばまでの形成期（第5章），1990年代後半の通貨危機による変動期（第6章），2000年以降の発展期（第7章），と4つの時期に区分して検討していく。

　また，本書がベトナムオートバイ産業を取り上げる理由は，ベトナムが東南アジアオートバイ産業の中でも1990年代から創始し，最後発に位置しているからである。しかし，ベトナムオートバイ産業は，最後発でありながら，近年輸出も行うなど目覚しい成長を遂げている。また，ベトナムは，完成車企業が日系だけでなく，台湾系や地場系など多様であることから，その生産システムも多様なものとなっている。こうしたことから，ベトナムオートバイ産業は，日系企業が多様な国籍のコンペティターに対してどのように対抗していくのか，特に中国車にどのように対抗していくのか，ということのモデルケースに位置付けることができる。[39]

　そこで，本書はベトナムオートバイ産業を検討することで，自由貿易圧力が強まり，中国からの完成車輸入にさらされながら進められた，圧縮された産業形成と発展のプロセスのありようを明らかにしていく。さらには日系企業が台

---

[39] 中国車の詳細については本書第8章で議論する。

湾系企業や地場系企業とどのような市場競争を繰り広げ，それがどのような能力構築競争に由来しているのかを確認する。

　この他，東南アジアにおけるオートバイ産業で重要であり特徴的な国として，インドネシア，マレーシア，フィリピン，ミャンマー，カンボジアが挙げられるだろう。インドネシアオートバイ産業はおおよそタイオートバイ産業と同様の発展経路を辿っている。マレーシアオートバイ産業は，モータリゼーションへの自動車への移行，当初から輸入に依存していたことから産業の形成はほとんどみられない。またフィリピンはタイと同様の長い産業の歴史がありつつも，未だに完成車輸入を行っているように，十分な成長がみられない。そうした点から，フィリピンオートバイ産業は失敗事例としては示唆的であると思われる。さらにベトナムよりも後発のミャンマーやカンボジアなどは産業の形成がまだ開始せず，完成車輸入に依存している。以上から，東南アジア各国で様々な特性があるものの，成功事例としては，タイ，ベトナムが突出していると思われる。それゆえ，タイ，ベトナムを取り上げることで東南アジアオートバイ産業全体の特徴を指摘できると考える。

3　構成とデータ

（1）　本書の構成

　本章は，東南アジアオートバイ産業の形成と発展を明らかする上で必要となるオートバイ産業全体の概要と先行研究をサーベイした。またそこから本書の目的を抽出するとともに本書の理論的位置付けを行った。その上で，分析枠組みとして，動態的能力アプローチと対話としての競争概念を示し，それを踏まえて検討課題を挙げた。さらに本書の範囲を示して議論の対象を明確にすると同時に，本書の限界を確認した。

　続いて，本書第3章では，日本・中国オートバイ産業の発展プロセスと生産体制の特徴について確認し，それが外生的な東南アジアオートバイ産業とどのような関係にあり，またどのような影響を及ぼしているのかを確認する。さらに，こうした産業全体の発展プロセスを確認することによってオートバイ産業

に関する技術や生産体制の変遷が明らかになり，そうしたことからも東南アジアオートバイ産業を特徴付けていく。

本書第Ⅱ部における第4章から第8章にかけては東南アジア各国オートバイ産業の事例を具体的に取り上げていく。まず，第4章，第5章では，1960年代から1990年代半ばまでのタイオートバイ産業における勃興および形成のありようを示していく。この時期は，市場の成長が不十分であったことから生産規模が小さく，また産業基盤の欠落から裾野産業はほとんどなかった。しかし，こうした厳しい環境にもかかわらずタイ政府は進出した日系完成車企業に対して厳しく生産の現地化を強制した。あわせて，第4章，第5章ではこうした制約に対応しながら日系企業がどのように能力構築を進めていったのかを明らかにしていく。

続いて第6章では，1990年代後半におけるタイオートバイ産業を取り上げる。この時期のタイオートバイ産業は，アジア通貨危機をひとつの契機として変動期に入った。それは，1980年代後半から拡大を続けた市場が突如大幅に縮小したこと，従来の市場ニーズが変動し完成車企業はその対応をしなければならなかったこと，タイ政府が直接的な関与による保護育成政策の解除を決定的にしたこと，である。第6章ではこれらの課題に対して各企業はどのように対応し，その帰結がどのようなものであったのかを明らかにする。

第7章では，2000年以降のタイオートバイ産業の本格的な発展のありようを示していく。この時期からタイオートバイ産業は国際的な競争優位を確立させて輸出を増大させた。こうした競争優位はどのように発現したのか，第7章ではその内実を明らかにしていく。

第8章では，ベトナムオートバイ産業の形成と発展のありようについて検討していく。ベトナムは東南アジアの中でも最後発のひとつであり，最も圧縮された産業発展を遂げた。さらに産業形成の初期から国際競争の脅威にさらされた。第8章では，こうした厳しい環境の中，各企業はどのように能力構築を進めていったのかを明らかにする。

最後に，終章では，タイ，ベトナムオートバイ産業の形成と発展プロセスの特徴をまとめ，両国を比較しながら，グローバル化時代における産業形成と発

展のありようについて考察を行う。いわば，タイオートバイ産業が長期にわたって日系企業のみによって純粋培養されたのに対し，ベトナムオートバイ産業は短期に多国籍な完成車企業間の厳しい競争を通じて形成，発展が促されたといえる。こうした相違が，形成された産業にどのような特徴の相違を生じさせているのか，検討していく。

（2） データの出所
(1) 調査概要

本書の議論は，2002年から2009年にわたる17回の現地調査で得られたデータに基づいて行うものである。現地調査の概要は以下のとおりである。①2002年7月の浜松・磐田調査，②2002年8-9月のタイ，カンボジア，ベトナム，ラオス調査，③2003年2月の熊本調査，④2003年3-4月のタイ，ベトナム調査，⑤2003年7月のベトナム調査，⑥2003年12月の磐田調査，⑦2004年2-3月のタイ，インドネシア調査，⑧2004年7月の熊本調査，⑨2004年9月のベトナム，タイ，インドネシア調査，⑩2005年8月のベトナム調査，⑪2005年8月の東京・磐田調査，⑫2006年3月のベトナム調査，⑬2006年10月の磐田調査，⑭2007年3月のタイ調査，⑮2008年3月のタイ調査，⑯2009年3月のタイ調査，⑰2009年8月のインドシナ半島調査である。

①，②，③については植田，三嶋（2003）に，④のタイ調査一部および⑥は三嶋（2004a）に，⑦は三嶋（2004b）にその調査記録がまとめられている。②のベトナム調査に関しては，ベトナムの工業化戦略に関するNEU-JICA共同研究での調査の一環で植田浩史氏（大阪市立大学。所属は当時。以下も同様）に同行したものであり，③は植田氏，李捷生氏（大阪市立大学）と同行，④のタイの一部およびベトナム調査に関しては同NEU-JICA共同研究の一環で川端望氏（東北大学）に同行，⑤は同NEU-JICA共同研究の一環として植田氏に同行したものである。⑧の熊本調査は，アジア経済研究所の「アジアの二輪車産業」研究会の調査に同行したものである。⑨のベトナム調査に関してはVietnam Development Forum（VDF）におけるMotorbike weekでの活動の一環で筆者以外の日本側メンバーは大野健一氏（政策研究大学院大学），植田氏，

Pham Truong Hoang 氏（横浜国立大学・院生）であった。このときの調査および報告の一部が，Ohno・Thuong（2005）にまとめられていて，拙稿（Mishima, 2005）も所収されている。⑩も VDF の Supporting Industry Week として裾野産業に関する研究調査活動の一環であった。⑫も VDF によるベトナム裾野産業に関する調査に同行したものであるが，これはベトナム工業省によるオートバイ産業に関するマスタープラン作成のための予備調査も兼ねていた。この調査結果に関しては，Vietnam Development Forum（2006）にまとめられている。なお，これら14回の現地調査のほかにも電話やメール，ファックスなどを用いて企業関係者とのやり取りを適宜行っている。

(2) 調査内容

一連の調査は企業関係者（一部政府関係者）に対する聞き取りと工場見学を中心とした。調査の主な対象は，完成車企業は社長，部材購買部門責任者，生産部門責任者であり，サプライヤーは多くが社長であった。

各調査は共通の質問項目を数多く設定し，同様の質問を異なる対象に行うことで，調査精度の向上を図った。これらの調査目的は，基本的には本書の目的と同様であり，東南アジアオートバイ産業の形成と発展プロセスの解明であった。具体的には次の3点が主なものであった。第1に，完成車企業，サプライヤーを系統的に調査することで，東南アジアにおける部品産業の構造と国際生産・貿易ネットワークにおける東南アジアの位置を明らかにすることであった。第2に，日本企業の本社を訪れ，企業内国際分業戦略について解明することであった。第3に，開発支援機関，関連省庁を訪問し，国際貿易環境と国内政策動向への認識を深めつつ，これと整合する適切な産業支援策を検討することであった。

貴重な調査の機会を与えてくれた訪問先企業，官公庁，各種団体および研究者の皆様に心から感謝を申し上げる。ただし，本書の内容に関する責任は全て筆者にある。

(3) データの扱い

本書では，適宜情報の出所や個別事例を示していくが，東南オートバイ産業および各企業に関する具体的な数字や動向は，基本的にこれらの調査から明ら

かになったことである。本書は，以下，こうした現地現場で得られたデータ，情報に従い，具体的で実証的な議論を展開していくことにする。しかし，本書が情報を得るための言語は，基本的に日本語および英語に限られている。そのため，本書にはタイ語，ベトナム語による情報には十分にアクセスできていないという限界がある。

第3章
オートバイ産業の製品・工程ライフサイクル

　本章の課題は，東南アジアに加え，日本や中国におけるオートバイ産業全体の製品・工程ライフサイクルを明らかにすることである。

　そこで以下，日本，中国オートバイ産業の発展プロセスと生産システムの特質を確認し，輸出動向を示す。続いて，タイ，ベトナムの産業形成と発展のプロセス，生産システム，市場特性，輸出入動向について，本書の第Ⅱ部で詳細に検討する前に，本章でその全体像を簡単に明らかにしておく。あわせて主要な生産国の輸出動向を示す。

　こうした検討によって，本書はオートバイ産業全体の製品・工程ライフサイクルを視角とすることができるようになるだろう。あわせて，東南アジアオートバイ産業の相対的後進性を明らかにすることができるだろう。

1　日本オートバイ産業の発展プロセスと生産システム

(1)　日本オートバイ産業の形成と発展

(1)　1953年以前——多様な生産システムに基づく多数企業間での競争

　オートバイは19世紀末にドイツ人ゴットリープ・ダイムラー（Gottlieb Daimler）により発明された（富塚，2001, p.7）。といっても，スポークと空気入りタイヤ，チェーンとスプロケット，ハンドルといった車体に関するドミナント・デザインは自転車により確立されていたため，当時のオートバイは自転車の車体にエンジンを載せただけであった。その後，ドイツ，イギリス，アメリカを中心とした欧米各国でオートバイの生産が行われたが，生産規模は年間数千台から数万台程度であり，当時自動車産業で勃興しつつあった大量生産シ

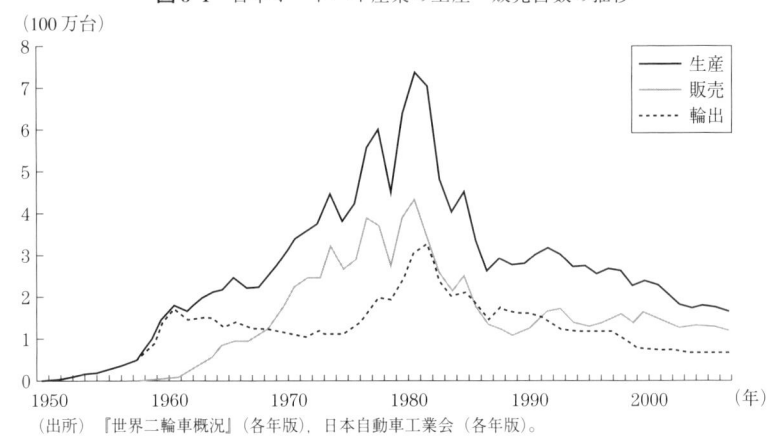

図 3-1 日本オートバイ産業の生産・販売台数の推移

(100万台)

(出所)『世界二輪車概況』(各年版), 日本自動車工業会(各年版)。

ステムへの移行はみられなかった (Jones, 1983, pp. 22-28; Hopwood, 1998, p. 28, p. 139; Wright, 2002, pp. 216-217)。そして,日本でも1935年頃からオートバイ生産が開始した (富塚, 2001, p. 49)。しかし,オートバイの生産が本格化したのは第2次大戦後のことであった。すなわち,欧米より50年ほど遅れた後発として,日本オートバイ産業はようやく本格的な形成を開始した。

後発としてスタートした日本オートバイ産業では,1953年には生産台数が15万台を超えた (図3-1)。販売市場は,スクーターと自転車に取り付けるバイクモーターの2つが主流であった (日本自動車工業会編, 1995, pp. 44-45)。また1953年までに約150社がオートバイ産業に完成車企業として新規参入した (片山, 2003, p. 96)。本田技研工業 (以下,ホンダと略) は1946年にガソリン不足に対応して松根油でも走行可能なバイクモーター「ホンダA型」発売し,オートバイ産業に参入した。さらにホンダは,1949年にバイクエンジンに加えオートバイの生産,販売を開始した。スズキ (当時は鈴木自動車工業。以下,スズキ

---

(1) 当時のアメリカ自動車産業の生産システムについてAbernathy (1978) を参照。また大量生産システムについてPiore, Sabel (1984) を参照。
(2) 物資不足の中で勃興したオートバイ産業の当時の状況に関する企業関係者たちの回想記録として,『オートバイ』(1958) を参照。

で統一)は1952年にバイクエンジンの販売を開始した(鈴木自動車工業社史編集委員会編,1970)。一方,ヤマハ発動機(以下,ヤマハと略)はまだこの時期にオートバイ産業に参入していなかった。

　こうした新規参入企業は大企業から中小企業まで様々であったが主に次の3種類に区分できる(太田原,2000a,p.3)。タイプ1は第2次大戦前から引き続いて生産する企業であった。これらは生産設備や戦時中のエンジンやフレームなどの在庫の転用が可能であり,米軍が日本に持ち込んだオートバイのコピーを生産した。タイプ2は,軍需産業や繊維産業からオートバイ産業に転換を行った企業であった。戦前から機械産業,金属加工産業に関する企業が豊富に存在した浜松地方ではこのタイプが多く見られた。タイプ3は,企業家がこの時期に新規起業した企業であった。ホンダはタイプ3,ヤマハ,スズキ,川崎重工業(以下,カワサキと略)はタイプ2であった。

　当時,完成車の生産システムとして一貫生産方式と組立方式の2つが並存した(太田原,2000a,p.8)。前者は車体とエンジンなどの重要部品を内製し,外装品,電装部品,タイヤなどを外注もしくは購入する生産システムであった。後者は大部分の構成部品を購入・外注して完成車の組立のみを行う生産システムであった。後者の組立方式は,自転車生産と類似し,事実,この生産方式は自転車メーカーの多くによって担われた。外部の調達先は,エンジン,トランスミッションなど高価な工作機械や高度な加工精度を要する部品類は大企業や専門企業から,その他の部品は自転車部品サプライヤーや自動車,繊維関係の企業から調達した。

　当時オートバイ産業に新規参入した150社を超える多くの企業の大半は組立方式だった(太田原,2000a,p.9)。こうした組立方式による生産システムが大企業と中小企業が並存できた要因のひとつであり,多くの企業がオートバイ産業に参入できた要因のひとつでもあった。というのも,オートバイ産業は各サプライヤーの上に乗った組立産業としての性格を持ち,中小企業としても経済的,技術的に参入が容易であったからであった。

(2)　1953年から1958年まで——大量一貫生産システムへの収斂

　1953年から1958年までの期間は,日本オートバイ産業の生産システムの主流

が組立方式から一貫生産方式へと変わり，参入企業数が1953年にピークの150社超となった重大な転換点であった（太田原，2000a，p.14；片山，2003，p.96）。すなわち，この時期の日本オートバイ産業は製品・工程ライフサイクルの製品革新期の末期に当たる。

　ホンダは既にオートバイの生産販売を行っていたが，この時期からそれを本格化させた。一方，スズキは1954年に初の本格的オートバイ「コレダ号」を発売，開始した（鈴木自動車工業社史編集委員会編，1970）。カワサキは1953年に明発工業に対するエンジン供給を開始し，1954年に川崎明発工業として本格的にオートバイの生産，販売に乗り出した（川崎重工業百年史編纂委員会，1997）。

　ヤマハは1955年になってようやくオートバイ産業に新規参入した。バイクモーターの生産経験のなかったヤマハは，変速機を3段階から4段階にするなどの若干の変更は行いつつも，西ドイツのオートバイDKWを100％に近い形でコピーすることで「YA1」の開発，生産を進め，参入を果たすことができた（ヤマ発プロ，2005，p.77）。その後ヤマハは，1956年にデザイン面で独自性を強めた「YC1」の投入を経て，1957年に白紙から開発をスタートしたオリジナルモデル「YD1」を投入するに至った（ヤマ発プロ，2005，p.77）。ヤマハは参入が遅かったもののその能力構築の進展ペースは早かった。模倣から始まったヤマハのオートバイ開発・生産は，学習段階，習熟段階を経て，創造段階へと至るまでの3年という極めて短期に進化を遂げた。この背景には，ヤマハが戦前から続く楽器開発生産経験の蓄積と戦時期のプロペラ生産の経験，設備を活用したことが考えられる。

　この時期の販売市場の主流タイプは，バイクモーターから，エンジンと車体が一体型のオートバイへと移行しつつあった（日本自動車工業会編，1995，pp51-52）。1953年の生産台数はバイクモーターを含め50万台に達した（図3-1）。しかし，価格競争も激化し，市場から退出する企業が出始め，零細業者の大部分は1955年までに退出し，以後60年代半ばまでに企業数は激減した（片山，2003，p.96-98）。

　こうした多数の企業間における厳しい競争の中，大量一貫生産システムのホンダは1952年から1954年に15億円の設備投資を行った（太田原，2000a，p.10）。

その目的はエンジンや本体に加え鋳造や機械加工も内製化し、高い加工精度を実現することであった。さらに1955年から1957年には一定生産量のもとで合理化を進め、コストダウンを達成した。具体的には工場設備の集中化とレイアウトの根本的変更を行い、工程管理、品質管理を徹底し、作業標準の確立、外注製品の内製化、外注資材の本社一括購入などを行った（太田原、2000a, p.12；出水、2002, 第3章）。こうして、例えば、ドリームという完成車組立において、それまで15工程を費やしタクトタイムが3分20秒であったものが、13工程1分48秒にまで合理化が進んだ（太田原、2000a, p.12）。これらを通じて、ホンダは完成車組立だけでなく、プレスや溶接、鋳造の各工程でも量産技術を確立し、オートバイ産業で突出した一貫生産システムを確立した。この結果、各車種で4％から7％程度のコストダウンを達成し、販売価格を10％から15％程度引き下げることができた（太田原、2000a, p.12）。こうした能力構築とそれに伴う製品競争力の向上の結果、ホンダの市場シェアは拡大した。

同時に、それまでオートバイ産業で支配的だった自転車産業型組立生産方式の問題点が急速に露呈し始め、組立生産方式であった零細企業の大半はオートバイ産業から退出することとなった（太田原、2000a, p.10；富塚、2001, pp.182-192）。自転車産業型組立方式の問題点は主に次の3つであった（太田原、2000a）。第1に、生産設備の不足によって、生産台数の増大に対応できないことであった。第2に、生産設備の合理化、近代化の遅れによって、量産化によるコストダウンができないことであった。第3に、研究開発投資、ノウハウの不足により、オートバイの性能、品質を向上させることができないことであった。

(3) 1958年から1965年——質量とも世界第1位へ躍進

1950年代後半、日本オートバイ産業はホンダのスーパーカブの開発生産によってアーキテクチャ的革新を果たし、製品・工程ライフサイクルにおける工程革新期へと突入した。この点で1958年から1965年にかけては日本オートバイ産業の画期をなした時期であった。この時期に日本オートバイ産業ではアーキテクチャ的革新の成果が産業全体に普及した。その結果、日本オートバイ産業は生産規模、品質ともに世界最高水準となり、欧米オートバイ産業を凌駕し、輸

出も拡大させた（図3-1；太田原，2000a，p.20；出水，2002，pp.35-51）。

当時日本の国内市場では125 cc クラスのオートバイが主流であったが，この時期に各企業は50 cc クラスの新機種を大量に投入した。そして，以下にみるホンダに代表される各企業の新規需要開拓を目指した行動が実り，生産台数は急激に拡大した。日本のオートバイ産業の生産台数は1960年には100万台に達し，1964年には200万台も超えた（図3-1）。輸出台数も1962年に20万台に達し，フランス，イタリアを抜いて世界第一位となり，以降も拡大していった（図1-2；図3-1；日本自動車工業会，1995，p.64）。

1958年，ホンダはスーパーカブを新規投入し，それがアーキテクチャ的革新という大きなイノベーションを果たすこととなった（太田原，2000a，pp.16-17）。スーパーカブで体現されたアーキテクチャ的革新の機能・デザインに関する特徴は，モペットタイプのオートバイで従来モデルに比べて2倍のエンジン出力を備えた4ストロークエンジン，大型タイヤ，足こぎペダルなし，などであり従来モデルにはない日本市場に適応したものであった[3]。当時の日本は未舗装の道路が多く，さらにオートバイの利用方法は移動だけでなく運搬機能も重要であった。こうしてホンダのスーパーカブは機能およびデザインに関するドミナント・デザインの地位を不動のものとした。その後，ホンダ以外の完成車企業からもスーパーカブに類似したデザインのオートバイが市場に投入され，そうしたオートバイの機能もまたスーパーカブをベンチマークしたものとなった。

スーパーカブは，機能面だけでなくコスト面でも優れ，安価な販売価格であった。そのためスーパーカブは市場で大人気となり，1959年の企業別販売シェアはホンダが45％と格段に向上した（太田原，2000a，p.17）。安価な販売価格の実現に寄与したのは，大量一貫生産システムの確立による規模の経済性と効

---

[3] モペットとは，モーターサイクルにペダルをつけたものというのが語源であるが，モーターサイクルのペットという意味もある（鈴木自動車工業社史編集委員会編，1970，p.55）。ヨーロッパでは50 cc クラスのペダル始動タイプという前者の意味で用いられるが，日本では80 cc 以下の小型オートバイという広義の後者の意味で用いられることが多かったという。ちなみにスズキはホンダに先駆けてモペットを1958年5月に販売を開始していたが，品質面で問題を抱え，その代名詞をホンダのスーパーカブに譲ることとなった。

第3章　オートバイ産業の製品・工程ライフサイクル

率性の向上であった。ホンダは，極端に低い自動車普及率という点からオートバイ市場は更に拡大すると予想して，スーパーカブの単品種大量生産に向けて1959年にはスーパーカブ専用の鈴鹿製作所の建設を決定し，1960年から操業を開始した（太田原，2000a, pp.16-17；出水，2002, pp.41-43）。鈴鹿製作所は，規模の経済性だけでなく生産システムの効率化を志向した。鈴鹿製作所は無窓完全空調であり，溶接，プレス，めっき，塗装などの内製設備を備えた。こうした内製設備の中でもプラスチック加工，鋳物工場，プレス工場，機械加工ゾーン，組立ゾーンはそれぞれ自動化が進み，コンベアでつながれた。特に溶接区から塗装区，組立まで一貫物流であり，立体搬送設備が導入された。鈴鹿製作所の操業開始時は年間60万台の生産能力であったが，後に100万台まで拡張された。タクトタイムは30秒から40秒であった。ホンダは内製するか外注するかは生産コストに依存して決定し，鈴鹿製作所の操業開始に伴い内製率を従来以上に引き上げた（出水，2002, pp.158-159）。というのも，輸出を前提とした規模の拡大とそれに伴うコストダウン，品質向上にサプライヤーが対応できなかったからであった。そのためにホンダは従来外注に依存していた基本部品を内製化するための大量一貫生産システムをより強固にし，QCDの更なる向上を達成した。

　ホンダに代表される一貫生産方式企業が主導する形でQCDに関する競争が激化したものの，これに対応できなかった組立方式の企業はこの時期オートバイ産業から退出した（出水，2002, p.43）。増産に対する生産コスト低減が達成できなかったこと，製品技術開発能力が欠如し持続的に魅力的な製品開発を行えなかったことが大きな要因であった。この結果，1962年までに残っていたオートバイ組立企業15社はさらに減少し，1966年にはホンダ，ヤマハ，スズキ，カワサキの4社で市場シェアの約95％に達するまでになった（日本自動車工業会，1995, pp.58-59）。

　各完成車企業は基本部品の内製化を図ったが，同時にそれ以外の多くの部品や工程を外注に出した。また国内販売市場が拡大したこともあって，1950年代後半以降，多くのサプライヤーが新規参入を果たした[4]。ただし，先に見たようにサプライヤーのもの造りの組織能力は極めて低かった。そのため，完成車企

97

業は系列診断制度を活用してサプライヤーの管理を強化した（鈴木自動車工業社史編集委員会，1970，p.315：表3-1）[5]。またサプライヤー自身も改善提案制度を導入したり設備の近代化を行いながら，通常的革新を模索し量産体制の確立を目指した（表3-1）。こうしてもの造りの組織能力を高めながらサプライヤーはこの時期から品質保証制度を開始した。さらに「生産設備をうまく共用化すれば，製品が増えても設備投資は抑えられ，そのうえ，設備稼働率も上がる。苦しくても，製品は次々に開発していかなければならない」（『三ツ葉電機製作所五十年史』，1996，p.132）というような状況にあったため，多くのサプライヤーは積極的に製品開発にも取り組んだ。

こうして1960年代半ばまでに今日まで続く4社による寡占体制が確立された。あわせて，この時期に投入されたホンダのスーパーカブは100 cc程度の小型オートバイのドミナント・デザインとなり，さらに上のような特質を備えた大量一貫生産システムもまたオートバイのドミナントな生産システムとなった。すなわち，1960年代半ばまでに製品革新や生産方式を巡る多数主体による競争はこの時期までに概ね収束したといえる。

(4) 1960年代後半から1980年代半ばまで――大量一貫生産システムの強化と輸出の拡大

1960年代半ば以降，日本オートバイ産業は既に確立された製品のドミナント・デザインと大量一貫生産システムの下，工程革新を巡る競争期へと移行した。それゆえ，この時期から，品質向上とコスト削減を目的とした漸進的改善に基づく生産工程のイノベーションを中心とする，少数主体による企業間競争が繰り広げられることとなった。

1960年代後半以降も1981年にピークを迎えるまで日本の国内市場の成長は続

---

(4) 各サプライヤーのホームページや表3-1の出所に示された社史，筆者による電話・ファックス・メール調査（2006年6月）に基づく。2006年6月の調査は，日本の主要オートバイ関係企業（多くは1次サプライヤー）150社を選定し，それらの操業開始年月や従業員数，取引先，生産品目・工程といった基本データや東南アジアへの進出の有無を明らかにするとともに，企業のデータベース作成を目的としたものであった。

(5) 系列診断制度とは，発注元と発注先である下請け工場の実態や問題点を分析し，取引方法の改善や下請工場の改善を促進し，相互の成長による企業間関係の改善を目指したものであった。詳しくは，植田（2001）を参照。

表 3-1　1950年代半ばから1970年代までの各企業による通常的革新の内実

革新実行主体			通常的革新の内実
完	サ	共	
○	○		設備の近代化
○	○		量産体制の確立
○	○		QC サークル活動（改善提案制度）の導入
○			VA の導入
○		○	サプライヤー指導の強化（系列企業診断）
	○		サプライヤーの品質保証体制の開始
○	○		設備の近代化
○	○		量産体制の徹底
○	○		QC サークル活動の本格化
○	○	○	各社横断的な QC サークル大会の開催
○	○	○	VA の本格化
○	○	○	カンバン方式（JIT）の導入
	○		1次サプライヤーによる2次サプライヤーへの外注本格化とその組織化
	○		サプライヤーの完成車企業へのゲストエンジニア派遣の開始
○	○		CAD/CAM の導入

行の左側グループ：
- 1950年代後半から1960年代半ばまで（上段6行）
- 1960年代半ばから1970年代（下段9行）

（注）　革新実行主体の完とは完成車企業を，サとはサプライヤーを表す。また共は完成車企業とサプライヤーの両者がすり合わせながら共同で取り組んだことを表す。

（出所）　鈴木自動車工業社史編集委員会（1970），『ホンダの歩み』（1975），ホンダの歩み委員会編（1984），ヤマ発プロ（2005），明石工場史編纂委員会（1990），『デンソー50年史』（2000），山田製作所社史編纂委員会（2001），『リケン30年史』（1980），『カヤバ工業50年史』（1986），『スタンレー電気75年史』（1997），『住友電装70年史』（1987），『日本特殊陶業株式会社　40年史』（1977），『日本電池100年　日本電池株式会社創業100年史　1895—1995』（1995），『三ツ葉電機製作所五十年史』（1996）に基づいて筆者作成。

いた（図3-1）。この時期の成長の要因は，1970年代半ばに各完成車企業が従来の主要顧客でなかった女性をターゲットにしたファミリータイプのオートバイを投入したことが挙げられる。またこの時期に，日本からのオートバイ輸出が本格化し，15年ほどで輸出規模は4倍以上に拡大した（図3-1）。こうして1970年代から1980年代初頭にあたるこの時期の日本は世界全体で生産されるオートバイの半数を生産するまでに成長し，世界各地に完成車の輸出を行った（『世界二輪車概況』，各年版）。例えば，ホンダは勃興しつつあったアメリカの小型市場セグメントにスーパーカブを投入することによって，それを大きく開拓す

ることに成功した（太田原，2006b）。その結果，日本のアメリカに対するオートバイ輸出台数は，1967年には21万台であったのがピーク時の1972年には147万台にも到達した（『世界二輪車概況』，1986）。その後もアメリカは日本にとって主要な輸出市場であり，1980年代半ばまで日本オートバイ産業は年間100万台程度のオートバイ輸出を続けた。

　その一方で国内では「HY戦争」と呼ばれるホンダとヤマハの間の厳しい競争が，幅広い製品ラインナップ，徹底的なコスト削減と品質向上を要求し，産業全体の質的向上が促された（宇治，1983；佐藤，2000，pp.424-442）。ただし，この過当競争とも言われた「HY戦争」によって，その後両社とも大量の過剰在庫を抱えることになり，産業全体が疲弊し一時的に停滞することにもつながった。

　さらに本段階は，ホンダやスズキはオートバイの生産技術に基づいて自動車生産を本格化させた時期でもあった（長山，2004，pp.123-124）。ホンダは，自動車生産に当たって，生産技術だけでなく，鋳造工程や機械加工を要するエンジン部品のための生産設備などもオートバイのものを併用した（出水，2002，pp.161-169）。

　製品や工程の標準化が進む中，各企業は漸進的な改善に取り組みながら大量一貫生産システムを強化した（表3-1）。特に，カンバン方式の完成車企業とサプライヤーの間での普及，サプライヤーも招いた完成車企業主催のQCサークル大会を通じた改善成果の共有，サプライヤーの完成車企業へのゲストエンジニア派遣に基づく開発段階からの共同行動，などにより完成車企業とサプライヤーの取引は密度と連動性の高い長期相対的なものとなったと考えられる。こうして，この時期までに日本オートバイ産業は多品種少量生産や高機能オートバイの生産を可能にする製品開発，生産管理のシステム，すなわち生産システムを実現した。

---

(6) ホンダがアメリカ市場の参入に成功した要因を巡って経営戦略論では，ホンダの戦略が計画的であったか創発的であったかの議論が生じている（Mintzberg et al. 1998）。これについてホンダの社内資料と市場調査報告書に基づいた太田原（2006b）の歴史的なアプローチは，ホンダのアメリカ進出とアメリカ小型市場の勃興とヨーロッパの完成車企業のオートバイ事業からの撤退の時期が重なったことをその成功要因として説得的に示している。

こうした生産システムにおける企業間取引関係は，完成車企業を頂点に，1次サプライヤー，2次・3次サプライヤーからなるピラミッド型の企業間分業関係を形成していた（青山，1988，pp. 347-348）。ただし，各完成車企業と資本関係を有するグループ企業であるようなサプライヤーはいくつか存在するものの，1970年代以降，多くのサプライヤーは複数の完成車企業と取引するようになっていた[7]。そのため，こうした企業間関係は完全独立峰型のピラミッドというよりも，完成車企業を頂とし，そうした頂が複数連なる山脈型の企業間分業関係であったというのが正確であるだろう[8]。

当時，静岡県でオートバイ部品の生産，加工を行っているサプライヤーは，1346社あり，そのうち173社（12.6％）が1次サプライヤーで，1173社（87.4％）が2次以下のサプライヤーであった（静岡県中小企業総合指導センター，1976，p.37）。産業の裾野の広がりは，この時期に1次サプライヤーが2次サプライヤーに対する外注を本格化させたことが挙げられる（表3-1）。このように，完成車企業からの外注，さらには1次サプライヤーからの外注を通じて，地域産業の裾野が広がっていた。こうした企業間関係は，製造原価に占める外注費の割合が原材料も含めると，ホンダ，ヤマハ，スズキの3社とも80％超であり，各完成車企業は外注に大きく依存していた（田中，1977，p. 243；青山，1988，pp. 348-349）。また完成車企業はサプライヤーに対して，取引を通じて，活発に技術指導を行い，地域産業全体のレベルアップを促した（表3-1；関，1991，p. 238）。さらに1次サプライヤーもまた完成車企業と同様に，2次サプライヤー間の競争パターンを管理し，その組織能力の向上を支援した（表3-1）。

(5) 1980年代後半以降――海外直接投資の増大と自動車生産中心へのシフト

1980年代後半以降，国内販売市場は200万台を割り，1999年には83万台となった（図3-1）。市場縮小の要因は，「HY戦争」の反動や日本におけるオートバイの役割が日常の移動手段のための生活必需品からレジャーのための趣味の道具へと変化したことが大きかった。またこの時期以降，後にその詳細をみる

---

[7] 本章注4と同様に，各サプライヤーのホームページや社史，筆者による電話・ファックス・メール調査（2006年6月）に基づく。
[8] 山脈型分業構造について，藤本（1997，pp 171-173）を参照。

ように，日本オートバイ産業は輸出から海外直接投資へとシフトしていった。そのひとつの大きな理由は，1985年のプラザ合意により円高が進み輸出環境が悪化したことを受けて，各企業の海外進出が加速したからであった。

オートバイの国内市場の縮小および環境規制の高まりを受けて，1990年代以降，低排出ガス機構や排出ガスの浄化装置といった環境技術や燃費向上をもたらす燃料噴射装置といった革命的革新ももたらされた[9]。しかし，この革新によっても市場の縮小を食い止めることはできなかった。また小型スクーター向けの駆動機構をモジュール化する動きも一部あったが，現在までこの部品モジュールに基づく生産システムは主流となっていない[10]。

さらにこの時期，オートバイ関連企業が集積する浜松地方の比重は自動車生産へと転換した（長山，2004，p.123）。オートバイと自動車の技術連関は強く，転換のポイントは，工場の近代化と大量一貫生産システム（プレス・溶接・塗装・組立）によるQCD対応力であった。そのため，組立企業だけでなく，サプライヤーも能力増強に迫られた時期であった。ただし浜松におけるオートバイ企業を中心とした産業集積の限界として，機械金属産業に関連しない発展がみられないという集積構造の制約が挙げられていた（関，1991，pp.257-258）。具体的には，低価格量産に特化して量産技術を確立した一方で，切削系の微細加工，精密板金といった加工機能の欠落の他，多品種少量，高難度，特殊加工にスムーズに対応できるわけではない，ということであった。

このように1980年代後半以降の日本オートバイ産業は，製品や工程の標準化が進展するとともに市場の成熟が進んだ。これに円高などの国際的な要因が影響して，この時期以降，日本からの輸出は海外での現地生産へと順次切り替えられていった。日本オートバイ産業は1958年のアーキテクチャ的革新から30年の時を経て，製品・工程ライフサイクルにおける工程革新期，標準期を完了し，成熟へと向かうことになったといえるだろう。

---

[9] 本章注4と同様に，各サプライヤーのホームページや社史，筆者による電話・ファックス・メール調査（2006年6月）に基づく。

[10] 駆動系モジュールの生産サプライヤーおよびホンダでの聞き取り調査（2004年7月）に基づく。

第3章　オートバイ産業の製品・工程ライフサイクル

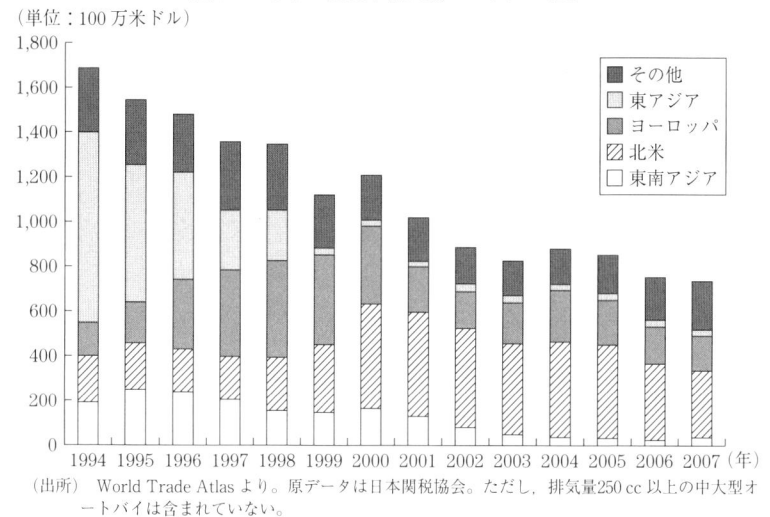

図 3-2　日本の完成車輸出額・エリアの推移

(単位：100万米ドル)

凡例：その他／東アジア／ヨーロッパ／北米／東南アジア

(出所) World Trade Atlas より。原データは日本関税協会。ただし，排気量250 cc 以上の中大型オートバイは含まれていない。

(6) 1990年代以降の日本から世界への完成車・部品輸出動向

　1980年代後半以降，日本企業の海外生産の本格化に伴い，日本からの完成車輸出は年々減少した（図 3-2）。その結果，2005年の完成車輸出総額は1994年のそれの約半分にまで減少した。日本の完成車輸出に関するここ10年の大きな変化として，輸出総額の減少のほか，輸出先の中心がアジア各国から北米にシフトしていることが挙げられる（図 3-2）。上述のとおりアジア各国の市場は拡大し続けているため，日本からアジア各国への完成車輸出の減少は，アジア各国で完成車の現地生産の進展，すなわち完成車の輸入代替の進展を示している。

　一方，図 3-3 は日本からのオートバイ部品輸出額と輸出先エリアを示している。図 3-3 から明らかなように，部品輸出額に関してはこの10年で大きな増減はなく，10億米ドルを前後している。しかし，次の2つの変化がみられた。第1に，完成車輸出額との逆転である。2001年までは完成車輸出額のほうが大きかったが，2002年以降は部品輸出額がそれを凌ぐようになった。2005年の部品輸出総額（約10.8億米ドル）は完成車輸出額（約8.5億米ドル）の128％であった。第2に，輸出先エリアの変化である。1990年代半ばまでの日本の部品輸出はアジア向けが50％を超えていたが，1990年代後半以降は欧米が輸出総額の半数以

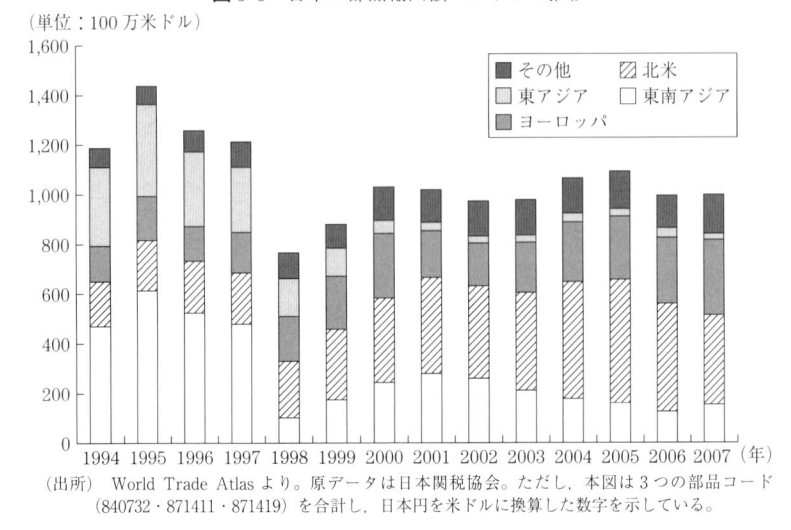

第 I 部　東南アジアオートバイ産業の課題と視角

図 3-3　日本の部品輸出額・エリアの推移

(単位：100 万米ドル)

(出所) World Trade Atlas より。原データは日本関税協会。ただし，本図は 3 つの部品コード（840732・871411・871419）を合計し，日本円を米ドルに換算した数字を示している。

上を占めるようになった。上に見たとおり，アジア各国のオートバイ生産台数そのものは拡大している。そのため，日本からアジア各国への部品輸出の減少は，アジア各国において部品に関する輸入代替が進展していることを示していると考えられる。

(7)　1990年以降の日本から東南アジア各国への完成車・部品輸出動向

日本から東南アジアへの2007年の完成車輸出額は3240万米ドルであり，日本の完成車輸出総額の約4％を占め，1994年（1億8664万米ドル）に比べ2007年は80％以上減少した（図3-4）。輸出先はベトナム，フィリピンで60％以上を占めていたが，2000年以降にベトナム向け輸出が減少し，2003年以降にフィリピン向け輸出も減少した。ただし，2003年以降，ベトナムへの輸出は再度微増している。東南アジア各国の市場は拡大基調にあるため，日本からの完成車輸出の減少はすなわち，完成車レベルでの輸入代替が進展している，ということを示している。

日本から東南アジアへの2007年の部品輸出額は1億5340万米ドルと日本の部品輸出総額（9億9870万米ドル）の約15％を占めた。しかし，この2007年の東南アジアへの部品輸出額は1994年（4億7256万米ドル）から約68％も減少した

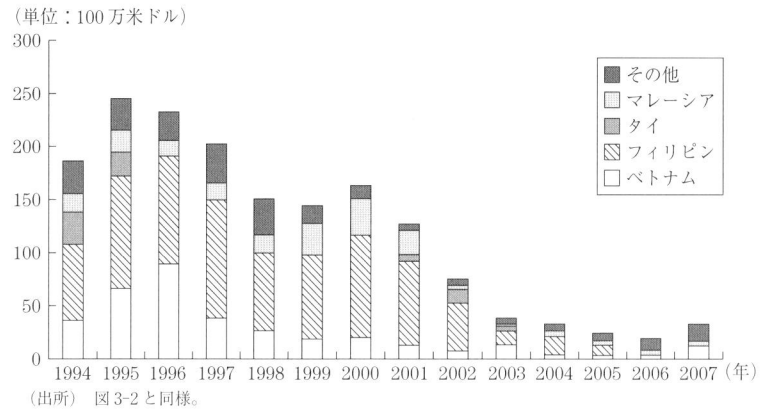

第3章　オートバイ産業の製品・工程ライフサイクル

図3-4　日本の東南アジア各国への完成車輸出額・国の推移
(単位：100万米ドル)

凡例：その他／マレーシア／タイ／フィリピン／ベトナム

(出所)　図3-2と同様。

図3-5　日本の東南アジア各国への部品輸出額・国の推移
(単位：100万米ドル)

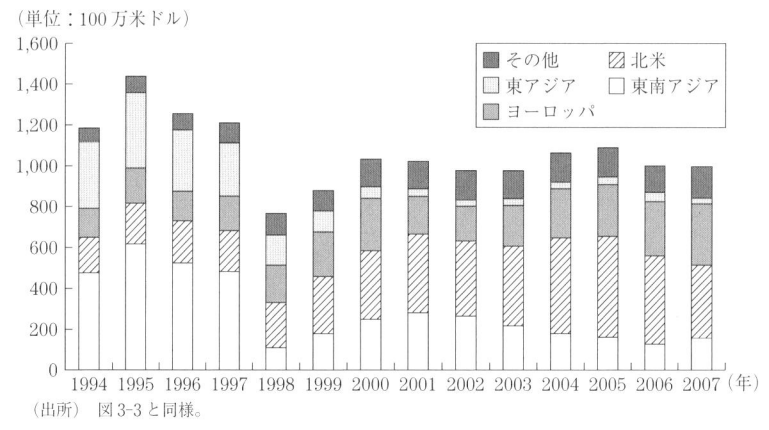

凡例：その他／北米／東アジア／東南アジア／ヨーロッパ

(出所)　図3-3と同様。

(図3-5)。中でもタイへの輸出額は1994年2億3435万米ドルから2007年5498万米ドルと約76％も減少した。インドネシアへの部品輸出額は1994年1億4942万米ドルに比べ2007年6774万米ドルと55％％減少した。こうした両国への部品輸出の減少は，両国で部品の輸入代替がかなりの程度進展していることを示している。一方，2000年以降生産台数が増加しているベトナム，フィリピンへ部品輸出はほとんどない。それゆえ，ベトナム，フィリピンという後発国は当初から日本からの部品輸入に依存していないことを示している（後述）。なお，

2007年の日本から東南アジアへの完成車輸出額（3415万米ドル）と部品輸出額（1億5340万米ドル）を比較すると，部品輸出額のほうが完成車輸出額よりも大きく，約4.5倍の規模であった。

（2）　日本オートバイ産業の生産システム

こうした発展プロセスを経た日本オートバイ産業における主要完成車企業3社の工場概要は以下の表に示すとおりである（表3-2）。これら工場は，世界各国に進出した日系企業の各生産拠点のマザー工場ともなっている。そのため，各国オートバイ産業の能力を考察する際の指標となりうるものである。簡単にその特徴をまとめるならば，生産規模は50万台程度かそれ以下であること，サイクルタイムはホンダが25秒程度，ヤマハが48秒程度であること，生産機種は数十機種であること，30年以上の操業期間があること，が挙げられる。[11] 生産規模的にはアジアの生産拠点に劣るものの，もの造りの組織能力としてはトップレベルにある。[12] 完成車企業の日本工場はいまだマザー工場として，海外生産拠点をリードする必要に迫られているし，その能力を有している。

また日本の完成車企業の内外製区分は次の表3-3に示すとおりである。基本的に完成車企業が内製を行うのは，重要機能部品であるエンジン関係と駆動関係に加え，大きくてかさ張る車体部品関係であり，この他は外製に依存している。しかし，外製部品については特注部品が大部分であり，汎用部品はタイヤなどの足回り部品に過ぎない。こうした内外製区分に関する動向によって，日本の完成車企業がオートバイを生産するに当たって，全体のバランス，品質を重視するとともに，そうした能力が備わっていることが示唆されていると考え

---

[11] サイクルタイムに関して，ホンダとヤマハで大きな違いが生じているが，これは純粋に両者の生産能力の差によるものではなく，計測方法の違いによるものと考えられる。またサイクルタイムと工場あたりの生産性は必ずしも一致しない。そのため，本書ではこれら数字をホンダとヤマハという企業間の比較ではなく，ホンダ日本本社とタイホンダというように両者の日本本社と海外生産拠点との比較のひとつの目安として用いていく。ちなみにサイクルタイムとは1サイクルの仕事を遂行するのに要する時間のことであることから，現場レベルの労働生産性（製品あたりの工数）のひとつの指標となりうる。こうしたサイクルタイムを生産性の基準として用いることの妥当性について，藤本（2001a, p.21）を参照。

[12] ホンダ，ヤマハのそれぞれの日本工場での聞き取り調査（2002年7月，2003年2月，2004年7月）に基づく。

表 3-2　日本の完成車企業の工場概要（2003年）

	ホンダ		ヤマハ		スズキ
	熊本製作所	浜松製作所	磐田第1工場 7号館	磐田第1工場 5号館	豊川工場
設立	1976年	1954年	1955年		
従業員数	3670人（完成車組立ラインには200人）	3910名	361人	247人	680人
生産実績	84.9万台		69.9万台		35.6万台
（2002年）	58.7万台	27.7万台	37.3万台	27.2万台	45万台
サイクルタイム	25秒	80秒（エンジン組立）	48秒	78秒	
生産車種数	約40機種	約50機種			
生産車種	小型スクーター	中・大型オートバイ（排気量250cc以上）	スクーター 小型オートバイ	中・大型オートバイ	
その他	輸出台数 14.9万台（2002年）	内製率30% 取引サプライヤー数230社	エンジン組立工程の自動化率70%		

（出所）　ホンダ，ヤマハは筆者調査に基づく。スズキは会社ホームページ，各メーカー毎の生産実績は『世界二輪車概況』（2003）を参照。

られる。

　あわせて，太田原（2006）の整理に従って，日本オートバイ産業における完成車企業とサプライヤーの関係の特質について述べる。第1に，日本オートバイ産業では，完成車企業が部品開発における設計作業をより多く担い，サプライヤーは生産技術と生産管理に特化する傾向がある。第2に，日本オートバイ産業におけるサプライヤーは，技術と取引関係から次の3タイプに分類できることである。タイプ1は，優位となる生産技術や交渉力を持たない2次サプライヤー，タイプ2は，熟練技能と独自の生産技術を強みとして，自主的なQCD改善能力を有するサプライヤー，タイプ3は，高い生産技術を有し，完成車企業に対して設計段階からVE提案を行うことのできるサプライヤー，である。第3に，日本オートバイ産業におけるサプライヤーのQCD改善能力の追求は，自動車産業のような貸与図から承認図へという「進化」の方向とは異

表3-3 日本・中国における完成車企業の内外製区分の動向（2002年）

部品類型		部品	日本	中国 日中合弁	中国 中国上位	中国 中国下位
部品類型	エンジン部品	シリンダブロック	◎	◎	●	○
		シリンダヘッド	◎	◎	◎●	○
		ピストン	●	◎●	●◎	○
		ピストンリング	●	●△	△○	○
		オイルポンプ	●	●△	●	○
		キャブレター	●	●	○△	○
		エキゾーストパイプ	●	◎●	●	○
	駆動部品	クラッチ	●	●	●△	○
		トランスミッション	◎	●△	●◎	○
	電装部品	灯火類	●	●	●◎	○
		計器類	●	●	●	○
		発電機	●	●○	○	○
	車体部品	車体	◎●	◎●	◎●	○
		サスペンション	●	●	●	○
		ガソリンタンク	●	◎●	●	●○
		ホイールリム	●	●	○	○
		タイヤ	○	●○	○	○

（注）　◎内製　●外製・特注　○外製・汎用　△輸入
（出所）　日本について，調査に基づいて筆者作成。中国についての分類は椙山・太田原（2002），p.628，表2から引用。類型化の考え方について，松岡（2002）を参照。

なり，開発は完成車企業に任せ生産に特化するということである。

（3）政策の概要

日本オートバイ産業の発展プロセスにおける政策は，企業や市場に対する直接的なものは少なく，運転免許に関わる交通法規など間接的なものが一定の影響を及ぼした。こうした政策の中でも次の3つが大きな効果を持った。

第1に，1952年7月に行われた「道路交通取締法」の改正である（日本自動

車工業会編,1995, p.45 ; p.154)。それまでエンジン付き自転車（原付）を運転するために運転免許が必要であった。しかし，この改正により，許可申請をするだけで4サイクル90 cc・2サイクル60 cc以下のオートバイは14歳以上であるならば無試験で運転が可能になった。この結果，バイクエンジンの需要が拡大し，朝鮮戦争の特需と重なって，1953年には過去最高の12万台の生産規模となった（図3-1）。この市場の伸びは，オートバイ産業への新規参入を促し，1954年にはオートバイの生産企業は150社にも及んだ。

　第2に，1954年改正の「道路交通取締法」と1955年改正の「道路運送車両法」であった（日本自動車工業会編，pp.50-51）。両改正により，無試験の「運転許可」が与えられる原付の範囲が4サイクル90 ccから125 ccにまで引き上げられた。この結果，バイクエンジンに加え，100 cc以上のモペットの需要が伸び，市場全体が拡大した（図3-1）。ただし，排気量の大型化によって技術力が企業に求められるようになり，これに対応できない零細企業の多くがオートバイ産業からの退出を開始し，特に1954年以降，それが顕著になった（片山，2003, pp.96-98）。

　第3に，1960年の「道路交通法」の施行である（日本自動車工業会編，1995, pp.58-59）。この施行により，125 cc以下の無試験での「運転許可」制が撤廃された。また50 cc以下の原付でも免許が必要になり，免許年齢も14歳から16歳に引き上げられ，二人乗り運転も禁止になった。このため，オートバイ販売市場は，50 cc以下のクラスから51 ccから125 ccまでの排気量クラスが主流となった。その結果，オートバイ生産企業はさらに技術力が必要となった。こうしたことから，オートバイ産業からの退出企業が相次ぎ，1962年までに15社までに減少し，1966年には，ホンダ，ヤマハ，スズキ，カワサキの合計シェアは約95％にまで達し，現在みられる寡占体制がほぼ成立した（日本自動車工業会編，1995, p.59）。

　こうした政策の背景には，急激なモータリゼーションによる交通問題の悪化があった。交通事故死者数は，1955年に6379人であったが，1959年には1万人を突破し，1960年には12055人であった（日本自動車工業会編，1995, p.156）。これらの事故者数はオートバイによるものだけではないものの，オートバイは

自動車とともに交通安全規制の厳格化の対象となった。ただし，こうした政府による規制は道路交通や運転免許に関するものであり，企業に対し，製品品質の向上を強制したり，企業の参入や退出を促したり，というような直接的な政策は採られなかった。

2　中国オートバイ産業の発展プロセスと生産システム

(1)　中国オートバイ産業の形成と発展のプロセス

(1)　1950年代から70年代——勃興期

中国オートバイ産業は，軍需産業として1950年代に東側の技術を導入したことにより始まった。しかし公務や軍，郵便などの公用車限定であったため，産業としての目覚しい発展はみられなかった（中国汽車技術研究中心・中国汽車工業協会，1999，p.56）。販売市場，生産台数の規模は数万台程度と小さく，参入企業も少なかった。

(2)　産業形成の時代——外国からの技術導入と模倣

1980年代になると，中国経済は発展の軌道に乗り，民間需要のオートバイ市場がこの時期に初めて創出された（中国汽車技術研究中心・中国汽車工業協会，1999，p.56）。それに伴い，オートバイの主要販売先は公用から個人へと変化した。

また1980年代以降，中国国有企業が日系企業と技術提携を行って，日本のモデルのライセンス生産を行うようになった。企業数は20社（1980年）から約100社（1985年）に増加した。生産モデル数も，10タイプ3種排気量（1980年）から90タイプ10種排気量（1985年）へと多様化した。これに伴い，生産台数も4万5000台（1980年）から103万台（1985年）へと急増した（図3-6：松岡・池田・郝，2001，p.68）。

こうした中国オートバイ産業の急成長は経済発展による民間の消費需要の拡大に伴うものであり，生産は軍需工場が民間需要向け転換を果たすことでまかなわれた。このような1980年代は，「立ち上がりの段階」とされ，外国からの技術導入・模倣の段階とされた（葛・藤本，2005）。しかし市場競争の欠如や国

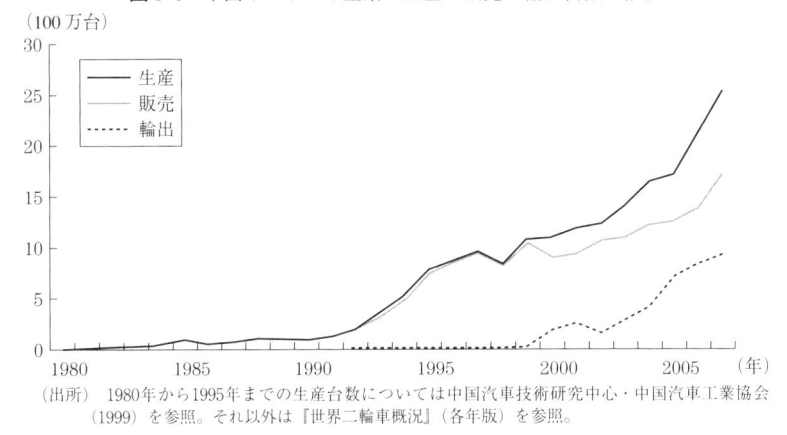

図 3-6 中国オートバイ産業の生産・販売・輸出台数の推移

(出所) 1980年から1995年までの生産台数については中国汽車技術研究中心・中国汽車工業協会 (1999) を参照。それ以外は『世界二輪車概況』(各年版) を参照。

有企業特有の非効率な組織などの制度的問題によって，技術習得はあまり進まなかった。

(3) 高度成長期——世界第1位のオートバイ産業国へ

1990年代半ば以降，民間企業の新規参入と国内市場の急拡大により，中国オートバイ産業は大きく変化した。生産台数は1993年に日本の生産台数を超えた320万台に達し，中国は世界第一位のオートバイ国となった (**図 3-6**)。

この時期の生産主体として従来の国有企業に加えて民間企業が新たに参入した。そして，民間企業は国有企業よりも柔軟に急拡大する市場ニーズに対応し，大きなシェアを獲得した。というのも，これら民間企業は国有企業が蓄積した技術と人材を利用することで，コピーオートバイの大量生産を達成することができたからであった (園部・大塚, 2004)。つまり，民間企業は，日系企業と技術提携することで開発生産した国営企業のオートバイをコピーし，さらに国営企業から技術者を引き抜き，国営企業の部品調達ネットワークまで活用した。またこうした民間企業の創業者そのものが，国有企業もしくは軍需工場の技術者出身者が多かった (園部・大塚, 2004, pp. 160-161)。

さらに地場系企業に加えて，1980年代に技術提携を行った外資系企業 (大部分は日系企業で一部台湾系企業) が，改革開放が進められた1990年代以降，合弁へと形態を変えて中国に本格進出した。しかし，外資系企業は地場系企業の圧

表3-4 中国オートバイ産業における販売台数上位10社（2002年）

販売順位	企業名	企業類型	販売台数（万台）	前年比
1	中国嘉陵	●	88.21	8.0%
2	銭江集団	×	85.13	11.7%
3	大長江集団	△	77.83	68.8%
4	重慶力帆	△	71.34	0.8%
5	隆鑫集団	△	63.49	6.6%
6	新大洲本田	△	61.7	6.7%
7	重慶宗申	△	61.1	6.8%
8	金城集団	●	53.83	14.2%
9	北方易初	●	53.34	61.3%
10	中国軽騎	×	53.08	-4.1%

10社合計：669.05万台（中国の全販売台数の61.8%に相当）
（注）原データは経済日報。ただし、企業類型に関しては大原（2005a）を参照した。また企業類型の●は軍需系統の国有企業、×は機械系統の国有企業、△は民営企業を表す。
（出所）http://www.chinavi.jp/motuo.html

倒的なコスト競争力に対抗できず販売シェアは低迷し、1999年の外資系の販売シェアは10%未満であった（大原、2001、p.32注29）。特に、中国政府による沿海部の都市におけるオートバイの総量規制は高価格セグメントをターゲットとした外資系企業に大きな影響を与えた。というのも、1990年代の市場増大分の約70%は貧しい農村部で発生したからであり、そうした市場は低価格オートバイを販売する地場系企業の独壇場であったからである（大原、2005a、p.67）。

このように中国オートバイ産業では、日系企業の本格進出後も地場系企業が市場シェアの大部分を握っていた。ただし完成車企業数は大小様々なものを含め400社以上に及んだため、完成車企業1社あたりの生産台数は最大でも100万台に満たないことがほとんどであった（表3-4）。上位10企業による市場占有率は、1995年に90%であったが、2000年には60%近くにまで落ち込み、その後再度集中化が進んだ（大原、2005a、p.73）。

1990年以降、中国オートバイ産業は個別企業及び産業全体の急激な量的拡大を達成したが、製品設計・開発の面では、現在でも依然として日系企業などの既存製品をコピー・改造する段階が続いているという（葛・藤本、2005）。すなわち、地場系企業による本格的な研究開発活動や要素技術の開発、オリジナルモデルの開発はほとんどみられない。このように、中国系企業がローエンドの技術と市場セグメントに「ロックイン」されていることは、「部品メーカー同士の水平的協調の努力による「局所的擦り合わせ」に応じる形で、組立メーカーが既成のコピー部品の寄せ集め購買を行うことは、結局、組立メーカーの生

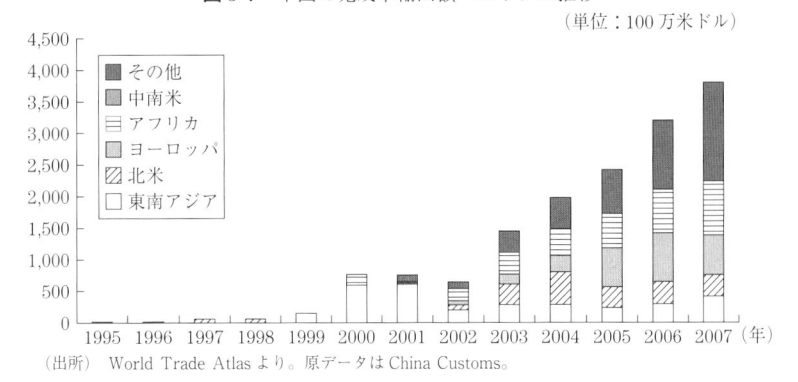

第3章　オートバイ産業の製品・工程ライフサイクル

図 3-7　中国の完成車輸出額・エリアの推移

（単位：100万米ドル）

凡例：その他／中南米／アフリカ／ヨーロッパ／北米／東南アジア

（出所）　World Trade Atlas より。原データは China Customs。

産拡大と製品開発力蓄積のインセンティブを乖離させ，製品差別化が実現できないまま，市場競争は多数の組立企業が乱立する激しい価格競争になってしまった」（葛・藤本，2005，p.112）と説明されている。実際，中国オートバイ企業の平均利益率は1％程度と極めて低水準に留まっている（日経産業新聞，2006年1月5日）。

(4)　1990年以降の中国から世界への完成車・部品輸出動向

中国の完成車輸出額は，2000年以降に激増し，1995年4681万米ドルから2007年38億2340万米ドルと12年で約82倍に拡大した（図3-7）。完成車輸出が激増した2000年以降の数年は東南アジア向けが80％以上を占めていたが，その後輸出先が多角化した。近年アフリカのほか，中南米，欧米への輸出を増やしている。これは後にみる台湾，タイの場合と同様，中国オートバイ産業の質的向上を示す例であるだろう。というのも，ヨーロッパは排出ガスの規制が厳しいため，台湾オートバイ産業はその基準をクリアできる高度な技術水準に達していると考えられるからである。

中国からの完成車輸出額が激増した主な要因は次の2点であった。第1に，中国国内の厳しい競争と供給過剰によって販売価格が下落したため，中国オートバイメーカーが海外市場に新たなる販路を求めたことである（大原，2001）。第2に，中国国内で都市部へのオートバイの登録規制が強まり，成長率が小さくなったことである。このことも中国オートバイメーカーの海外市場創出の動

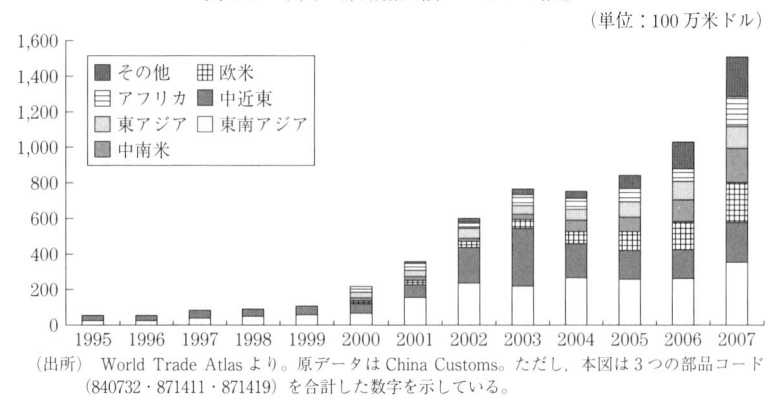

第Ⅰ部　東南アジアオートバイ産業の課題と視角

図 3-8　中国の部品輸出額・エリアの推移

（単位：100万米ドル）

（出所）　World Trade Atlas より。原データは China Customs。ただし，本図は 3 つの部品コード（840732・871411・871419）を合計した数字を示している。

きを強めることとなった。

　中国の部品輸出総額は，完成車輸出と同様，2000年以降に急増した（**図3-8**）。2001年，2002年は，前年比160％超という拡大が続き，2007年の輸出総額は14億8266万米ドルであり，1995年4401万米ドルの33倍にまで拡大した。なお，完成車輸出額と部品輸出額を比較すると前者に対する後者の割合は38％であり，中国の輸出は完成車がメインとなっている。

　中国からの部品の輸出先は，東南アジアが最大となっていて，2007年で全体の約23％を占めている。また，中近東，アフリカなどへの輸出が増加している他，欧米や東アジアなど先進国への輸出も伸ばしている。以上から，完成車だけでなく部品レベルにおいても中国オートバイ産業は質的向上を果たしていることが伺われる。

（5）　1990年代以降の中国から東南アジア各国への完成車・部品輸出動向

　中国から東南アジアへの2007年の完成車輸出額は 4 億1306万米ドルと全完成車輸出額の10％を占め，1995年487万米ドルに比べて約99倍に拡大した（**図3-9**）。特に2000年に完成車輸出額が前年比11倍増という急成長を果たし，その後 2 年ほどはベトナムへの輸出割合が70-80％と極めて高かった。2002年以降は輸出先が多様化し，ベトナムのほか，インドネシア，ミャンマー，フィリピン向けが多くなっている。タイへの完成車輸出は1996年以降 1 ％未満であった

第3章　オートバイ産業の製品・工程ライフサイクル

図 3-9　中国の東南アジア各国への完成車輸出額・国の推移

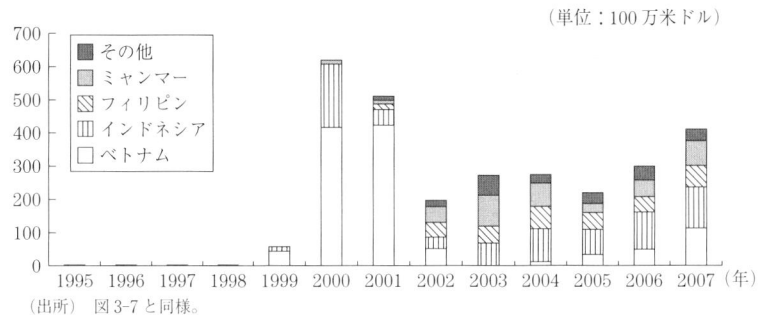

(単位：100万米ドル)

(出所)　図3-7と同様。

図 3-10　中国の東南アジア各国への部品輸出額・国の推移

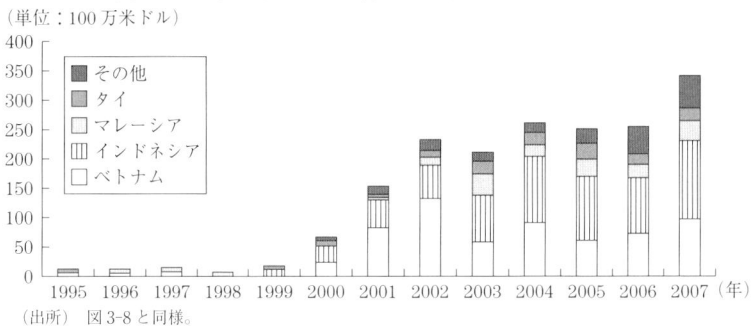

(単位：100万米ドル)

(出所)　図3-8と同様。

が，2005年に5％を突破し，拡大の兆しもみられた。このように東南アジア向けの中国からの完成車輸出は，新興市場であり環境規制のゆるいベトナム，ミャンマー，フィリピンなどを主要ターゲットとしてきたことが分かる。

　一方，中国から東南アジアへの2007年の部品輸出額は3億4224万米ドルで，全部品輸出金額14億8266万ドルのうちの約23％を占め，1995年1233万米ドルから10年で120倍にも拡大した（**図 3-10**）。中国は完成車輸出同様，2000年以降に部品輸出を激増させた。また，中国から東南アジアへの輸出は，2005年に初めて部品輸出額が完成車輸出額を上回ったが，2006年，2007年は再度完成車輸出額が部品輸出額を上回った。

　主な部品輸出先は，2000年以降に急増したベトナムとインドネシアである。ベトナムには2003年から2006年にかけて，インドネシアには2006年を除く2002

115

年以降，部品輸出額が完成車輸出額よりも多かった。これはベトナム，インドネシアにおける中国からの輸入主体による輸入代替が完成車から部品へと段階的に切り替わりつつあることが示されているといえるだろう。また完成車においては主要な輸出先であったミャンマー，フィリピンへは部品輸出は少ない。ここから，両国では中国から部品セット一式を輸入して組み立てるような現地企業が存在しないため，完成車輸入の代替が進んでいないことが分かる。

（2） 中国オートバイ産業の生産システム

中国完成車企業の部品調達動向は表3-3に示すとおりである。日本に比べ，エンジンなどの重要機能部品も外製部品に依存していること，そしてそれらが特注でなく汎用部品であることが一目瞭然であるだろう。中国完成車企業といっても能力的には上位下位と分かれるが，内製能力の拡充を進めている中国上位企業でもエンジン部品などは外製に依存している。こうした内外製区分の違いに顕在化する中国と日本の違いは企業間関係にも表出する。そこで最後に大原（2001）の整理に従って，中国オートバイ産業と日本オートバイ産業のサプライヤー・システムのそれぞれを次のようにまとめる（表3-5）。この表から，中国の完成車企業は短期的な取引を繰り返しサプライヤーに対する価格圧力が強いことに対して，日本の完成車企業は長期継続的な取引を通じてサプライヤーとともに質的向上を図ろうとする姿が分かるだろう。中国オートバイ産業におけるオートバイのドミナント・デザインは，日本のホンダのCG125もしくはC100（スーパーカブと同タイプ）であり日本のそれに従うものであり，基本的な製品の構造の変化はなかった（大原，2005b，p.62）。しかし，中国企業はオートバイを生産するにあたっての方式や製品アーキテクチャは日本とは異なった。[13]

こうした中国オートバイ産業の特質をアーキテクチャ論からみるならば，中国企業のオートバイは，事後的な対応により結果的に形成されたこと，接続可能性が事前に保証されていないこと，まがい部品の寄せ集めによること，とい

---

[13] 中国オートバイ産業におけるドミナント・デザインに関して，大原（2005b）を参照。

第3章　オートバイ産業の製品・工程ライフサイクル

表3-5　中国と日本の企業間分業関係の比較

			中国	日本
境界設定			完成車企業はサプライヤーにまとめて任せるが内製を併用	完成車企業はサプライヤーに任せるものは徹底して任せる
競争パターン	競争主体数		多数サプライヤー間の圧迫的競争。主力企業はあるが分散度大。取引関係の開放度とサプライヤーの独立度が高い	少数サプライヤー間の有効競争
	サプライヤーの規模とそれへの支援		主力サプライヤーは存在するが分散度大	完成車企業は主力サプライヤーを支援
	取引関係の開放度と独立度		高い	低い
個別取引パターン	リスク管理		主に完成車企業によるサプライヤーへのリスク転嫁	完成車企業とサプライヤーの相互シェアリング。作りこみ、すり合わせによるリスク低減
	能力向上促進	インセンティブ	市場競争圧力が中心	共通目標設定による共同努力
		情報共有	目標と情報共有の努力はあるが未成熟	共通知識・情報の蓄積
		取引期間	スポット的	長期継続的
		技術革新	新技術は個別企業が個別方針で導入	漸進的改善活動による工程革新が主要

（出所）　大原（2001，表11）を引用。ただし主体，客体を明確にするとともに取引期間に関する項目を追加し，日本企業については筆者の調査を踏まえ若干修正。

う3点を特徴とする擬似オープン・モジュールの製品アーキテクチャとされる（藤本，2005）。かつて，1950年代から1960年代にかけての日本ではこの両方式（アーキテクチャ）が競争を繰り広げ，その結果，オープン・モジュール型アーキテクチャに基づく企業は市場から退出してクローズ・インテグラル型へと収束した。しかし，1990年代以降の中国で再びオープン型としての擬似的なオープン・アーキテクチャの製品とそれに基づく企業群が再び勃興し，日系企業はその対応に苦慮している。そのことをひとつの要因として，中国の国内市場における日系企業の販売シェアは低迷している（図1-1）。以上のことは日本企業により確立されたクローズ・インテグラル型というオートバイの製品アーキテクチャそのものを「換骨奪胎」するケースとされ，注目を集めている（藤本・

第Ⅰ部　東南アジアオートバイ産業の課題と視角

新宅編著，2005）。

（3）　政策の概要

　中国オートバイ産業における政策として大きな意味を持ったことは，1980年代に軍民転換策によって，オートバイ産業の形成を大きく促進したことである。中国政府は国有企業に対して，優先的に外国企業からの技術導入を許可した。この結果，国有企業は輸入技術と新設備によって急速に新モデルの大量生産システムを確立することができた（大原，2001, p.7）。すなわち，同政策により，外資系企業ではなく地場系企業（国有企業）主体の発展プロセスを中国政府は主導したといえるだろう。

　ただし，1990年代になると民間企業が多数参入し，中国は世界第1位の生産国へと発展していくが，これに対して政府は主導的な役割を果たさなかった（大原，2005a, p.62）。むしろ，知的財産権の侵害などに対する規制が緩かったため，コピーオートバイの氾濫を許し，質の向上を妨げる一因となったと考えられている。また国内生産能力が過剰気味であった1990年代半ば以降の都市部におけるオートバイの登録規制は，中国オートバイ産業における価格競争をより熾烈なものとし，さらに質的向上を妨げることになったと思われる。

　しかし，これらの政策は，中国政府が当初予期していなかったであるだろう帰結をもたらした。知財管理の緩さは，多数の地場系企業に対する新規参入を促し，価格競争を激化させた。それに伴い，中国国内市場は急拡大を果たした。こうしたことを踏まえると，政府による都市部での総量規制は，各企業が新たな市場開拓のための輸出本格化の契機となり，さらには高価格セグメントを主要ターゲットとしていた外資系企業の不振をもたらした，と考えられる。すなわち，政策施行の不備と恣意的な政策をひとつのきっかけとして，参入企業増大と価格競争の激化，市場拡大，輸出が促進され，地場系企業を主体とした産業形成が促されたともいえる。ただし，ここまで確認してきたように，それらは量的拡大をもたらしたものの，現在までのところ質的向上をあまり伴っていない。

3 東南アジアオートバイ産業の発展プロセス・生産システム・市場特性の概要

（1） 東南アジアオートバイ産業の発展プロセスの概要

　タイ，ベトナムの産業形成と発展については，本書の第Ⅱ部で検討するが，ここでその全体像を簡単に確認する。東南アジアオートバイ産業の中で先行したタイ，インドネシアと後発のベトナムでは次の3点のような大きな違いが生じている（**表3-6**；Mishima, 2005）。

　第1に，オートバイ産業としての歴史の長さである。東南アジアオートバイ産業でも主要な地位を占めるタイ，インドネシアでは，日系完成車企業の進出によって初めてオートバイ産業が形成されることとなった。タイではヤマハが進出した1964年，インドネシアではホンダが進出した1971年にそれぞれ完成車生産を本格的に開始した。一方，タイ，インドネシアオートバイ産業が創始した当時のベトナムはアメリカ合衆国との戦争の真只中にあり，その後も混乱が続いた（竹内，1994，p.77）。そして，これら先発国に遅れること20年以上の1994年，ベトナムオートバイ産業はようやく始動した。この結果，2005年までに，オートバイ産業の形成が始まってタイでは41年，インドネシアでは34年も経過していることに対し，ベトナムは13年しか経過していない。すなわち，タイはベトナムの3倍以上，インドネシアはベトナム2.5倍以上，産業としての歴史がある。

　第2に，完成車を巡る国際競争から保護されていた期間の違いである。タイでは，1971年から18年間もの間完成車輸入が禁止されていた。ベトナムでは6年間のみしか完成車輸入が禁止されなかった。しかも，ベトナムでは輸入禁止措置は徹底されず，実質的に輸入が禁止されていたのは1999年までの3年程度であった。タイで産業形成開始7年後に輸入禁止措置が採られたこととベトナムで産業形成開始7年後に輸入禁止措置が解除されたことは極めて対照的である。

　第3に，部品を巡る国際競争から保護されていた期間の違いである。これは

第Ⅰ部　東南アジアオートバイ産業の課題と視角

表3-6　タイ・インドネシア・ベトナムオートバイ産業の発展プロセスの概要

	タイ	インドネシア	ベトナム
1960	1964 ヤマハ設立 1965 ホンダ設立 1967 スズキ設立		1964 ベトナム戦争
1970	1971 現地調達率規制（50％以上） 　　　完成車組立工場新規建設禁止 1977 現地調達率規制（70％以上） 　　　完成車組立工場建設の自由化 1978 完成車輸入の禁止 　　　部品輸入関税引き上げ	1971 ホンダ設立 1974 ヤマハ，スズキ設立 1977 現地調達率規制 　　　（罰則制）	1975
1980		1985 完成品エンジン 　　　輸入禁止	1986 ドイモイ開始
1990	1996 完成車輸入の自由化 1997 現地調達率規制の廃止	1993 現地調達率規制 　　　（インセンティブ制） 1999 完成車輸入の自由化	1994 VMEP設立 1996 スズキ設立 1997 ホンダ設立 　　　完成車輸入禁止 1999 ヤマハ設立
2000			2003 完成車輸入の自由化

（注）　■ 政府によって参入規制や現地生産が強制されていた時期を表す。
　　　　□ オートバイ生産が行われていた時期を表す。
（出所）　Mishima (2005; p. 216, Table 2) より一部修正して引用。

すなわち，各国政府による国産化政策がどの程度の期間施行されていたか，ということである。ベトナムで現地調達率の向上などの規制が行われたのは実質2年程度であり，生産開始から10年とたたない間に部品に関しても国際競争へさらされることとなった。それに対して，タイでは26年もの間政府によって進出日系企業に対して現地調達率向上の強制策が採られた。このようにタイオートバイ産業はその歴史の60％超が政府の保護下にあった。

以上から，先発のタイ，インドネシアと後発のベトナムでは，産業の歴史が短くその蓄積に大きな差異があること，そして国際競争への猶予期間の長さが全く異なること，が分かるだろう。

(1) タイの完成車・部品輸入動向

タイでは1996年まで完成車輸入が政策的に禁止されていたため従来輸入はほとんどなかった。しかし2001年以降，完成車輸入は増大傾向にあり，その大部分は日本からの輸入が占めている（図3-11）。2000年以降，中国系企業がタイに進出を果たしつつあるが，中国からの輸入がほとんどない。それゆえベトナムで地場系企業が行ったようにCKDセットを中国から輸入して完成車組立に特化するということはタイではほとんど行われていないことが推測できる。[14]

一方，部品輸入に関しては，2001年までは日本からの輸入で占められていたが，2002年以降はインドネシア，中国からの輸入が増大している（図3-12）。インドネシアからの部品輸入の増大は日系完成車企業が域内分業を進めていることに起因している（三嶋，2004b）。中国からの部品輸入増大は，中国製部品に多くを依存する地場系完成車企業勃興したことを示している。しかし，2007年の完成車輸入額6976万米ドルは輸出額3億9969万米ドルの17％であり，また部品輸入額1億2650万米ドルは輸出額5億5594万米ドルの約23％であることから，タイオートバイ産業は大幅な出超となっている。

(2) タイから世界への完成車・部品輸出動向

タイの完成車輸出額は，1998年に1億1500万米ドルであったのが，2007年に

---

[14] タイへの中国系企業の参入動向については本書第7章，ベトナムの地場系企業の動向については本書第8章にそれぞれ詳しい。またタイの輸入に関する政策動向については，本書第4章，第5章，第6章で確認する。

第Ⅰ部　東南アジアオートバイ産業の課題と視角

図3-11　タイの完成車輸入額・国の推移

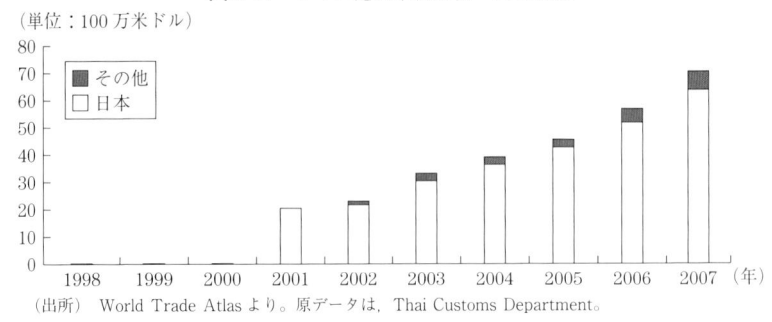

(単位：100万米ドル)

(出所) World Trade Atlas より。原データは，Thai Customs Department。

図3-12　タイの部品輸入額・国の推移

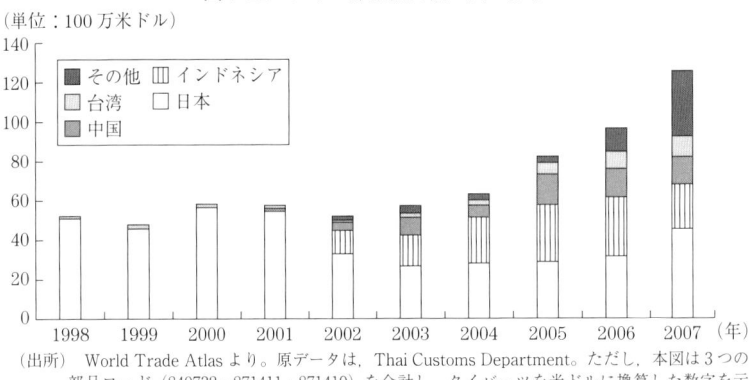

(単位：100万米ドル)

(出所) World Trade Atlas より。原データは，Thai Customs Department。ただし，本図は3つの部品コード（840732・871411・871419）を合計し，タイバーツを米ドルに換算した数字を示している。

は3億9969万米ドルと3.4倍にまで拡大した（図3-13）。輸出先は，2000年までは東南アジア向けが大部分であったが，2001年以降は欧米向けが増加し，2005年には欧米向けと東南アジア向けがほぼ半々となり，2007年には欧米向けが東南アジア向けの約2倍となった。環境規制が厳しく要求品質水準も高い欧米市場への輸出拡大が意味することは，台湾と同様，タイオートバイ産業の質的向上であるだろう。

　一方，タイの部品輸出総額は，輸出が本格化した1998年（1億6500万米ドル）に比べ2007年（5億5594万米ドル）には約3.3倍に拡大した（図3-14）。その間完成車輸出額よりも部品輸出額のほうが一貫して大きく，その差は拡大傾向に

第3章　オートバイ産業の製品・工程ライフサイクル

図3-13　タイの完成車輸出額・エリアの推移

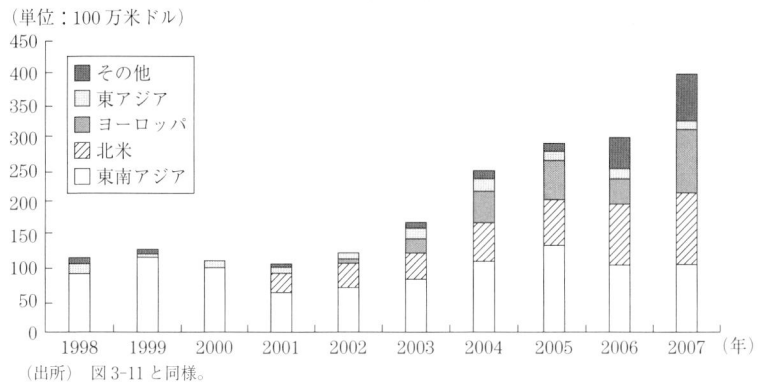

(単位：100万米ドル)

凡例：その他／東アジア／ヨーロッパ／北米／東南アジア

図3-14　タイの部品輸出額・エリアの推移

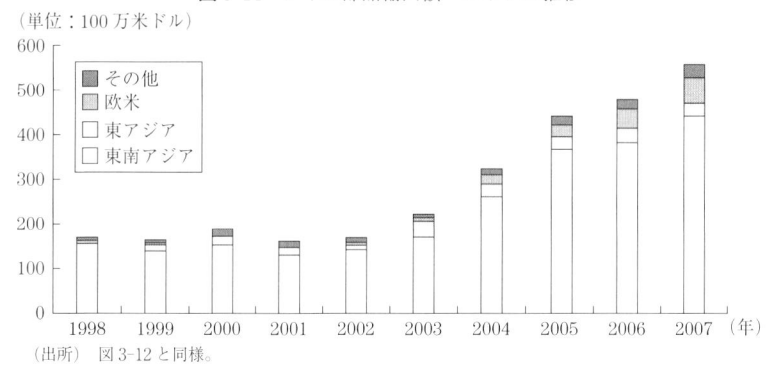

(単位：100万米ドル)

凡例：その他／欧米／東アジア／東南アジア

(出所)　図3-12と同様。

ある。2007年の部品輸出額は完成車輸出額の139％であった。輸出先は多角化しつつあるが，2007年の東南アジア向けは79％とその大部分を占めている。東アジア，インド，欧米への輸出は少ない。

(3)　タイから東南アジア各国への完成車・部品輸出動向

タイの東南アジアへの完成車輸出額は1998年には約9400万米ドルであり，2005年には1億3500万米ドルと約43％増加し，全完成車輸出額の約46％を占め，ピークに達した(**図3-15**)。タイの完成車輸出先は，2000年まではベトナム・ラオス向けが全体の80％を占めていたが，2001年以降は多様化した。中でもカンボジア，フィリピン，インドネシア向けが増大している。一方で，2005年の

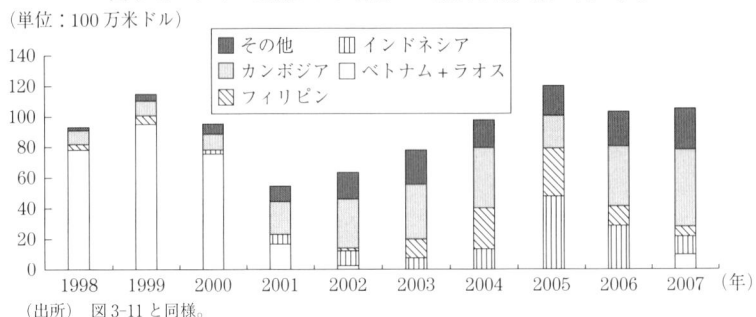

第Ⅰ部　東南アジアオートバイ産業の課題と視角

図 3-15　タイの東南アジア各国への完成車輸出額・国の推移
（単位：100 万米ドル）

（出所）図 3-11 と同様。

図 3-16　タイの東南アジア各国への部品輸出額・国の推移
（単位：100 万米ドル）

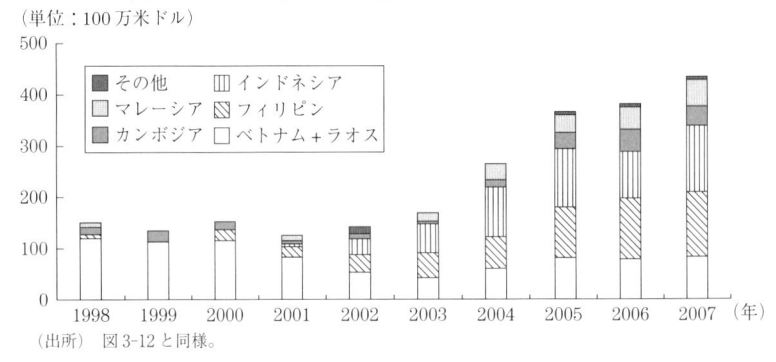

（出所）図 3-12 と同様。

ベトナム向け輸出額は全体の0.01％、ラオス向け輸出が全体の1.14％にまで激減した。以上から、ベトナムでは完成車の輸入代替がかなり進んでいることが分かる。またタイからの輸入が増大しているカンボジア、フィリピンは完成車もしくはCKD生産を行っていると考えられる。インドネシアへの輸出の増加は、本書第7章で検討するように、ヤマハによるタイ・インドネシア間のモデル分業による影響と考えられる。

　タイから東南アジアへの2007年の部品輸出額は4億4166万ドルであり、輸出が本格化した1998年の1億5066万米ドルに比べ2.9倍に拡大した（**図 3-16**）。タイの場合、輸出が本格化して以降、部品輸出額のほうが完成車輸出額よりも一貫して多かった。輸出先は、2001年まではベトナム向けが大部分であったが、2002年以降、インドネシア、フィリピン向けの部品輸出が増大している。これ

は両国における日系企業への部品供給の役割をタイが担っていることを示唆している。

(3) インドネシアの完成車・部品輸出入動向

(1) インドネシアの完成車・部品輸入動向

インドネシアの完成車輸入動向としては，2000年に突如中国からの完成車輸入が急増したことが挙げられる（**図3-17**）。その後，政策規制や品質問題などによって，中国からの完成車輸入は減少した。2001年以降はタイからの完成車輸入が増大した。これはヤマハによるタイ・インドネシア間のモデル分業による影響と考えられる（三嶋，2004a；2004b）。

一方，インドネシアの部品輸入動向の特徴として，**図3-18**より次の4点を指摘できる。第1に，2002年までは日本からの輸入が大部分であったことである。このことはすなわち，インドネシアにおける日系企業の現地調達化の進展は2002年まで不十分であったことを意味する[15]。第2に，2002年以降，タイからの輸入が主流となったことである。タイからの部品輸入増大の時期はヤマハが規模の経済の確保のために域内分業を進めようとした時期と重なっていることから，その影響によるものと考えられる。第3に，部品輸入額は減少傾向にあることである。1996年の部品輸入額は6億700万米ドルであったが，2007年は2億5224万米ドルと60％近く減少した。この時期，インドネシアでは生産台数は1996年の142万台から2007年の472万台と3.3倍に拡大していたことを考えると，インドネシアオートバイ産業は確実に部品の輸入代替を進展させていることが分かる。第4に，タイに比べてインドネシアの部品輸入額が大きいことである。2007年の部品輸入額は，インドネシアの2億5224米ドルに対し，タイは1億2650万米ドルとインドネシアの50％に過ぎない。すなわち，インドネシアオートバイ産業では輸入代替は着実に進展しているものの，その達成度はタイに劣ると考えられる。

---

[15] 中国のオートバイモデルの標準化について，大原（2005b）を参照。

第Ⅰ部 東南アジアオートバイ産業の課題と視角

図3-17 インドネシアの完成車輸入額・国の推移
（単位：100万米ドル）

（出所）World Trade Atlas より。原データは Statistics Indonesia。

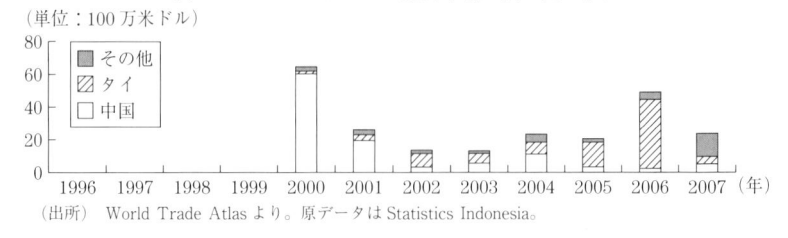

図3-18 インドネシアの部品輸入額・国の推移
（単位：100万米ドル）

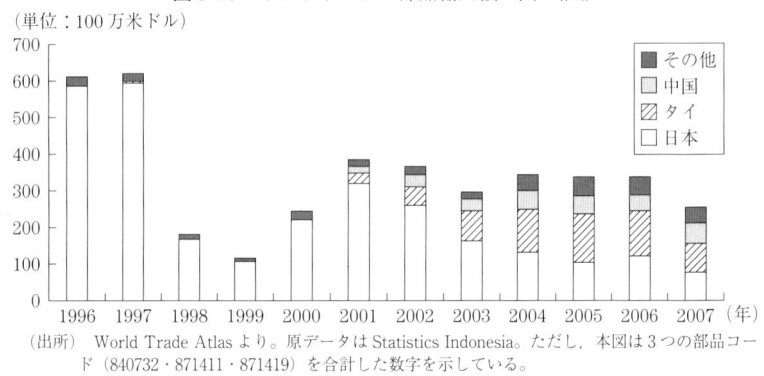

（出所）World Trade Atlas より。原データは Statistics Indonesia。ただし，本図は3つの部品コード（840732・871411・871419）を合計した数字を示している。

(2) インドネシアから世界への完成車・部品輸出動向

　中国やタイとは対照的にインドネシアの完成車輸出は，2000年まで漸増傾向であったが，2000年以降減少傾向にある（図3-19）。2007年のインドネシアの完成車輸出額は，1996年の4800万米ドルから33％ほど減少し，3257万米ドルであった。これはインドネシア国内市場の拡大が急速で輸出余力がないことによると考えられる。輸出先は，1997年までは東アジアが多く，特に香港向けが多かった。その後，欧米向け輸出も増大した。さらにその後東南アジア向けが増大したが，その一方で欧米向け輸出は減少した。

　一方でインドネシアの部品輸出額は近年増大し，その額も2003年以降完成車輸出額を凌いでいる（図3-20）。1996年の部品輸出総額は1200万ドルであったが，2005年には1億2500万ドルと約10倍の輸出規模に拡大した。中でも部品輸出額が伸びているのは東南アジア向け，東アジア向けであることから，その拡

第3章 オートバイ産業の製品・工程ライフサイクル

図3-19 インドネシアの完成車輸出額・エリアの推移
(単位:100万米ドル)

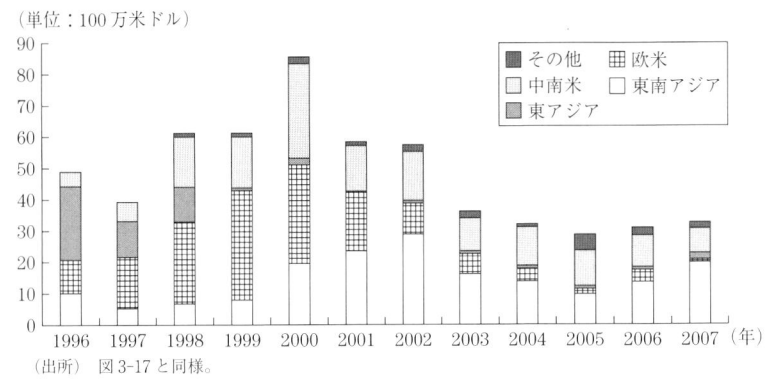

(出所) 図3-17と同様。

図3-20 インドネシアの部品輸出額・エリアの推移
(単位:100万米ドル)

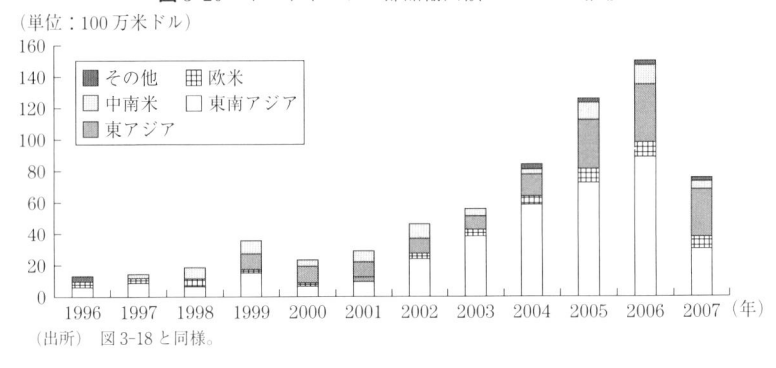

(出所) 図3-18と同様。

大要因は日系企業の域内分業の影響と考えられる（後述）。しかし，それでもインドネシアの部品輸出総額は，ピーク時の2006年であっても同時期のタイの3分の1以下（1996年のタイの部品輸出額とほぼ同等）であり，タイに比べ輸出拠点化が遅れているといえる。

(3) インドネシアから東南アジア各国への完成車・部品輸出動向

2007年のインドネシアから東南アジアへの完成車輸出額は1950万米ドルであった（図3-21）。1996年以降最も輸出額の大きかった2002年においても2800万米ドルであった。輸出先は，ベトナムとフィリピンが主流となっている。しかし，1990年代以降，ベトナムオートバイ産業の成長は著しく，インドネシアか

第Ⅰ部　東南アジアオートバイ産業の課題と視角

図3-21　インドネシアの東南アジア各国への完成車輸出額・国の推移
（単位：100万米ドル）

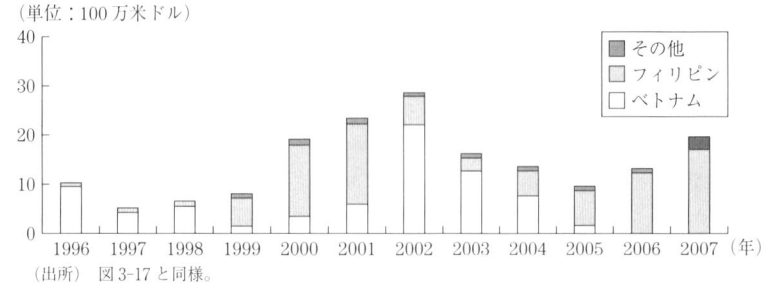

（出所）図3-17と同様．

図3-22　インドネシアの東南アジア各国への部品輸出額・国の推移
（単位：100万米ドル）

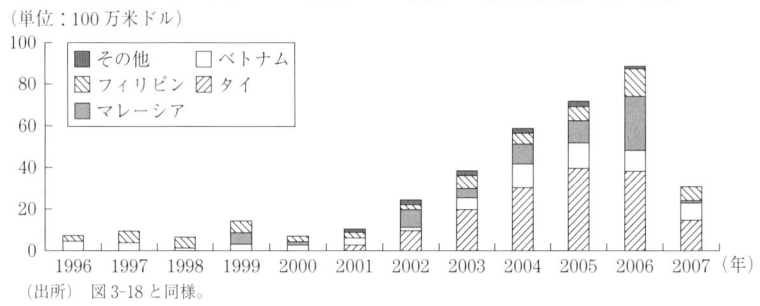

（出所）図3-18と同様．

らの完成車輸出は減少した．

　これとは対照的にインドネシアの東南アジア各国への部品輸出総額は近年増大し，2005年7200万米ドル，2006年8846万米ドルであった（**図3-22**）。2005年のタイからの部品輸入額が1億3100万米ドルであったことから，5000万米ドルほどの輸入超過になっている。日系企業が東南アジアにおける各生産拠点間での域内分業を進めている中，インドネシアは部品輸出国というよりも部品輸入国という側面のほうが強いことが分かる。この他，完成車輸出と同様，部品についてもベトナムやフィリピンが主要な輸出先となっている。

（4）ベトナムの輸入動向

　ベトナムの輸出入動向については，省庁間のデータの統一や統計データの整備そのものが日本や東南アジア各国に比べて遅れている。そこでここでは輸出

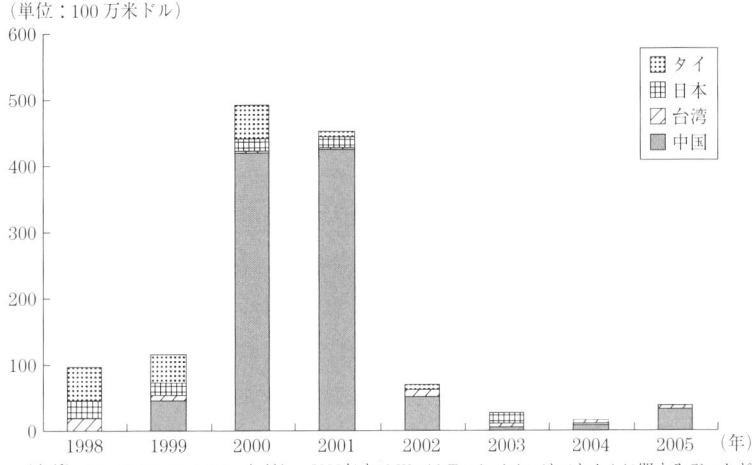

第3章　オートバイ産業の製品・工程ライフサイクル

図 3-23　ベトナムの完成車輸入額・国の推移

(単位：100万米ドル)

(出所)　World Trade Atlas。ただし、2008年までWorld Trade Atlasはベトナムに関するデータがなかったため、タイ、日本、台湾、中国の完成車（排気量250cc未満）輸出に関する数字に基づいて筆者が作成した。

先側の通関統計をまとめ，ベトナムの輸入動向を確認することにする。まず，完成車輸入に関しては，2000年と2001年にバブル的に拡大していることがすぐに分かるだろう（**図 3-23**）。ベトナムの完成車輸入額は，2000年に4億9300万米ドル，2001年に4億5300万米ドルであった。輸入激増の要因は，輸入相手先の推移で鮮明に表れているように，中国からの輸入激増によるものであった。ベトナムは中国から，2000年4億1800万米ドル（全完成車輸入額の80％超），2001年4億2500万米ドル（同90％超）もの完成車を輸入した。しかし，2002年になると完成車輸入額は7000万米ドル程度と急減し，その後も5000万米ドル以下となっている。

ベトナムの部品輸入については，変動はあるものの，拡大傾向にある（**図3-24**）。ただし，生産台数がこの時期，1998年の20万台程度から2005年には100万台程度と5倍程度に拡大したことに比べ，部品輸入額は5700万米ドルから1億8200万米ドルと3倍程度に留まっている。これはベトナムオートバイ産業の輸入代替の進展を示唆する数字であるだろう。1998年から一貫してタイからの部品輸入が多い。これはベトナムの日系完成車企業が機能部品や中間財をタイ

第Ⅰ部　東南アジアオートバイ産業の課題と視角

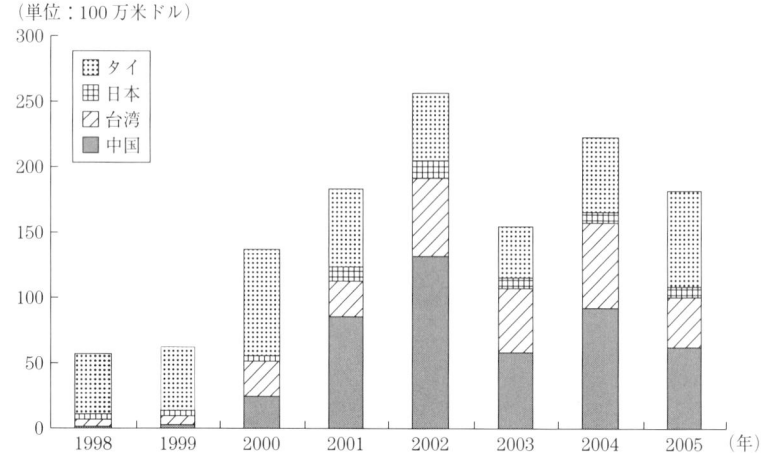

図 3-24 ベトナムの部品輸入額・国の推移

（単位：100万米ドル）

(出所) World Trade Atlas。ただし，2008年まで World Trade Atlas はベトナムに関するデータがなかったため，タイ，日本，台湾，中国の部品（部品コード（840732・871411・871419）の合計）に関する数字に基づいて筆者が作成した。

からの輸入に依存していることによると考えられる。こうした機能部品について，タイやインドネシアの産業形成早期には日本からの輸入に依存していたことに対して，ベトナムではタイに依存していることが興味深い。また台湾からの部品輸入が多いこともベトナムの特徴であるが，これはベトナムに台湾系企業が進出していることによると考えられる。さらに中国からの部品輸入も多い。完成車輸入が2000年と2001年にバブル的に増大したことに対して，部品輸入は2000年以降増減はあるが少なくとも5000万米ドル以上の輸入は継続して行っている。本書第7章で検討することであるが，これは中国からの部品輸入に依存する地場系完成車企業の活動を裏付けるものであるだろう。

（5）　東南アジアオートバイ産業の生産主体とその特質

　世界的に成長著しいオートバイ産業であるが，東南アジアオートバイ産業における生産拡大も顕著になっている（図1-1；図1-2）。1991年のタイ，インドネシア，ベトナムの3カ国の合計生産台数は200万台に満たない184万台であったが，2007年には1036万台と5.6倍に拡大した。

第3章　オートバイ産業の製品・工程ライフサイクル

表3-7　タイ・インドネシア・ベトナムの日系完成車企業の概要（2003年）

	タイ			インドネシア			ベトナム		
	Honda	Yamaha	Suzuki	Honda	Yamaha	Suzuki	Honda	Yamaha	Suzuki
設立年	1965	1964	1968	1971	1974	1970	1996	1998	1995
資本金	3.83	1.04	7.12	2.15	2.99	45.00	31.20	24.20	11.70
資本構成	ホンダ60％, Honda Proderty Development 23％	ヤマ発51％, KPN Holding 15％, その他34％	スズキ52.1％, SPS etc. 47.1％	ホンダ50％, PT Astra International 50％	ヤマ発85％, 三井物産15％	スズキ90％	ホンダ42％, アジアンホンダ28％, VEAM 30％	ヤマ発46％, VINAFOR 30％, Hong Leong Industries 24％	スズキ35％, 日商岩井35％, Veam Vikyno factory 30％
生産能力（年間生産台数）	140万	40万	36万	200万			78万	8万	6万
生産実績（2002年）	100万台	15万台	19万	158万	58万		40万台	6.7万台	4.3万台
現地調達率	98％	93.5％（ASEAN 97.6％）	－	ASEAN 90％	60％（ASEAN 90％）	－	約50％	約55％	－
取引サプライヤー数（日系のみ）	150	120		約40（約15）			31 (18)	28 (26)	
従業員数	4000	1580	1000	6900	5493		2500	500	250
販売シェア	78％	13％	－	56.5％	20.3％	20.9％			

(注)　資本金の単位は，100万米ドル。
(出所)　タイスズキについては，2003年度のスズキ有価証券報告書を参照。その他は筆者調査より。

　しかし，東南アジア各国には世界に伍するような地場系完成車企業は存在しない。2007年の世界のオートバイ産業において，オートバイ生産台数の40％強を中国系完成車企業が，40％弱を日系完成車企業が，10％程度をインド系完成車企業が生産している（図1-1）。

　東南アジア各国市場において，タイで95％，インドネシアで90％，ベトナムで54％の販売シェアを占める日系企業が最大の生産主体となっている（表3-7）。この他，各国で地場系企業が近年勃興しつつあるが，販売シェアからも明らか

なようにその大部分が零細規模である。ただし，ベトナムでは多くの地場系企業が中国から部品セットを輸入して組み立てるというノックダウンに近い形態によって30％強の販売シェアを獲得している。

1次サプライヤーについても，地場系企業の存在感は小さいことや日系完成車企業が日系サプライヤーから機能部品を中心に調達する傾向があることから，日系企業が中心となっている（表3-7）。

（6） 東南アジアオートバイ産業の市場特性

東南アジアの中でも，生産，販売台数で上位3か国を占めるタイ，インドネシア，ベトナムの販売市場の特徴をまとめたものが**表3-8**である。以下，項目ごとに確認していく。

第1に，販売市場規模とその潜在的な成長可能性である。東南アジア主要3カ国においてインドネシアが販売台数の実績や潜在的な市場拡大の可能性に関して最も大きい。それに続き，実績ではタイ，潜在的な可能性ではベトナムとなっている。

第2に，日系完成車企業と中国車の販売シェアである。タイ，インドネシアでは日系オートバイのシェアが高く，中国車のシェアが低くなっている。それはなぜなら，タイ，インドネシアに共通することとして，環境規制，知的財産権保護が厳しく中国車がその要件を満たせないからであり，需要側が日系オートバイの品質に慣れ，またオートバイへの性能要件が厳しく，中国車は需要ニーズを満たせないからである。さらにタイ特有のこととして，中国車が市場に進出する前に日系メーカーが先手を打って販売価格を800ドル以下に引き下げ，中国車の販売価格の魅力が減少したという要因を指摘することができる。一方インドネシアに特有のこととして，中国車は一時年間販売台数の20％を占めるほどまでに伸びたが故障が多くアフターケアもほとんどなかったこと，中国車は資産価値がないとされファイナンスを組めず販売価格としては安いものの月賦を利用できる日系のオートバイのほうが買いやすいこと，と要因が挙げられる（後述）。それゆえ，インドネシアでも中国車の販売台数は2000年に激増したもののその後漸減した。

表3-8 東南アジア主要3カ国のオートバイ市場の特性（2005年）

	タイ	インドネシア	ベトナム
人口	6335万	2億2205万	8312万
1人当たりGDP（名目）	$2,659	$1,283	$618
保有台数	1550万	1997万（2003年）	1451万
年間販売台数	211万	507万	144万
オートバイ1台当たり人口	4.1	10.8（2003年）	5.7
日系完成車企業の販売市場シェア	95%	90%	54%
中国車の販売市場シェア	1%未満	8%	31%
日系企業製オートバイ最低販売価格	$680（2万7000バーツ）	$1100（877万ルピア）	$830（1330万ドン）
ローン販売の有無	○	○	△
中古車市場	○	○	△

(注) ローン販売・中古車市場について，○は正規制度が存在すること，△は存在しないわけではないが公の制度としては存在しないことを表している。
(出所) 人口についてはWorld Bankのデータベース，1人当たりGDPについてはIMFの"World Economic Outlook Database"，保有台数と年間販売台数について，『世界二輪車概況』（2005），その他は筆者調査に基づいている。

　第3に，販売価格である。各国のオートバイ販売価格は，一人当たりGDPを考慮すると，タイではおよそ月収の3か月分，インドネシア，ベトナムでは年収分に相当している。また3カ国の販売価格を比較すると，インドネシアではオートバイの販売価格が相対的に高くなっている。販売市場が最大で規模の経済性がもっとも発揮されるであろうインドネシアで販売価格が高いことの理由は，ホンダの進出形態が50％の出資に留まっているために低価格化を進めて市場を拡大しようという戦略を前面に出せないことが起因していると考えられる[16]。インドネシアの価格の高さは，産業創始後10年程度のベトナムが1000ドルを切っていることからも明らかである。ただし，ベトナムは，部品輸入動向でも確認し，Mishima（2005）でも指摘したように，オートバイの販売価格引き

---
[16] 筆者のインドネシア調査（2004年2月；9月）に基づく。

下げにあたって中国製部品の活用が大きな効果を発揮した。そのため，販売価格がインドネシアよりベトナムのほうが安いからといって，ものづくりの組織能力もインドネシアよりベトナムのほうが優れているとは一概にはいえない。

　第4に，オートバイの販売形態である。タイやインドネシアでは整備されているローン販売制度や中古車市場が，ベトナムでは十分に確立されていない。タイやインドネシアにおいてローン販売制度は，月収の数か月分もしくは年収分に相当するオートバイを購入するために不可欠の制度となっている。タイでは全オートバイ購入者の80％程度がローン販売制度を利用している（*The Nation*, February 17, 2004）。ローン販売制度を利用する場合，総販売価格よりも頭金と月々の支払い金額と回数が消費者にとって，購入決定に重要な要素となる。そのため，トータルの支払い金額では中国車のほうが安いものの，月々の支払い金額ではローン制度を利用できる日系企業製オートバイのほうが安くなる。

　このことは，タイ，インドネシアにおける日系企業製オートバイの高い販売シェアの一因となっている。中古車市場は，オートバイに資産価値を生じさせるという点で重要であるからである。タイ，インドネシアでは，一般に買い替えの際に日系企業のオートバイは下取りに出せるものの，中国車は下取りに出せない。そのため，中国車には資産価値がないとみなされ，消費者は中国車を借り入れ時の担保とすることはできなかった。それゆえ，中国車の購入に際してローン制度は利用できなかった。このこともまた，タイ，インドネシアにおける中国車の不人気の要因のひとつである。

　ベトナムではこうしたローン販売制度や中古車市場が十分確立されていなかったため，日系企業製オートバイであれ中国車であれ，購入時に一括支払いが求められた。そのため，販売価格の安い中国車の販売が激増することとなったと考えられる。販売形態の違いは，東南アジアでは日系企業からスピンアウトした人材が自ら完成車企業やサプライヤーとして起業するケースが，中国や台湾に比べ格段に少ないことにも関係していると考えられる。中国には中古車マーケットは公には存在しない一方で，タイやインドネシアには中古車市場は存在する。中国において，外資系企業をスピンアウトした人物が設立した新規参

入企業がねらった市場セグメントは低価格モデルであった（植田，2004；佐藤，1999）。しかしこうした低価格モデル市場は東南アジアでは中古車によって代替されている。さらに中古車市場が存在することで，東南アジアではオートバイに資産価値が生じ，販売価格が安いということだけでは消費者のニーズに応えられなかった。ただし，こうした地場系企業のあり方については本書第Ⅱ部にて詳しく検討していく。

4　その他主要生産国の輸出動向

(1)　台湾の完成車・部品輸出動向

⑴　台湾から世界への完成車・部品輸出動向

　台湾は2001年前後に完成車輸出を減らしたものの，その後増加傾向となり，2007年には2億3748万米ドルであった（図3-25）。輸出先は，1996年は香港を中心とするアジア向けが70％を超えていたが，1999年以降欧米向けが最大となり，2007年には北米向けが85％強を占めていた。すなわち，近年の台湾からの完成車輸出増大は北米市場の拡大が背景にあった。こうした輸出先のシフトは中国での完成車の輸入代替が進んだことと，台湾オートバイ産業の質的向上を示している。

　これに対して，台湾の部品輸出総額は1997年の5億4625万米ドルから2001年の2億9185万米ドルと10年間で約半減し，特に香港向けが大幅に減少した（図3-26）。この大幅減の要因は中国地場系企業の成長と中国に進出した台湾系企業の部品の輸入代替の進展であったと考えられる。完成車輸出額に対して部品輸出額はその5％に過ぎないことや主要輸出先が欧米であることから，台湾は先進国向け完成車輸出国であるといえる。ただし，2001年を境に台湾からの部品輸出は増大に転じ，2007年には4億8437万米ドルとなった。部品輸出額が増大したのは完成車輸出と同様に，欧米向け輸出の増大によるものであった。

⑵　台湾から東南アジア各国への完成車・部品輸出動向

　2007年の台湾から東南アジアへの完成車輸出額は4355万米ドルであり，完成車輸出総額の8％を占めた（図3-27）。輸出先としてベトナムは1990年代後半

第Ⅰ部　東南アジアオートバイ産業の課題と視角

図 3-25　台湾の完成車輸出額・エリアの推移

(単位：100万米ドル)

(出所)　World Trade Atlas より。原データは Taiwan Directorate General of Customs。

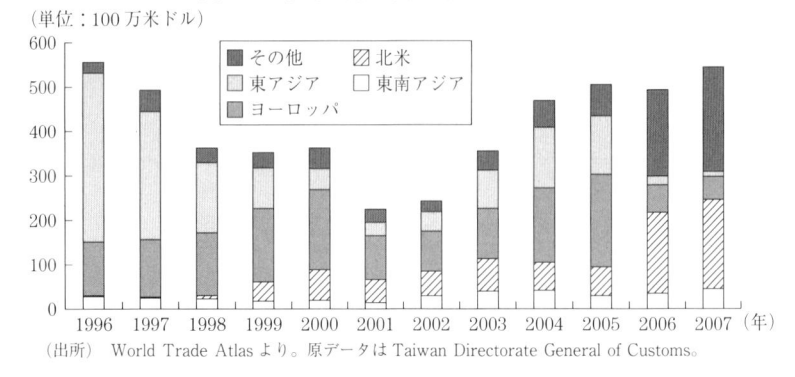

図 3-26　台湾の部品輸出額・エリアの推移

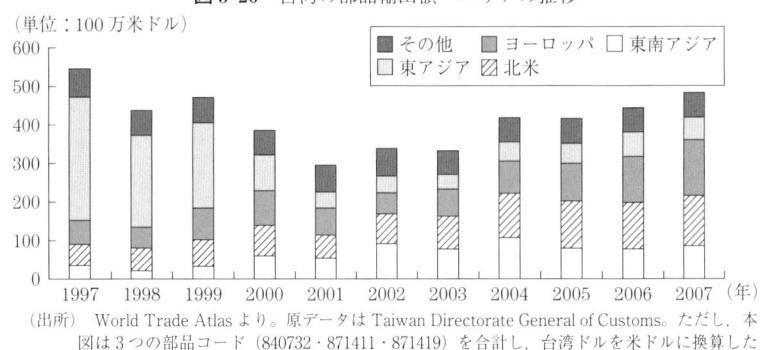

(単位：100万米ドル)

(出所)　World Trade Atlas より。原データは Taiwan Directorate General of Customs。ただし，本図は3つの部品コード（840732・871411・871419）を合計し，台湾ドルを米ドルに換算した数字を示している。

に80％以上を占めていたときもあったが，2000年以降は減少している。それに入れ替わるように2003年以降マレーシアが主要輸出先となっている。これはベトナムでの完成車の輸入代替が進展していることを示している。

　一方，台湾から東南アジアへの部品輸出は2007年は8432万米ドルであり，同年の部品輸出総額の約17％を占めた（**図 3-28**）。輸出先は，1990年代はフィリピンへの輸出が大部分を占めていたが，2002年以降はベトナムが主要輸出先となった。ベトナムへの輸出が増大したことの背景には，2002年以降強制的な現地調達化政策が解除されたことによって，ベトナムに進出した台湾系企業が本国台湾からの部品輸入を増大させたことが挙げられる。

図 3-27　台湾の東南アジア各国への完成車輸出額・国の推移
(単位：100万米ドル)

凡例：その他／フィリピン／マレーシア／ベトナム／インドネシア

(出所)　図 3-35 と同様．

図 3-28　台湾の東南アジア各国への部品輸出額・国の推移
(単位：100万米ドル)

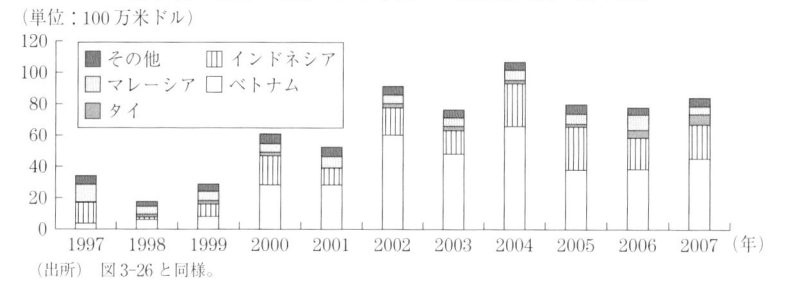

凡例：その他／インドネシア／マレーシア／ベトナム／タイ

(出所)　図 3-26 と同様．

(2)　インドの完成車・部品輸出動向

(1)　インドから世界への完成車・部品輸出動向

　インドの完成車輸出額は近年急拡大している．1999年の完成車輸出額はおよそ4800万米ドルであったが，ピーク時の2006年にはその6.6倍の3億1919万米ドルにまで拡大した（**図 3-29**）．インドの輸出先はスリランカやバングラデシュなどの南アジアがメインで，完成車総輸出額の40％ほどを占めている．一方で東南アジアへの輸出は1000万米ドル程度，東アジアへは100万米ドル程度と少ない．その主な要因は次の2つが考えられる．第1に，東アジアや東南アジアでは完成車の輸入代替が進んでいることである．第2に，インドで主流のオートバイは東南アジアで主流のモペットとは製品カテゴリーが異なったことである．

　インドは部品輸出も近年拡大させた．1999年には700万米ドル程度であった

第Ⅰ部　東南アジアオートバイ産業の課題と視角

図3-29　インドの完成車輸出額・エリアの推移
(単位：100万米ドル)

(出所) World Trade Atlas より。原データは DGCI&S, Ministry of Commerce。

図3-30　インドの部品輸出額・エリアの推移
(単位：100万米ドル)

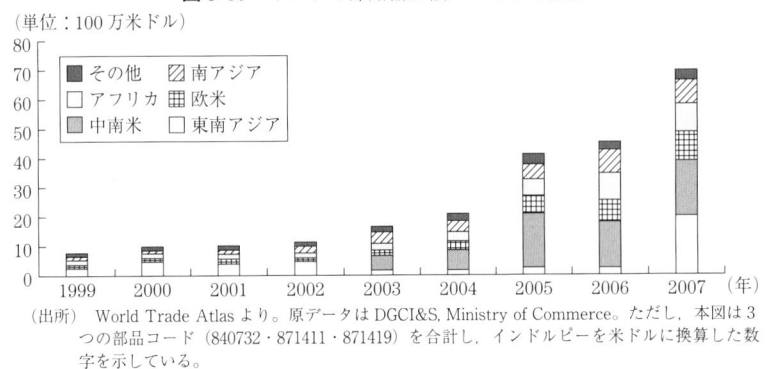

(出所) World Trade Atlas より。原データは DGCI&S, Ministry of Commerce。ただし, 本図は3つの部品コード (840732・871411・871419) を合計し, インドルピーを米ドルに換算した数字を示している。

が，2005年には4000万米ドルと5倍超の伸びをみせ，さらには2007年には6987万米ドルなった (**図3-30**)。しかし，部品輸出額は完成車輸出額の20％程度を占めるに留まり，インドの輸出は完成車が主流となっている。これは，インド系企業 (特に完成車企業) が海外に生産拠点を有していないこと，国際的な生産ネットワークにインド系企業 (特にサプライヤー) の多くが参加していないこと，といった要因が考えられる。部品輸出先は欧米がメインで全部品輸出額の30-45％ほどを占めている。完成車輸出の40％を占めていた南アジアは部品輸出額の10-20％を占めるに過ぎず，これらの国々の生産拠点の能力の脆弱さが示唆される。また部品輸出からもインドと東南アジアの関係の希薄さが分かり，2007年のインドから東南アジア各国への部品輸出総額は200万米ドル程度に留まった。

(2) インドから東南アジア各国への完成車・部品輸出動向

インドの東南アジア各国への完成車，部品輸出は極めて少ない（図3-29；図3-30）。完成車輸出額は，1999年に約400万米ドルでその後成長したものの，2007年は1992万米ドルであった。部品輸出は2005年以降急増し，1999年52万米ドル，2005年206万米ドル，2007年1987万米ドルであった。以上から，インドは生産規模では世界第3位であるが，東南アジアへの完成車輸出はまだ本格化していないことが分かる。さらにインドは日本のように東南アジアに部品供給のためのネットワークを形成せず，そうした東南アジアの分業ネットワークにも参加していないことも確認できる。ただし近年の部品輸出増大はインドがこうした分業ネットワークに参入を果たしつつあることも示唆している。

5　製品・工程ライフサイクルからみた東南アジアのオートバイ産業

（1）オートバイ産業の製品・工程ライフサイクルとイノベーションの展開

本章は日本・中国・東南アジアオートバイ産業の発展プロセスと輸出入動向，生産システムの概要について確認した。これを踏まえると，オートバイ産業における製品・工程ライフサイクルとイノベーションの展開は，表3-9のようにまとめることができる。

1950年代後半，欧米に比べて後発であった日本オートバイ産業はホンダのスーパーカブによってアーキテクチャ的革新を果たした。これによって，日本オートバイ産業は製品のドミナント・デザインとともに全体品質を重視しながらコスト削減を推進するという大量一貫生産システムを確立した。その結果，日本オートバイ産業は世界における支配的地位を獲得することに成功した。1960年代から1980年代半ばにかけて各日本企業は，厳しい国内市場競争を繰り広げながら能力構築を進め，通常的革新を果たした。その結果，生産工程の標準化が進み，また企業間分業関係の進展によって産業の裾野が広がり，日本オートバイ産業全体の競争優位が確立された。これに基づいて日本オートバイ産業は完成車輸出を拡大させるとともに，それを通じて，世界のオートバイ産業に対して圧倒的な影響を及ぼすこととなった。ただしその後の1980年代半ばまでに，

第Ⅰ部　東南アジアオートバイ産業の課題と視角

表3-9　オートバイ産業における製品・工程ライフサイクル

	既存技術 (生産システム・製品アーキテクチャ)	新技術 (生産システム・製品アーキテクチャ)
新市場	【ニッチ市場的革新】 日本：ファミリーバイク（1970年代） 日本：スポーツタイプ（1980年代）	【アーキテクチャ的革新】 日本：ホンダ・スーパーカブによるドミナント・デザインの確立と大量一貫生産システムの確立（1958年） 中国：日本企業の確立したドミナント・デザインへ依拠しながら擬似的オープン・モジュールという新製品アーキテクチャとそれに基づく新生産システムの確立（1990年代）
既存市場	【通常的革新】 日本：表3-1のような各種取り組み （1950年代後半から1970年代）	【革命的革新】 日本：環境技術（1990年代以降） 日本：スクーターの駆動機構のモジュール化（2000年以降）

（出所）　筆者作成

　日本オートバイ産業はニッチ市場的革新を伴いながらも国内市場の成長は収束し，成熟に向かった。さらに1980年代後半以降，自由貿易化の進展やプラザ合意以降の円高の進展によって，日本オートバイ産業は輸出から直接投資へとその主軸を切り替え，国内生産も漸次減少していった。

　このように日本オートバイ産業は世界に対して圧倒的な影響力を誇ったが，それは東南アジアオートバイ産業，特にタイ，インドネシアにおいて顕著であった。両国オートバイ産業は1960年代から形成を開始し，政府による保護育成政策が20年から30年間採られながら，地場系企業ではなく日系完成車企業を主体とする生産システムが構築された。このように生産主体の偏りがみられたものの，両国は1990年代前半ぐらいまで日本にとって主要な部品輸出先であったが，2000年までに日本からの輸入はほとんどなくなった。さらにタイオートバイ産業は完成車，部品の輸入代替を果たしただけでなく，それぞれの輸出を2000年以降本格化させるまでになった。こうした輸出入統計からタイ，インドネシアオートバイ産業が輸入代替を進展させたことは明らかであった。さらにタイオートバイ産業についていえば，政府の保護の下，日系企業の主導によって産業形成を進め，輸出を行うまでに発展を遂げたといえるだろう。

　しかし，こうした強固で磐石のようにみえた日本オートバイ産業のドミナン

第3章　オートバイ産業の製品・工程ライフサイクル

ト・デザインや製品アーキテクチャ，生産システム，そしてこれらを基礎とする世界的な寡占体制に挑戦することになったのが，中国オートバイ産業であった。中国オートバイ産業は，1980年代に日本からの技術や設備の導入を産業形成の契機としたが，その後は地場系企業が生産の中心的な役割を担った。さらに1990年代に入ると，中国オートバイ産業は改革・開放に伴う経済発展によって民需を中心とした市場が急拡大し，生産台数とともに世界第1位の販売規模に達した。

　中国オートバイ産業は量的な急成長の過程で，スーパーカブに代表される日本製オートバイをドミナント・デザインとして受け入れる一方で，擬似的なオープン・モジュールに基づく従来とは異なる製品アーキテクチャを確立した。新たな製品アーキテクチャに依拠した中国オートバイ産業の生産システムは，製品全体や企業間のすり合わせがほとんどなされないために品質的な弱さがあった。しかしその一方で，汎用部品を用いることによって規模の経済性を如何なく発揮するためにコスト優位性があった。そのため，中国企業は販売価格の大幅な引き下げを実現し，低所得者層の需要を新規に大規模に開拓した。すなわち，中国オートバイ産業は1990年代にかけてアーキテクチャ的革新を生じさせた，といえるだろう（表3-9）。こうしたアーキテクチャ的革新に基づく中国オートバイ産業の成長は，日本企業の競争優位である1950年代以降から積み上げてきた組織能力を土台から切り崩し，累積的な通常的革新の成果を無意味なものとする可能性を有していた。

　そして，これは中国オートバイ産業の爆発的な輸出拡大によって顕在化した。中国オートバイ産業は世界的な自由貿易化の追い風を受けながら，2000年以降，世界各国で新たな需要を開拓し，市場そのものを拡大させた。このように中国は成熟化しつつあったオートバイ産業を脱成熟化させたが，同時に日本オートバイ産業との衝突もまた避けられなかった。こうして2000年以降，日本と中国オートバイ産業は正面から競合し，各々の製品のアーキテクチャ，生産システムに起因する表層の競争力の優劣を競い合うようになった。

　この両者が最も激しく激突することとなったのが東南アジアオートバイ産業であり，中でもベトナムであった。というのは，ベトナムオートバイ産業は産

業が勃興した1990年代から産業形成の猶予がほとんどないまま国際競争下に放り込まれたからであった。こうしてベトナムオートバイ産業では，日系を主体とする先進国から進出した多国籍企業の現地拠点とタイ，中国からの部品セットの輸入に依存して最終組立に特化した地場系企業が，発展途上にあるベトナム国内市場を巡って競争を繰り広げることになった。これは先進国同士の企業が先進国の市場をめぐって競争を繰り広げる自動車産業とはまったく異なる競争構図であった。また日系が圧倒的優位を築き，日系企業同士で競争を繰り広げている東南アジアで先発のタイ，インドネシアオートバイ産業ともまた異なるものであった。

（2） タイ・ベトナムオートバイ産業の製品・工程ライフサイクル

　タイオートバイ産業とベトナムオートバイ産業の製品・工程ライフサイクルとそれを巡る環境の共通点と相違点は次のように指摘できる。まず共通点は，外部から既成のドミナント・デザインを導入したことである。それゆえ，産業勃興時，両国オートバイ産業における各企業は通常的革新に注力したと考えられる。

　一方，相違点として次の3点を指摘できる。第1に，ドミナント・デザインを開発し生産するための製品アーキテクチャや生産システムはただひとつのみの存在であったのかそれとも複数存在するものであったのか，ということである。東南アジアで先発のタイオートバイ産業が産業形成を開始し発展を本格化させた時期，世界のオートバイ産業では日本企業によって確立されたクローズ・インテグラル型製品アーキテクチャに基づく，大量一貫生産システムが圧倒的な地位を占めていた。それゆえ，タイオートバイ産業には，自力でアーキテクチャ的革新を起こすことを除いて，日本企業の製品アーキテクチャ，生産システムがほとんど唯一の選択肢であったと思われる。これに対して1990年代以降に産業が勃興したベトナムでは，ドミナント・デザインを実現する製品アーキテクチャ，生産システムは日本企業のものだけでなく，中国企業で主流を占めているものもあった。こうしたことから，ベトナムにおける各企業はドミナント・デザイン実現のための製品アーキテクチャや生産システムに関する選

択の余地があっただろう。

　第2に，日本に対する東南アジアオートバイ産業の相対的後進性の違いである。タイオートバイ産業は，1960年代後半から勃興し，日本でも製品・工程の標準化を徹底していた時期であった。そのため，大量一貫生産システムは確立されていたものの，それはまだ改善の余地があるものであり完成したものではなかった。一方，ベトナムオートバイ産業が勃興した1990年代までに日本企業の製品・工程ライフサイクルは標準化期を過ぎ，成熟に達していた。以上から，タイオートバイ産業の日本に対する製品や工程，そしてそれらの背景にあるもの造りの組織能力に関する相対的後進性はベトナムに比べて大きなものではなかったと考えられる。

　しかし，タイオートバイ産業の形成期は日本企業の製品や工程，もの造りの組織能力は標準化が徹底していなかったため，タイに進出した日系企業も製品や工程に関する試行錯誤が必要であったと考えられる。一方，ベトナムオートバイ産業が勃興したときには既に日本企業の製品・工程ライフサイクルは標準化期を過ぎ，成熟に達していた。それゆえ，ベトナムはタイに比べて相対的後進性という技術やもの造りの組織能力に関するギャップは大きかったものの，標準化された技術や工程によって，より圧縮した発展経路を描くことができたかもしれない。

　第3に，相対的後進性を克服することに向けた企業の能力構築行動や競争行動，企業間関係に影響を及ぼす政府の政策環境である。タイオートバイ産業の形成期にあたる1960年代から1980年代という時期は，国際的にも政府の産業に対する幅広い政策オプションが認められていた。そのため，タイオートバイ産業は30年近く政府による保護育成下にあった。その一方で，国際的に自由貿易の傾向が強まった1990年代に勃興したベトナムオートバイ産業には保護育成の期間はほとんどなかった。

　これらタイ，ベトナムオートバイ産業の産業形成のプロセスや製品アーキテクチャ，生産システムの詳しい内実について先行研究は明らかにしていない。しかし，本章で検討したように，生産や販売，輸出入など各種マクロ的統計データから東南アジアオートバイ産業が量的拡大を遂げたことは明らかである。

そこで，以下の第Ⅱ部においてこの背景を探るべく，企業の能力構築行動と競争行動，企業間分業関係に着目しながら，タイ，ベトナムオートバイ産業の質的向上の内実とそれと量的拡大の相互作用について検討していく。

第Ⅱ部

東南アジアオートバイ産業の形成と発展

第4章

タイオートバイ産業の勃興（1964年から1985年）
――狭隘な国内市場・脆弱な産業基盤・強硬な保護育成政策――

　本章は，1960年代から1980年代半ばにおけるタイオートバイ産業の勃興のありようについて，企業に焦点を当てながら明らかにすることを目的とする。この時期のタイオートバイ産業は日系企業の進出，生産工程や調達の現地化によって産業が勃興し，段階的に形成が進展した（Mishima, 2005）。その際各企業が克服しなければならなかった課題を発展途上国の産業論（渡辺，1996；末廣，2000）から検討するならば，主に次の3つを指摘することができる。

　第1に，狭隘な国内販売市場である。一般に各企業が生産活動を行うためには生産品目や工程ごとに概ね定まっている有効最小生産規模を満たす必要があるとされる（渡辺，1996, pp. 180-181）。しかし，1960年代から1980年代半ばにかけてのタイ国内販売市場は30万台程度（『世界二輪車概要』，各年版）であったため，各企業はこうした有効最小生産規模にはなかなか達しなかった。

　第2に，産業基盤の欠落である。機械組立型産業であるオートバイ産業は完成車企業だけでなくそこに部材を供給する数百社からなるサプライヤー群を必要とする。しかし，こうした産業基盤はタイオートバイ産業が創始した1960年代から1980年代には十分存在しなかった（国際協力事業団，1995；Mishima, 2005, pp. 217-218）。

　第3に，強硬な保護育成政策への対応である。1970年代以降，タイ政府は完成車および中古車の輸入を禁止し，国内市場を国際競争から保護した（Mishima, 2005, p. 216, table 2）。しかしタイ政府は進出日系企業に対して恩典を与える一方で，達成すべき現地調達率を示して，国産化を強制することによって産業育成を志向した。というのは，タイ政府は東アジア諸国のような内生的な産業形成ではなく，外生的な産業形成を志向し，外資である日系企業の活用

を図ったからであった。ただし，このことによって，タイにおける日系企業は規模の制約および裾野産業の欠落に加えて政府の国産化要求にも対応しなくてはならないという三重苦に陥ることになったと考えられる。

このように1960年代から1980年代にかけてのタイオートバイ産業は各企業にとって極めて厳しい環境であったといえる。こうした環境において，日系企業はどのように規模の制約を乗り越えたのだろうか。さらに日系企業を主体としてどのように裾野産業が形成されたのだろうか。また日系企業は政府の政策にどのように対応したのだろうか。タイ政府の政策はどのような影響をオートバイ産業の形成に与えたのだろうか。発展途上国の産業論からみると，こうした問題が本章の扱うタイオートバイ産業の勃興期に内在すると考えられる。

すなわち，タイにおけるオートバイ産業勃興のありようを議論しようとする本章は，政府の保護育成政策の中，日系企業を軸としてどのような序列，プロセスで産業が勃興したのか，という点を明らかにすることに他ならないといえる。それゆえ本章の議論から，外生的な産業勃興の序列，プロセスに関する示唆が得られると考える。また産業勃興の過程において生じる課題とその克服方法についても有効な示唆が提供されると考える。

本章で扱うタイオートバイ産業の勃興プロセスは，市場規模と競争の内実，完成車企業の生産体制，サプライヤー群の形成段階とその生産能力，政策動向の点から，次の2つの時期に区分できる。第1に，1964年から1975年にかけての産業の創始期である。この時期は，日系完成車企業が最終組立に特化したことと補修需要のある日系サプライヤーが進出したことが特徴的であった。第2に，1976年から1985年の日系完成車企業の生産体制確立期である。この時期の日系完成車企業には，市場規模と産業政策という2つの制約が特に課せられることとなった。

本章では上記の時期それぞれについて，以下の点を明らかにする。まず1節で産業の創始期（1964年から1975年），2節では規模と政策の制約下における生産体制の確立期（1976年から1985年）について検討していく。3節では，タイ政府による産業政策の動向と産業形成への影響について考察する。4節において本章のまとめを行う。

第4章　タイオートバイ産業の勃興（1964年から1985年）

1　産業の創始期（1964年から1975年）
　　──日系完成車企業の最終組立への特化と補修需要のある日系サプライヤーの進出

　1964年から1975年までのタイオートバイ産業においては，この時期に進出した日系完成車企業が日本から輸入したCKD部品セットを組立生産していた。日系完成車企業が進出する以前，タイは完成車を輸入に依存していた。オートバイのタイ国内販売市場は1970年代に入ってようやく10万台を超えたものの，この時期は概ね10万台にも満たない小さな規模に留まっていた（表4-1）。

　こうした規模の制約がある中で，タイ政府はオートバイの国内生産を促すため，1964年，投資委員会（BOI）を通じて産業投資奨励法を制定した。これは外資系企業の土地所有や原材料の無税輸入を認めるなど輸入代替型事業に対する税制上の恩典を付与するものであった。そして1960年代に日系完成車企業が一通り進出を果たすと，単純な完成車組立からの脱却を強制するような国産化政策を進めた。具体的には，1971年に工業省が2年以内にオートバイ部品国産化率50％とすることを義務付け，さらに5年間のオートバイ組立事業への新規参入を禁止する政策を発表した（表4-2）。

（1）　市場競争の動向──狭隘な国内市場と日本モデルの導入

　日系完成車企業が進出して生産を行う以前であった1964年の日本からの完成車輸入台数は3万8129台と，タイ国内市場はこの時期5万台にも満たない小さな市場であった（表4-1）。というのは，この時期のタイは一人当たりGDPが500米ドル未満であり，市場の形成が極めて未熟な段階にあったからである（表4-1）。一般に，オートバイは一人当たりGDPが1000米ドルに達すると普及が加速するとされている（ヤマハ発動機，2002，p.26）。それでもタイオートバイ市場は1960年代から成長が見込まれていて，実際，1974年になると販売台数が10万台に達した。1960年代初頭にタイオートバイ市場で販売されていたオートバイは，日本から輸入した日本製オートバイが販売シェアの90％超であった。このように，日系完成車企業がタイにおいて現地生産する以前から，日本

第Ⅱ部　東南アジアオートバイ産業の形成と発展

表 4-1　タイオートバイ産業とタイホンダの生産・販売・輸出入動向

	タイ全体										タイホンダ(THM)	
	日本からの完成車輸入台数	販売台数	生産台数	一人当たりGDP(米ドル)	進出日系サプライヤー数		輸入金額(1000タイバーツ)		輸出金額(1000タイバーツ)		生産台数	輸出台数
					単年	累積	完成車	部品	完成車	部品		
1964	38,129	n.a.	n.a.	n.a.	0	1	137,997	–	17,718	–	–	–
1965	47,254	n.a.	n.a.	n.a.	1	2	197,273	–	14,534	–	–	–
1966	–	n.a.	n.a.	n.a.	1	3	247,629	–	19,990	–	–	–
1967	–	n.a.	n.a.	n.a.	1	4	318,837	–	33,122	–	3,300	–
1968	73,670	n.a.	n.a.	n.a.	0	4	258,706	–	34,196	–	17,043	–
1969	65,518	n.a.	n.a.	n.a.	1	5	208,528	20	42,176	5	17,107	–
1970	50,502	n.a.	n.a.	183.2	2	7	183,520	–	33,066	84	18,996	–
1971	42,551	n.a.	n.a.	187.1	0	7	142,370	2	38,605	64	12,154	–
1972	51,314	n.a.	n.a.	199.8	0	7	104,276	1,004	73,076	43	12,500	–
1973	92,758	81,650	n.a.	247.4	3	10	187,513	815	123,534	2,140	14,700	–
1974	105,670	100,630	n.a.	318.7	1	11	302,582	15	164,121	8,722	15,250	–
1975	149,204	129,680	n.a.	349.2	0	11	434,388	63	177,942	4,121	22,100	–
1976	165,855	178,190	99,015	383.6	1	12	463,976	126	223,808	2,783	30,900	–
1977	248,426	233,210	148,612	429.8	0	12	695,975	169	348,654	7,226	42,000	16
1978	237,193	222,480	119,776	492.6	1	13	213,003	200	613,129	10,851	49,545	19
1979	72,300	252,498	244,020	567.6	1	14	708	2,501	699,707	10,722	69,505	617
1980	178	306,459	283,971	695.8	1	15	5,718	8,817	609,519	25,404	67,300	–
1981	25,717	291,987	307,199	727.8	1	16	27,775	11,682	873,483	19,983	89,300	–
1982	163	334,252	296,027	749	0	16	9,922	3,735	774,644	16,372	84,788	–
1983	113	348,409	313,280	808.6	0	16	15,865	6,501	987,143	20,951	106,662	–
1984	682	317,020	320,563	826.4	0	16	9,766	8,524	1,054,719	17,693	17,693	–
1985	192	263,392	228,673	751	0	16	2,972	10,912	764,328	24,155	41,400	–

(注)　1)　進出日系サプライヤー数は二輪車部品の生産工程すべてに関わるサプライヤー数ではないが、主要な1次サプライヤーは網羅している。そのためこの数字は日系サプライヤーの進出傾向を示していると考えられる。またタイへの進出日系サプライヤーで撤退したサプライヤーは少ないため、この総数に撤退数は考慮されていない。
　　　2)　輸入に関してはCIF価格、輸出に関してはFOB価格による換算であり、単位は1000タイバーツである。
　　　3)　THMの輸出台数とは完成車と部品の合計であり、完成車台数に換算されたものを表す。
(出所)　タイ全体の輸入台数、販売台数、生産台数は『世界二輪車概況』(各年版)より。一人当たりGDP(名目)に関してはIMF "World Economic Outlook" のデータベースを参照。進出サプライヤー数に関しては表4-3の出所を参照のこと。輸出入額はThai Customs Department、各年版より。THMに関しては筆者調査より。

第4章　タイオートバイ産業の勃興（1964年から1985年）

表4-2　タイオートバイ産業に関する政策概要

	販売市場向け	製造企業向け
1971	中古オートバイの輸入禁止	現地調達率50％以上を義務付け 完成車組立工場の新規建設の禁止
1977		完成車組立工場の新規建設の禁止の延期 現地調達率70％以上を義務化
1978	完成車輸入の禁止	部品輸入関税率の引き上げ

(出所)　『アジア動向年報』（各年版），Nattapol（2002），横山（2003），東（2006），『日経産業新聞』，The Bangkok Post を参照して，筆者作成。

ブランドはタイ市場において既に確立されていた（ヤマ発プロ，2005，p.122）。

こうした市場の高い将来性と日本ブランドへの大きなニーズ，前述の政府による国産化政策を踏まえ，日系完成車企業はタイでの現地生産を行うための準備を重ねた後，1964年以降順次進出を果たした（後述）。販売モデルは，日本と同様のモデルがそのまま展開されていた。例えばヤマハは，小排気量を求めるタイの市場特性にあわせ，日本で販売されていた75ccの「YGS1」を販売モデルの中心とした（ヤマ発プロ，2005，p.123）。販売体制もようやく構築されつつある段階で，各完成車企業が明確な戦略のもとに競争を繰り広げる，ということはこの時期みられなかった。そこでこの時期の完成車企業は，販売に際しては既に輸入オートバイにより確立されていた日本ブランドを前面に出し，活用した。

(2)　企業の能力構築行動

(1)　日系完成車企業

市場の将来性と政府の国産化政策により，各日系完成車企業はタイへの現地生産の準備を進めた。ホンダは，1963年に駐在事務所をシンガポールからバンコクに移し，需要動向，経済環境の調査を進めた（『ホンダの歩み』，1975，p.45）また1964年には，販売網の整備と拡充，サービスの徹底を図る目的で販売会社アジア・ホンダを設立した。スズキは1965年に駐在員事務所を開設し，販売網作りと組立合弁企業の設立に向けた活動を展開した（鈴木自動車工業社史編集委員会，1970，p.382）。

さらに，1964年に産業投資奨励法が設立されたことを契機として，各社はタイにおける現地生産を開始した（ヤマ発プロ，2005，p.122；鈴木自動車工業社史編集委員会，1970，p.381）。具体的には，1964年にヤマハ（Siam Yamaha；以下SYと略す），1965年にホンダ（Thai Honda Manufacturing；以下THMと略す），1967年にスズキがタイに進出し，生産を開始した。

ただしヤマハは1971年にSYから資本を引き上げ，合弁相手であった地場系企業グループであるSiam Motorsとは技術提携と代理店契約（販売）の関係になった（塩沢，1982，p.190；ヤマ発プロ，2005，p.123）。同年，Siam Motorsグループ会長ターウォン（Tawon Phornprapha）の娘婿であるカセム（Kasem Narongdej）がSYの社長となり，同時にカセム率いるKPNグループが設立され，以降のSYの経営主導権を握った（Brooker Group PLC (Ed.), 2003, p.434）。1995年，ヤマハはSYに再出資を行うが，同時にKPNグループはSiam Motorsの持株を買収しタイ側の最大出資者となった。しかし，製造面における管理はヤマハがその大部分を担ったため，KPNグループがもの造りの組織能力を主体的に構築することはほとんどなく，またそうした能力構築や製造面に関する学習に興味関心を示すこともほとんどなかったという（Research Institute for Asia and the Pacific, 2000, pp.40-41）。そこで，企業の能力構築行動の解明を目的とする本書は，SYが能力構築を主導せずヤマハがそれを主導したという点からSYを日系完成車企業として扱い，以下議論を展開していく[1]。

各完成車企業の生産規模は，例えばSYが進出当初の1965年に月産1000台，スズキが進出当初の1967年に月産500台程度，と小さいものであった（ヤマ発プロ，2005，p.123；鈴木自動車工業社史編集委員会，1970，p.382）。そしてこの

---

(1) 本書のようにSYを地場系完成車企業ではなく日系企業として扱うことは横山（2003）や東（2006）においても見られることである。また，Siam Motorsグループは自動車産業でも日産と資本関係ではなく技術提携を結ぶことによって参入を果たし，Siam Nissan Automobile（SNA）を設立した（Brooker Group PLC (Ed.), 2003, pp.509-510）。このように企業形態としてSYと類似のSNAについても，企業の製造面に着目した森（1999）や末廣（2005）は地場系企業ではなく日系企業として扱っている。もちろん，SNAにおけるターウォンの資金調達能力，人的ネットワークの果たした役割は無視できないだろう（Gill, 1980）。しかし，SYと同様にSNAは研究開発やオペレーションにおける能力構築が不十分であり，それに向けた試みも積極的には行われなかったことが指摘されている（塩沢，1982，pp.224-225）。

第4章　タイオートバイ産業の勃興（1964年から1985年）

時期の日系完成車企業が行った業務は，日本から輸入したCKD部品セット一式に基づいて完成車組立を行うことが中心であった。ただし，プレス溶接や塗装，めっきなど高度な技術を要する一部の作業もこの時期から行っていた（ヤマ発プロ，2005，p.122）。しかし，この時期の日系完成車企業の現地調達率（部品点数換算）は，20％程度と極めて低かった（ヤマ発プロ，2005，p.123）。

こうした中，日系完成車企業はこの時期よりもの造りの組織能力の構築を進めた。ただし，上記のように生産能力と工程が限られていたため，完成車組立における良品率の向上といったルーチン的なもの造りの組織能力の蓄積が中心であった。けれどもその一方で，日系完成車企業は，日本から輸入した高品質の部品セットを活用することでもの造りの組織能力の欠如を補うことができたといえる。

(2)　日系サプライヤー

1960年代から1970年代の中葉にかけて，日系サプライヤーのタイへの進出は10社未満と少なかった（表4-1）。そうした中，タイに進出した日系サプライヤーの多くは補修需要のある大型重量部品のサプライヤーであった。例えば，1970年にバッテリーサプライヤーの日本電池とタイヤサプライヤーの井上ゴムが進出した（**表4-3**）。

これら日系サプライヤーがこの時期に進出したのは主に次の3つの理由による。[2] 第1に，これらサプライヤーの生産部品が，完成車企業向け需要だけでなく，補修市場での需要も大きく，かつ承認図に基づく汎用部品であったことである。そのため，販売市場がそれほど大きくなくても保有台数が一定数あれば需要が見込めた。第2に，重量物で大きくてかさばりデリバリーコストが高いことであった。それゆえ，デリバリーコストを下げるために需要あるところでの現地生産が強く求められた。第3に，完成車企業間での部品仕様の違いが小さく，汎用性が高かったことであった。このためこうしたサプライヤーは生産規模を当初から確保しやすかった。というのは，これらのサプライヤーは，

---

[2]　この時期にタイに進出した日系サプライヤーでの聞き取り調査（2003年4月），およびベトナムでのタイヤサプライヤー調査（2002年8月），バッテリーサプライヤー調査（2005年8月）に基づく。

表 4-3　日系企業のタイへの進出概要（1960年代から1985年まで）

進出年	企業名	主要生産品目	日本側出資企業と出資割合
1963	NHK Spring (Thailand)	バルブスプリング	ニッパツ93%
1965	Thai Steel Pipe Industry	溶接鋼管	住友金属54.5%
1966	Yuasa Battery (Thailand)	バッテリー	GSユアサ40.7%
1967	Thai Bridgestone	タイヤ	ブリヂストン68.7%
1969	Inoac Tokai (Thailand)	タイヤ	イノアックコーポレーション40%、東海ゴム34%
1970	Siam GS Battery	バッテリー	GSユアサ39%、Siam Motors51%
1970	Thai Kansai Paint	塗料	関西ペイント46%
1973	Siam Riken Industrial	ピストンリング	リケン49%
1973	Cherry Selina	ガスケット	石川ガスケット49%
1973	Dyna Metal	ベアリング	大同メタル50%
1976	AAP	計器類、ロック、クラッチ、ショックアブソーバー、スイッチ類など	THM、日本精機、FCC、ショーワ他
1979	TRW Fuji Serina	エンジンバルブ	フジオーゼット24.5%、TRW(US)51%
1979	Thai Parkerizing	熱処理加工	日本パーカライジング49%
1980	Thai Stanley	ランプ類	スタンレー電気30%

（出所）　主に『週刊東洋経済臨時増刊　海外進出企業総覧（国別編）』（各年版）、各社有価証券報告書、ホームページを参照し、筆者自身の訪問調査やメールによる調査を加えて、筆者作成。

OEM部品の納入先として特定完成車企業に限定されず、複数に分散することが可能であったからである。このほか、大型重量部品でないが、汎用性が高く補修需要の大きいピストンリングやスパークプラグを生産するリケンやNGKもこの時期に進出した（表4-3）。

　この時期、各サプライヤーは、OEM部品に関しては主に生産段階における品質の保証とタイムリーな納入の保証というルーチン的なもの造り能力の構築に取り組んだ。あわせて、この時期に進出したサプライヤーの生産部品は承認図部品が大部分であったことから、サプライヤー自身が独自にルーチン的なも

---

(3) OEM（Original Equipment Manufacturing）とは相手先商標製品の製造のことであり、ここではサプライヤーが完成車企業に納入する部品を指している。

第4章　タイオートバイ産業の勃興（1964年から1985年）

の造りの能力の構築に傾注するとともに，補修部品の販売先の開拓に力が入れられた。また完成車企業側も自身の生産ラインの立ち上げとその安定化を優先していた。すなわち，この時期，各サプライヤーは，完成車企業との取引を通じて深層の競争力を構築するということは少なかった。

(3) 地場系企業

当時のタイには，オートバイの完成車企業，エンジンやキャブレターなどの地場系サプライヤー，オートバイ向けの鉄や樹脂を扱う地場系素材メーカー，プレスや鋳造を行う地場系サプライヤーなどはほとんど存在しなかった。つまり，この時期，国内市場が狭小であったため生産規模が小さく「後方連関部門」（裾野産業）の形成にまで至っていなかったといえる（井上，1991，p.113）。

しかし，タイヤなどの補修部品については需要がある程度存在し，それほど高い品質を求められたわけでは必ずしもなかった。そこで，この時期から進出を開始した日系タイヤサプライヤーなどと同様に，地場系企業もタイヤなど補修需要のある部品の生産を開始し，低価格のものを供給した。また，補修部品のほかに機能部品の生産や加工を行う地場系サプライヤーも一部出現した。ただし，こうした地場系サプライヤーは資本出資を伴わない技術提携による日系サプライヤーの支援を受けていた。例えば，1968年にカヤバ工業は技術提携を結んで，合弁先の地場系企業に，ショックアブソーバーに関する技術情報を提供し，技術者を派遣して技術指導を行った（『カヤバ工業50年史』，1986，p.130）。

(3) 小括

1960年代，販売市場は10万台未満と完成車組立の有効最小生産規模を満たさず規模の制約が強く働いた。それでも政府によるオートバイ生産の国産化政策や外資系企業の誘致政策，市場の成長性から，産業形成がなされ始めたのがこの時期であった。具体的には，本段階はオートバイ（最終財）と一部部品（投入財）の輸入代替生産の開始期にあたる。ただし，進出日系サプライヤーは少なく，地場系企業の勃興も少なかったため，サプライヤー群の形成はほとんど進まなかった。こうした中，日系完成車企業および一部日系サプライヤーは，ルーチン的なもの造りの組織能力の構築を進めた。

2 規模と政策の制約下における生産体制の確立期（1976年から1985年）
　　──完成車企業の部品内製能力拡大と AAP の設立

　タイにおける産業形成の第2段階は，Asian Auto Parts（AAP）が設立された1976年からプラザ合意が成された1985年までの約10年間であった。この時期の日系完成車企業は，日本から CKD 部品セットを輸入して単純な組立生産工程に特化するということから脱却し，タイオリジナルモデルの部品生産・完成車組立を行うようになった。こうした内製能力の増強に加え，後述するように，ホンダは AAP という日系サプライヤーとの合弁企業を設立することによって現地調達率の向上を図った。AAP の設立は，それによって従来タイで調達できなかった多くの重要機能部品の現地生産が開始されたという点で，タイオートバイ産業の形成にとって画期をなす出来事であったといえる。

　これらはタイ政府の現地調達向上要求に対する日系完成車企業による対応のひとつであった。というのも，1970年代半ば以降のタイでは，輸入代替型の規制を緩和し輸出志向型の工業政策が志向されるようになったが，自動車産業およびオートバイ産業に対してはさらに規制が強められていったからであった。このことはタイ政府が自動車産業およびオートバイ産業を軸とした工業化戦略を志向したことも影響した（鷲尾，1987，p. 196）。具体的には，1977年，オートバイの完成車組立工場の新規建設の禁止は延期され，国産部品の調達割合は70％以上（部品点数ベース）に引き上げられた（表4-2）。さらに1978年に CKD 部品セットも含む完成車輸入が禁止されるとともに部品輸入関税率が引き上げられた。その結果，日系完成車企業は，CKD 部品セットを輸入して完成車組立に特化するという前段階のような行動はとれなくなった。こうして，この時期市場規模は相対的に小さなものであったが，各完成車企業は国産化政策への対応のため，内製能力の拡充とともに現地調達化に取り組むこととなった。

第4章 タイオートバイ産業の勃興（1964年から1985年）

（1） 市場競争の動向

(1) 販売市場の概要：成長の停滞・日系完成車企業の販売シェアの拮抗

1976年から1985年にかけてのタイオートバイ販売市場は，20万台から30万台程度と前段階に比べて2倍から3倍にまで拡大した（表4-1）。一人当たりGDPも1984年がこの時期のピークで約830米ドルであり，これは1970年の約4倍，1974年の2倍超の数字であった（表4-1）。しかし販売台数は1983年に34万8409台を記録すると，それ以上の大きな成長は見られなかった。なぜなら，第2次石油危機を契機とした深刻な不況にタイ経済は直面していたからであった（末廣・東，2000，pp.24-28）。この他，各完成車企業から魅力的な新モデルが市場に投入されなかったことも，オートバイ市場が大きく拡大しなかった要因であった。

当時，各日系完成車企業は，エンジン方式をめぐる差別化競争を行っていて，その販売シェア（1983年）は，およそヤマハが39％，ホンダが34％，スズキが20％と拮抗していた[4]。エンジン方式をめぐる差別化競争とは，2ストローク（以下，2ストとする）エンジンモデルを生産販売するSY，スズキ，カワサキと4ストローク（以下，4ストとする）エンジンモデルを生産販売するホンダとの間の競争であった。

2ストエンジン，4ストエンジンのそれぞれの優劣は表裏の関係にあった（**表4-4**）。当時のタイでは加速性能・スピードに秀でる2ストモデルの需要が日本よりも強かった。そのため，SY，スズキの販売シェアは日本に比べると高く，ホンダの販売シェアは日本に比べ低かった。その結果，前述の通り，日系完成車企業の販売シェアは拮抗した。

(2) 市場競争の特質と意義：緩い差別化競争

1976年から1985年にかけてのタイオートバイ産業における日系完成車企業間の市場競争は，日本オートバイ産業のありように強く規定されていた。なぜなら，以下に確認するように，この時期タイオリジナルモデルが投入され始めたものの，それを開発・生産する能力がタイにおける各企業には十分蓄積されて

---

(4) ホンダ資料に基づく。

表 4-4　2 ストエンジンと 4 ストエンジンの特徴

	2 ストロークエンジン	4 ストロークエンジン
メリット	構造がシンプル，小型で軽量であり，部品点数が少ないこと 加工技術・生産設備が多岐に渡らないこと 加速に優れること	排気音が静かであること 燃料効率が良いこと 潤滑オイルを燃やさないためオイル消費が少なく，排ガスがクリーンなこと 始動性が良いこと
デメリット	燃料効率が悪いこと 潤滑オイルとガソリンを混合させて燃焼させるためにオイル消費が大で，排ガスが炭化水素（HC）を含みクリーンでないこと パワーに劣ること	構造が複雑，大型で重量があり，部品点数が多いこと 加工技術・生産設備が多岐に渡り高度なこと 加速で 2 ストに劣ること

(出所)　『ホンダの歩み』(1975, pp.8-9)，つじ（1999）を参考に筆者作成。

いなかったからであった。そして当時の日本では，タイの主要販売カテゴリーであった125 cc 以下の小排気量モデルについては，ホンダが主に 4 ストモデル，ヤマハ，スズキが 2 ストモデルを生産販売し，さらに「HY 戦争」という激烈な競争が繰り広げられていた。[5]その結果，例えば SY やスズキが125 cc 以下の小型オートバイで 4 ストモデルを販売生産するというような，タイ国内市場のニーズに対応したオリジナルモデルを投入する余裕は各日系完成車企業にはなかった。そのため，各完成車企業はこの時期に初めてタイオリジナルモデルを投入するようになったが，それは必ずしもタイ市場のニーズを十分に汲み取った新モデルではなく，需要を大きく喚起することはなかった。

　以上，この時期タイの販売市場では，2 ストか 4 ストかというエンジン方式に起因する表 4-4 に示すような機能の違いを巡る差別化競争が日系完成車企業間で行われていた。しかしこの差別化競争は，各企業がタイ市場のニーズを捉えた積極的なコストリーダーシップ戦略や製品差別化戦略という企業戦略，および製品革新や大幅なプロセス・イノベーションを伴うような熾烈な市場競争ではなかった。というのは，タイオートバイ産業は次に確認するように，各企業が能力構築行動の端緒についたばかりの産業形成の途上にあったからである。

　なお，こうした企業側の要因に加えて，当時のタイの需要側の要因も指摘す

---

(5)　HY 戦争とは，ホンダ（H）とヤマハ（Y）との間で1980年前後の日本において生じた極めて激しい販売競争のことを指す（宇治，1983；佐藤，2000）。

ることができると考える。なぜなら，表4-1に示されているように当時のタイの一人あたりGDPは先に指摘したオートバイのモータリゼーションの開始基準とされる1000米ドル未満であったからである。こうした所得水準の絶対的な低さによる制約も，当時のタイ販売市場における競争が必ずしも厳しいものではなかったことのひとつの要因であったといえるだろう。

（2） 企業の能力構築行動

　1978年にCKD部品セットを含む完成車輸入が禁止され，国内市場は1980年代に国内生産企業向けとして完全に保護されることとなった。そして，日系完成車企業は最終組立工程に特化するという従来の生産体制から脱却することとなった。その際，次の2点が課題となった。第1に，各企業は国内市場の規模の小ささから生じる規模の制約を克服することであり，第2に，こうした規模の制約にも関わらず政策的に現地調達化を強制されたために日系完成車企業は現地調達化を推進しなければならないこと，であった。これらの課題の克服には，各企業の能力構築行動が大きな意味を持ち，特に完成車企業の内製能力増強とAAPの設立が有効であった。

(1) 日系完成車企業：部品内製能力の拡充と改善能力の構築

　1976年から1985年にかけて，各完成車企業の生産規模は年間5万台以上に達し，THMは1983年に10万台を生産し，またSYも1978年に10万台以上を生産した（表4-1；ヤマ発プロ，2005，p.123）。日系完成車企業は，生産規模の拡大とともにタイ政府の産業政策によって現地調達率引き上げを強制されるようになった（表4-2）。そのため各完成車企業は，本段階の初期より，自社工場で部品を生産する内製によりエンジン組立の現地化を開始した。なぜなら，日系完成車企業4社は1982年の時点で部品点数ベースの現地調達率は既に75％程度に達していて，その数字以上に現地調達率を高めるためには車体部品の国内調達だけでは限界があり，エンジン部品や駆動部品の現地生産の必要が生じていたからである（『日経産業新聞』，1982年6月3日）。そのため，この時期日系完成車企業は4社合計で200億円強の設備投資を行い，年間30万台のエンジンを現地生産することになった。

こうした量的拡大に伴い，日系完成車企業は，この時期から，生産性，品質，納期を高めるための漸進的改善を繰り返すようになり，着実にもの造りの組織能力を構築していった。例えば，THMは品質管理の小集団活動であるNHサークル活動を開始した。1979年にはTHMのひとつのNHサークルがホンダの「NHサークル全社大会」にタイから初参加し，完成車検査合格率に関する改善の活動報告を行った（日刊工業新聞社等編，1980，pp.152-155）。このNHサークルは，21歳から32歳までのタイ人若手ワーカーで編成され，サークル活動を自主的に開始したものであった。改善ポイントは，1978年の時点で60％から70％程度という低い完成車検査合格率であった。そこでこのNHサークルは合格率を上げるための対策として，ワーカーの取り扱い指導や作業マニュアルの作成，台車の改善を実施した。その結果，1979年，THMは一部モデルで完成車検査合格率80％を達成した。このように，完成車企業における改善活動はこの時期から本格化した。そしてその担い手は，タイ人ワーカーであった。すなわち，この時期，ルーチン的な改善能力の蓄積が開始された。

(2) 日系サプライヤー：AAPの設立ともの造り能力の確立

多くのサプライヤーにとって現地生産を開始するために最低限必要な規模である有効最小生産規模[6]は，一般には20万台から30万台とされていた。しかし1976年から1985年における販売市場はタイ全体で30万台程度であった（表4-1）。そのため，生産部品が独占に近いかもしくは補修市場での需要がないと有効最小生産規模にまで達しなかった。こうした規模の制約から生じる稼働率のリスクだけでなく，操業していく上での為替や資本など各種リスクもこの時期大きかった。

さらにこの時期，日本のオートバイ産業の大きな出来事として既述のHY

---

(6) 本章で示す有効最小生産規模とは，タイだけではなくインドネシアやベトナム，日本も含めた15回の調査における企業関係者に対するヒアリングに基づいた数字である。もちろん，有効最小生産規模は絶対的で固定的な数字ではなく，選択技術や生産工程，生産主体，操業環境などで変化する可変的なものである。だが本章の具体的な有効最小生産規模に関する数字は，各日系企業にとって実際に進出や操業の基準としてきたものであり，現在もひとつの指標になっている。基本的に完成車組立などの川下工程では労働集約的であり設備投資も小さいため，有効最小生産規模は相対的に小さい一方，鍛造などの部品加工は資本集約的であり，有効最小生産規模は相対的に大きくなる（渡辺，1996: 180-181）。

第4章　タイオートバイ産業の勃興（1964年から1985年）

戦争に加え，1976年にホンダが新オートバイ生産工場として熊本製作所を新規設立したことが挙げられる。比較的中小企業が多かったオートバイサプライヤーは，HY戦争に伴う増産対応で手一杯であった。さらに，ホンダ系サプライヤーは，ホンダからの要請もあって，熊本に工場を新規に立ち上げたところも多かった（山田製作所社史編纂委員会，2001，pp. 80-81；p. 84）。そのため，この時期，人員や資本などに余力のあるサプライヤーは少なかった。

このように本段階は各日系企業を取り巻く内外の制約が非常に大きかったため，タイに進出したサプライヤーは多くはなかった（表4-3）。そうした中，1976年，AAPがタイにおける現地調達率を引き上げる目的でホンダの主導によって設立された。[7] AAPは日本側51％，タイ側49％の合弁企業であり，日本側はホンダのほか，ショーワ，日本精機，FCCといった重要機能部品の日系サプライヤーによる共同出資であった（表4-3）。

ホンダとサプライヤーとの共同出資により設立されたAAPは上に挙げた進出に対する各種障害をクリアするため，主に次の２つのリスクヘッジの機能を有した。第１は，ホンダによる為替リスクや現地との折衝リスク，操業上のリスク，など各種進出リスクの肩代わりであった。ホンダが出資することでホンダの子会社と位置付けられたAAPの部材の購入やTHMへの製品の納入はホンダの社内取引扱いとなったため，各サプライヤーが為替リスクを負うことはなかった。また，タイだけでなく海外での操業経験のほとんどなかったサプライヤーにとって，そうした経験を有するホンダとともに事業を展開することによって，タイ独特の操業条件や労働環境，商習慣に関するノウハウを得ることができ，慣れないタイでの操業を円滑に開始し，進めることができた。この時期，日系サプライヤーは日本でHY戦争の激化に伴う生産拡大や熊本製作所の設立に伴う熊本付近への工場新規設立にせまられていたため，これらのリスク低減はタイ進出に当たって大きな要件となった。第２は，同一の建屋で操業

---

(7) 以下，本項目におけるAAPに関する記述は，AAPに出資していたサプライヤーでの聞き取り（2003年４月），およびインドネシアの共同出資メーカーから独立した電装部品企業３社からの聞き取り（2004年３月，９月），ベトナムの共同出資メーカー（Machino Auto Parts）での聞き取り（2006年３月）に基づく。

し各社持ち回りで日本人を駐在させることである。これにより，AAPに出資した各社は設備稼働率の向上や操業費や間接費，人件費といったコスト削減を図り，有効最小生産規模に達しないことによる規模のリスクを低減させた。

独特の進出形態をとったAAPは生産品目の面でも多様性に富み，計器類やロック，クラッチ，ショックアブソーバー，スイッチ類など複数の高付加価値高機能部品を生産した。AAPの部品納入先は，出資構成からも明らかなように大部分はホンダであった。AAPからの調達部品は，日本でもホンダは内製していなかったため，THMがタイ政府による現地調達率規制をクリアすることに大きく貢献した。ただしAAPから調達することでTHMの現地調達率は向上したものの，AAP自身の現地調達率は低かった。なぜなら，AAPで生産される製品の主要な素形材や構成部品は日本からの輸入に依存し，本段階におけるAAPの主要な工程は組立工程であったからである。

またこれらの部品はオートバイの基本性能である「走る・曲がる・止まる」に直結するため，ホンダはAAPに対して品質保証を課した。すなわち，ホンダからの品質要求に対して，AAPは企業総体として全責任を負う必要があった[8]。品質保証の可否がホンダによる機能部品の調達に当たって重要となった要因は，日本と同様にタイオートバイ産業においてもホンダと日系サプライヤーの両者の業務，責任の範囲が必ずしも明確でなかったことによると考えられる[9]。

この他，ランプやコントロールケーブル，ホーンなど補修需要のある電装部品サプライヤーもこの時期に進出した（表4-3）。こうしたサプライヤーは，補修需要による規模の確保によって，他のサプライヤーに一歩先駆けて一貫生産体制の確立を進めた。さらにこれら部品は汎用性があったことから，納入先完成車企業は複数に分散され，より規模の確保ができたと考えられる。例えば，タイスタンレーは1985年には電装部品の一貫生産体制を構築した（スタンレー電気，1997, p. 157）。輸入は精密ねじやスプリングなど一部の小型高精度部品に限られた。そのため，タイスタンレーは，他のサプライヤーに先駆けて現地

---

[8] タイにおける日系サプライヤーの調査（2007年3月）に基づく。
[9] 自動車産業における品質保証をめぐる完成車企業とサプライヤーとの取引関係について清（1990）を参照。

調達率90％という高い数字を達成した。

　AAPに代表されるこの時期のサプライヤーは，ルーチン的な改善能力となる基盤を構築した。特にAAPは最終組立工程に特化したものの，納入部品に対する品質保証を行うため品質管理を徹底した。AAPの場合，品質保証を行うベースとなったルーチン的なもの造り能力・改善能力は，ホンダと複数の機能部品サプライヤーで共有された。ルーチン的な改善能力となる基盤は，同じホンダグループという枠内にあっても異文化であった別個の各企業が，同一の場で生産活動を行うことによる学習効果から発現された。こうした生産活動における学習効果とは，具体的には，第1に，品質向上やコスト削減のための製造上のポイントを各社で共有するようになり，よい点を模倣しあうようになったことである。第2に，異なる部品や工程を各企業が共同で担当したために，相互の部品や工程の特性を熟知するようになったことである。その結果，ホンダだけでなく各サプライヤーがオートバイ全体の設計・製造バランスを考慮しながら，操業していくようになった。AAPの設立，操業の経験を各社で共有したことは，後に競争が激化し，QCD（Quality・Cost・Delivery）の改善をホンダが進めていく際にも，大きな力となった。またAAPを通じた各種の学習は，海外進出の経験がほとんどなかったサプライヤーが日本本社を離れて海外に新たに生産拠点を立ち上げる際のノウハウを学ぶ良い機会にもなった。

(3)　地場系サプライヤー：日系企業の外注先としての新たなる勃興

　1980年代に入ってようやく部品製造のための裾野産業の必要性がタイで認識されるようになったぐらいであり，この段階におけるタイ地場系企業による部品供給体制はいまだ不十分なものであった（国際協力事業団，1995）。そうした中，1977年の国産化規制強化政策は地場系サプライヤーの勃興にもつながった（東，2006，p.250；以下本段落も同様）。なぜなら，現地調達率引き上げを迫られた日系完成車企業が，地場系企業との取引をこの時期から開始したからであった。日系完成車企業はコスト削減が可能な地場系企業に対して小物部品を中心に外注し，1980年代前半にかけては樹脂やアルミ鋳造部品についても現地調達を進めた。

　一方，この時期新たに勃興した地場系サプライヤーの多くは，日系完成車企

業から技術指導を受けることで品質や納期の水準を守って生産するというルーチン的なもの造り能力の蓄積を身につけ始めた（東，2006，pp. 257-258；以下本段落も同様）。しかし，本段階では日系サプライヤーの進出が少なかったため，地場系企業は，競争から保護されていたというプラスがあったが，その反面日系サプライヤーとの取引を通じた技術支援を受ける機会が少なかった。そのため地場系サプライヤーは，独自に試行錯誤を繰り返しながら，金型，生産技術，工程設計，検査などの製造ノウハウを学ばなければならなかった。こうしたことから，この時期，地場系企業がルーチン的なもの造りの組織能力の蓄積を大幅に進めるということはなかった。

（3） 小括

本段階はタイ政府によるCKD部品セットを含む完成車輸入の禁止措置をひとつの契機として，オートバイ（最終財）の輸入代替生産が本格化した時期であった。それにより誘発された後方連関効果によって，部品（投入財）の国内生産が開始された時期でもあった。

ただし，タイ国内販売市場が30万台程度と規模の制約が大きかった。さらにこの時期タイ政府はハイレベルな現地調達率を示し，それを日系完成車企業に強制するような政策を施行した。サプライヤーの進出数は少なく，完成車企業は政府の現地調達化政策への対応に苦慮しながら，規模だけならば現地化しない（できない）機能部品について現地調達を図るための努力を行った。そのため，日系完成車企業はこの時期に内製能力を拡充させた。またホンダは独特の進出形態をとったAAPを設立し現地調達化を進めた。

あわせて，各完成車企業は深層の競争力を高めていった。先の段階では，日系完成車企業は，日本から輸入した部品一式を単純組立する作業にほとんど特化していたため現地調達率は大変低く，例えば，SYのそれは20％（部品点数換算）に過ぎなかった（ヤマ発プロ，2005，p. 123）。これに対して，1975年から1980年代半ばにかけて，日系完成車企業はルーチン的なもの造り能力の蓄積を図った。さらにAAPなどの進出日系企業を中心に，各サプライヤーが品質向上やコスト削減に取り組んだことによって，日系完成車企業は現地で調達でき

第4章　タイオートバイ産業の勃興（1964年から1985年）

る部材が増大した。

　この結果，THMは政府の現地調達化政策をクリアすることができた。また，SYも1978年までに現地調達率を70％以上に向上させた（ヤマ発プロ，2005，p.123）。このようにして，各日系完成車企業は政府に強制された現地調達率を達成した。各完成車企業は部材を輸入から現地調達に切り替えることによって，日本からの輸送のためのコストと時間を節約できたと考えられる。なお，こうした完成車企業の部材に関する現地調達化の進展は，各サプライヤーの品質向上やコスト削減の取り組みが功を奏し，完成車企業の品質やコストの基準をクリアしたことの証であったと考えられる。

　それゆえ，この時期以降，日系完成車企業は日本と同モデルのCKD生産から脱却し，タイオリジナルモデルの投入も可能となった。例えば，THMは，1979年に「C700」や「C900」という「C50」をボアアップ（エンジン排気量の増大化）させたタイのオリジナルモデルの生産を開始し，市場に投入した（『ホンダスーパーカブファイル』，2002，p.113）。これに伴い各種部品や鋼板類など原材料の輸入もこの時期に始まった。ただし，この時期に投入された新モデルは新規需要を大きく開拓するようなものではなかった。

　日系完成車企業が輸入代替を進展させた一方で，大部分の日系サプライヤーの現地調達率は本段階で大きく向上することはなかった。こうしたことから，本段階で部品輸入を行う主体がTHMに代表される日系完成車企業からAAPに代表される日系サプライヤーに一段下がったともいうことができる。というのも，この時期の多くの日系サプライヤーのもの造りの組織能力はルーチン的なもの造り能力を確立する段階にあり，現地調達化が課題になる以前の，自社の内製工程を立ち上げる段階にあったからである。そのため，こうしたサプライヤーのもの造りの組織能力構築についてはこの時期以降の課題となった。

3　政策インパクト

　1960年代から1980年代半ばにかけて，タイ政府は未熟な国内オートバイ産業の保護育成を目的とする国産化政策を採用した（表4-2）。本章の議論から，こ

うした一連の産業政策は小さな国内市場規模にも関わらず進展度の早い国産化を達成する要因としてプラスに作用した，という評価ができるだろう．特に大きな影響を及ぼした政策として次の2つを挙げる．[10]

第1に，1978年の完成車輸入の禁止と部品の高関税化である（表4-2）．この政策措置によって，それまで日本からの輸入完成車とタイへの進出日系メーカーの現地生産車とが競合の状態にあったタイ国内市場が，現地生産企業のみに向けて創出された．あわせてCKD部品セットの輸入も禁止されたことから，日系完成車企業は単なる最終組立から脱却し，部品の現地生産にも取り組む必要が生じた．また部品の国産化に大きな貢献を果たしたAAPの設立もこうした政策措置をにらんだものであった．こうして，部品の輸入代替は強制的に進展し，1978年には部品輸入額が完成車輸入額を初めて超えた（表4-1）．

第2に，1971年以降の一連の現地調達率規制によるタイ国産部品調達の促進策である．タイ政府は1971年には50％以上，1977年には70％以上の国産部品の調達を強制した（表4-2）．この規制はオートバイ全体に課せられたため，各日系完成車企業は当時の市場規模で有効最小生産規模に達していたタイヤやバッテリー，ランプ類などの部品から段階的に現地調達化を図った．

ただし，達成目標として挙げられた現地調達率は，各時期の日系企業にとってはハードルの高いものであり，場合によっては現状から乖離した不適切なものもあった．というのは，タイで現地化するには有効最小生産規模を満たしていない部品，工程が多かったからである．しかし，各日系企業は，実際の生産規模と有効最小生産規模に乖離が生じても現地化できるような工夫を行った．それが，完成車企業の内製化やAAPの設立であり，もの造りの組織能力の構築であった．

---

[10] 他に産業創成期には組立企業の新規参入制限も行われたが，当時の（小型）オートバイ産業においては日系企業による寡占的な体制となっていたため，こうした政策による競争への影響は小さかったと考えられる．

4　規模の制約下の段階的な能力構築と産業形成

　本章は，1964年から1985年までのタイオートバイ産業の勃興のありようについて検討した。ここでは，市場競争，日系企業の能力構築行動，サプライヤー群の形成，輸入代替化，保護育成政策の5つをキーワードに，この時期にみられたタイオートバイ産業勃興の特質とその背景について，以下のようにまとめることができる。

　タイオートバイ産業における市場競争は，1980年代後半までの時期，日本で開発されたモデルに依存した緩やかな差別化競争が繰り広げられ，熾烈なものではなかった。なぜなら，タイオートバイ産業は各企業が能力構築行動を開始した直後という産業形成の途上にあったために，販売市場に投入されたモデルがタイ市場のニーズを十分に汲んではいなかったからであった。それゆえ，1960年代から1980年代にかけて，タイの市場規模は最大30万台程度と低迷した。

　しかし，そうした市場の拡大が著しく進展しない時期においても日系企業を中心に能力構築が進められた（表4-5）。これは輸入代替の進展として顕在化したが，具体的な産業形成は次のような段階を経た。

　第1段階は，1960年代に始まった完成車の輸入代替期であった。各完成車企業は最終組立に特化したCKD生産からスタートして，徐々に部品の内製能力を拡充させて，生産工程を上流へと拡大させていった。

　続く第2段階は，1970年代以降の部品の輸入代替期であった。部品の輸入代替は，補修需要のある部品，汎用性の高い部品，重厚長大部品から始まり，徐々に，機械加工などの高度で複雑な生産工程を要する機能部品へと進展した。市場規模が小さかったこの時期，日系完成車企業は自社の内製能力を拡充した。またAAPは多様な機能部品を生産し，部品の国産化に大きな貢献を果たした。

　なお，本章の議論から，この時期一貫してみられたタイ政府の保護育成政策は，完成車輸出から現地生産へと日系企業を誘い産業勃興を促進したと評価できるだろう。また政策は，時に企業を厳しい環境に追い込んだものの，結果的には小さな国内市場規模にも関わらず進展度の早い国産化を達成する要因とし

表 4-5　各企業（群）の能力構築の内実（1964年から1985年）

		日系完成車企業	日系サプライヤー（群）	地場系サプライヤー（群）
表層の競争力	1964年から1975年	日本ブランド 輸入部品セットに依存した品質・コスト 国産化政策への対応	重厚長大型の部品と補修需要のある部品の供給	低コスト（補修部品）
	1976年から1985年	日本ブランド タイオリジナルモデルの投入 国産化政策への対応	機能部品の供給 品質保証能力 安定した納入 完成車企業の現地調達率向上	低コスト（補修部品がメイン。OEMは小型プレス・樹脂・鋳造工程を含む部材のみ）
深層の競争力	1964年から1975年	完成車組立ラインの立ち上げと安定化 完成車組立の良品率向上 現地調達率20％（部品点数換算）	生産ラインの立ち上げ・安定化 補修市場による生産規模の確保	不明
	1976年から1985年	エンジン部品の現地調達化 部品内製能力の拡大 改善活動の推進 現地調達率は約70％（部品点数換算；価格換算は30％未満）	現地調達率の向上 一部、一貫生産体制の構築（金型の内製化も含む） 一部、組立等一部工程に特化 共同出資によるノウハウ共有（AAP）	日系完成車企業との取引による製造ノウハウの学習
もの造りの組織能力	1964年から1975年	ルーチン的なもの造り能力の構築に着手	ルーチン的なもの造り能力の構築に着手	日系企業との取引はなく、もの造りの組織能力の構築はほとんどなかったと推測できる
	1976年から1985年	ルーチン的なもの造り能力構築 改善能力の構築に着手	ルーチン的なもの造り能力構築	ルーチン的なもの造り能力構築に着手

（出所）　筆者作成

てプラスに作用したといえる。

　これらを踏まえるならば，タイオートバイ産業は政府の強硬な保護育成政策のもと，日系企業を軸としながら勃興し，その結果，段階的に完成車や一部部品の輸入代替を果たした，と指摘することができる。そして，その基層には，1970年代，80年代の厳しい要求水準の政策に対応する原動力となった日系企業の能力構築行動が一貫して存在したことも明らかである。ただし，完成車企業

の非ルーチン的なもの造りの組織能力の構築，１次サプライヤー群の形成，およびサプライヤーの能力構築は不十分のままであった。こうした課題をクリアすることによってタイオートバイ産業が形成完了を果たすには，タイで経済ブームが生じ，円高による日本企業の海外展開が本格化した1980年代後半以降まで待たなければならなかった。

第5章
タイオートバイ産業の形成（1986年から1997年）
—— 途上国産業の量的拡大と企業行動の相互関係 ——

1980年代後半になるとタイでは投資ブームが起こり，経済全体が大幅に成長した（末廣・東，2000，pp.28-32）。これに伴いオートバイ市場も急拡大し，各完成車企業のオートバイ生産台数も増大した（**表5-1**）。また1980年代後半以降，プラザ合意以降の円高による日本企業の海外進出も本格化し，オートバイ産業では1次サプライヤーを中心とした裾野の拡大がみられた（Mishima, 2005）。さらにこの時期のタイでは未熟な輸入代替型国内産業の保護育成をメインとする直接的な産業政策から，輸出振興型の自由貿易を中心とする間接的な政策へと徐々にシフトし産業の高度化が志向された（東，2000；末廣，2000，pp.151-153）。このように1986年から1997年におけるタイオートバイ産業では各企業を取り巻く競争環境，政策環境が大きく変化した。

こうした変革期にあったタイオートバイ産業は上述のとおり，マクロ的にみて量的拡大を遂げたことは明らかである。この量的拡大はどのような企業行動を背景としたものであったのだろうか。より具体的にいうならば，どのような企業行動もしくは企業間分業関係により，1980年代半ばまでのタイオートバイ産業の発展の制約であった各企業の組織能力の不足は解消され，なおかつそれが産業全体の量的拡大に結びついたのだろうか。

この問題，すなわち，産業全体の量的拡大と企業の組織能力の相互関係こそが，1980年代後半から1990年代半ばにおけるタイオートバイ産業を検討することによって得られるインプリケーションであると考えられる。なお，量的拡大が必ずしも企業の組織能力の向上をもたらすとは限らないことはベトナムオートバイ産業における地場系組立企業の凋落をみれば明らかである（本章第8章）。それゆえ，両者の補完関係を本章で検討する意義は大きいといえる。

第Ⅱ部 東南アジアオートバイ産業の形成と発展

表5-1 タイオートバイ産業とタイホンダの生産・販売・輸出入動向（1986年から1997年）

	タイ全体						輸入金額 (1000タイバーツ)		輸出金額 (1000タイバーツ)		タイホンダ	
	日本からの完成車輸入台数	販売台数	生産台数	一人当たりGDP（米ドル）	企業数	進出日系単年	進出日系累積	完成車	部品	完成車	部品	生産台数	輸出台数
1986	23	254,949	241,184	813.604	1	17	6,428	680,084	5,951	49,301	57,300	—
1987	23	305,828	310,083	938.093	4	21	4,343	876,250	21,172	96,747	72,018	—
1988	332	330,770	447,533	1,122.03	6	27	4,155	1,493,295	187,109	143,755	167,200	2,590
1989	66	590,365	592,200	1,306.77	2	29	4,938	1,849,244	205,929	136,294	227,600	1,346
1990	128	743,424	718,869	1,518.17	1	30	3,878	2,921,377	198,693	135,883	286,084	—
1991	58	664,472	673,254	1,686.61	4	34	3,345	3,671,507	304,360	163,473	268,230	1,222
1992	523	849,580	815,757	1,899.10	1	35	23,615	3,966,007	1,084,746	344,250	354,800	21,762
1993	—	1,027,344	1,122,656	2,084.11	4	39	25,583	5,463,091	2,638,063	1,332,996	501,000	39,285
1994	—	1,275,403	1,275,000	2,441.76	9	48	29,829	6,737,078	3,159,482	802,929	620,700	398,310
1995	—	1,464,942	1,600,000	2,825.74	8	56	12,229	8,988,310	3,723,328	997,751	728,000	—
1996	—	1,236,143	1,437,794	3,037.52	10	66	41,129	6,058,944	4,209,235	991,701	703,800	177,635
1997		910,647	1,079,544	2,496.14	8	74	48,684	1,876,493	4,698,245	2,645,675	543,900	137,055

（注） 1) 進出日系サプライヤー数は二輪車部品の生産工程すべてに関わるサプライヤー数ではないが、主要な1次サプライヤーは網羅している。そのためこの数字は日系サプライヤーの進出傾向を示していると考えられる。またタイへの進出日系サプライヤーで撤退したサプライヤーは少ないため、この総数に撤退数は考慮されていない。なお、累積とは1964年以降の進出サプライヤー数の累積数である。
2) 輸入に関してはCIF価格、輸出に関してはFOB価格による換算であり、単位は1000タイバーツである。なお、部品については871201（1988年以降は8714）、8714.110-004、8714.190-007、840603（1988年以降8407）という4つのHSコードを合計した金額となっている。
3) THMの輸出台数とは、完成車と部品の合計であり、完成車台数に換算されたものを表す。
（出所）タイ全体の輸入台数、販売台数、生産台数は『世界二輪車概況』（各年版）より。一人当たりGDP（名目）に関してはIMF "World Economic Outlook" のデータベースを参照。進出サプライヤー数に関しては表2の出所を参照のこと。輸出入額については Thai Customs Department および World Trade Atlas のデータを参照。THMに関しては筆者調査より。

　以上から、本章の目的は1986年から1997年におけるタイオートバイ産業の形成のありようについて企業に焦点を当てながら明らかにすることとする。

　本章は以下の構成をとる。1節で販売市場における企業間競争の動向を確認する。2節で産業形成の内実を生産能力や輸出入動向、調達動向、サプライヤーの進出、各企業の能力構築行動に焦点を当てていく。3節でタイ政府による

第5章　タイオートバイ産業の形成（1986年から1997年）

産業政策の動向と産業形成への影響について考察する。4節において本章のまとめを行う。

1　市場競争の動向

(1) 販売市場の概要——販売市場の拡大とホンダの販売シェアの拡大

　1986年から1997年におけるタイ国内販売市場では2つの大きな変化が生じた。第1に販売市場の拡大である。タイオートバイ国内市場は，1988年の33万台から1993年には100万台の大台を超え，ピークの1995年には146万台に達し，7年で約5倍に拡大した（表1）。なぜなら，この時期の一人当たりのGDPは1988年に1000米ドルを超え，オートバイの普及レベルに達したからであった（表1）。また販売市場拡大は，タイ経済の成長と所得の伸びに加えて，次にみる日系完成車企業同士の激しいシェア争いに伴う新モデルの投入も大きく影響した。

　第2に日系完成車企業の販売シェアの変動である。1980年代までタイ国内市場では，ホンダ，サイアムヤマハ（SY），スズキの販売は拮抗していた。1989年の各完成車企業別販売台数と販売シェアはホンダ39％，SY33％，スズキ22％，カワサキ6％，であった[1]。しかし，1996年にはホンダ51％，SY23％，スズキ19％，カワサキ7％となった。すなわち，この時期に各完成車企業とも販売台数を増加させたものの，その増加率に差が生じた。具体的には，ホンダが販売シェアを拡大させた一方で，その分SYが販売シェアを下落させた。

　こうした販売シェアの変動はホンダがマーケットイン[2]に取り組んだことが強く影響していた。1980年代前半の市場の落ち込みを受け，マーケットインの必要性を感じたホンダは，1988年にタイ国内市場の調査を中心機能とする研究開発拠点を立ち上げた。この結果，タイ国内市場のニーズに適合した新モデルを投入できるようになり，新規需要の開拓とそれによる市場拡大を促した。具体的にはホンダの次の2つの行動が画期をなした。

　第1に，2ストローク（以下，2スト）エンジンモデルである「Nova」（後

---
[1] 完成車企業別販売シェアに関しては調査先のAsian Honda Motor（AHM）資料に基づく。
[2] マーケットインとは需要側の視点から製品開発を行う企業戦略のひとつを指している。

述)を投入して市場ニーズにホンダが適応し,それを取り込んだことである。Novaシリーズを投入する以前のホンダは,4ストローク(以下,4スト)エンジンモデルのみで2ストモデルの生産販売は行っていなかった[3]。なぜなら,環境負荷の大きい2ストモデルは出来る限り開発生産,販売しないというホンダ全社としての方針が強固であったからである。

　しかしタイ市場のニーズに応えるためホンダのタイ製造拠点であるTHM (Thai Honda Manufacturing;タイホンダ)は日本本社に直談判をし,この方針転換を承諾させた。というのは,市場調査からタイに特有の次の2点が明らかになったからであった。ひとつはカブをベースとしてレッグシールド(ボディを覆う樹脂部品)を外してフレームやエンジンカバーをむき出しにしてスポーツバイク風に改造して乗るという流行であった(『ホンダスーパーカブファイル』,2002, p.119)。もうひとつは「交差点グランプリ」と呼ばれる交差点での信号停止からスタートする際にレースのように加速を競うという状況であった。

　こうしたタイの市場特性を踏まえ,ホンダは需要を開拓する新モデルにはファミリーバイクの気軽さと強力なエンジンが必要であると判断した。こうして漸く2ストモデルであるNovaを開発生産するに至り,1987年12月に市場に投入した(『ホンダスーパーカブファイル』, 2002, pp.118-119, p.129)。タイの市場特性を体現したNovaは,スポーティなスタイルと加速性に優れ馬力のある2ストエンジンを特徴としたモデルであった。

　ホンダのNovaは2ストモデルに対する既存の需要を取り込むだけでなく,タイ独特のモデル区分であるファミリースポーツ系という新カテゴリーも開拓した。その結果,ホンダの販売シェアは約40%に達し,1994年3月までの約7年で累計100万台の販売を達成するほどの人気となった(『ホンダスーパーカブファイル』, 2002, pp.118-119, p.129)。1993年のタイでは,2ストモデルが全販売台数の約9割を占めるようになった[4]。

　ホンダが販売シェア拡大につながった第2の行動は,4ストモデルである「Dream」を投入し新たな4ストモデルの需要を開拓したことであった。1986

---

(3) 2スト,4ストについては表4-4に詳しい。
(4) エンジン方式による販売台数に関しては調査先のAHMの資料に基づいている。

年，ホンダはタイのみならず東南アジア各国で大人気となるC100タイプのDreamを市場に投入した（『ホンダスーパーカブファイル』，2002, p.114）。Dreamは大変な人気を博し，1994年には単一モデルで年間12万3600台も生産され，1996年には40万6000台も生産された。こうしてDreamは4ストモデルに対する新たな需要を開拓し，タイ国内市場そのものをも拡大させた。その後ホンダは1992年にはその後継機となる「DreamⅡ」も市場に投入した。

（2） 市場競争の特質と意義 —— 同質的競争と差別化競争の同時進行

　タイ国内市場は1980年代半ばまで緩い差別化競争一辺倒であった。しかし開発機能の強化とマーケットインの推進を図ったホンダにより，この時期，市場競争のあり方は大きく変貌した。この結果，1980年代後半以降のタイ国内市場では差別化競争と同質的競争が同時に繰り広げられることとなり，異なる競争フェーズが同時期に並存することとなった。

　併存する競争フェーズのうちの2ストモデルを巡る同質的競争フェーズについては，ホンダがNovaの投入により新規参入することで，市場競争は前段階よりも激化した。ホンダは2ストエンジンに関する後発劣位を跳ね返すため，後述するように，自社グループのサプライヤーをタイに進出させ生産体制の確立を図った。それに対してSY，スズキは従来からの2ストモデルに限定した開発，生産，販売から脱却できなかった。

　一方，4ストモデルと2ストモデルを巡る差別化競争のフェーズは，ホンダのみが4ストモデルの開発生産を継続し改良を積み重ねていった。それに対し，SY，スズキは4ストモデルの開発生産は行わなかった。こうした4ストモデルに対する取り組みの違いが，販売ニーズが大きく転換した1990年代後半以降，各完成車企業の生産販売動向に大きく影響した。すなわち，この時期のホンダの行動は4ストモデルに関する技術的リーダーシップおよび市場評価の確立という，1990年代後半以降の4ストモデルを巡る競争における先発優位に結びつくこととなった。

　こうしてホンダはタイ市場の独自性に対応すると同時に他の完成車企業との差別化を図った。その結果，ホンダは新規需要を開拓しながら市場シェアを拡

大し，SYやスズキなどの競合他社との市場競争を優位に進めていくようになった。そして，このように競争を進めていくことを可能にしたのは，次に見るような，ホンダ自身の能力拡大，サプライヤー群の形成，ホンダおよびサプライヤーによるもの造りの組織能力の構築であった。

2 企業の能力構築行動——増産対応とサプライヤー群の形成

1986年から1997年は，タイ国内の投資ブームに加え，プラザ合意以降の円高の進展による輸出競争力の低下や日本国内のオートバイ市場低迷を受け，日系企業が海外に活路を求めていた時期であった。すなわち，タイ国内環境と国際環境の両者により，日系企業のタイへの進出が強く促されたのがこの時期であった。その結果，1986年から1997年にかけて50社以上の日系サプライヤーがタイに新規進出を果たし，サプライヤー群の形成が一挙に進んだ（表5-2）。

（1） 日系完成車企業——完成車生産能力の増強，部品外注の拡大

この時期販売市場は急成長したが，上述のようなタイ経済の好調に加え，ホンダによるマーケットインの成功もひとつの要因であった。こうした市場拡大は既進出の日系完成車企業の完成車生産能力を凌駕した（表5-1）。それに対しホンダに代表される日系完成車企業は，先に見たマーケットインのほか次の2つの対応をとった。

第1に，完成車生産能力を拡大したことであった。THMは生産台数を1988年の7万2000台から1995年には72万8000台と約10倍に拡大させた（表5-1）。この時期の市場拡大に対し各日系完成車企業は，当初日本本社の余剰生産能力を活用した増産による輸入で対応したが，すぐにそれも超えるようになった。そのため各企業ともタイ拠点の生産能力の拡大を迫られ，設備投資を大規模に行った。例えばホンダは，1991年，日本の鈴鹿製作所から浜松製作所，熊本製作所へのオートバイ生産の移管に伴い，THMにも鈴鹿製作所の生産設備を移管した。日本の機械設備をタイに移設することができたのは，日本の国内市場は1980年代前半に迎えた生産ピークから縮小傾向にあり，そのため設備が遊休し

第5章　タイオートバイ産業の形成（1986年から1997年）

表5-2　日系企業のタイへの進出概要（1986年から1997年まで）

累計	小計	部品区分	進出年	生産品目	企業名	日系の出資割合
1	1	シリンダー・クランク関係	1987	エンジンブロック	Enkei Thai	エンケイ
2	2		1987	エンジンギア	Musashi Auto Parts	武蔵精密工業49%
3	3		1994	コネクティングロッド	Atsumitec (Thailand)	アツミテック53.9%
4	4		1995	ボディーシリンダー	Enshu (Thailand)	エンシュウ92%
5	5		1996	カバー類	Siam Yachiyo	八千代工業93.6%
6	6		1997	シリンダーヘッド	Khitkan	朝日アルミニウム55%
7	7		1997	クランクシャフト・コネクティングロッド	Nakatan Thai	柳河精機74%
8	8	動弁系・吸気系	1988	キャブレター	Keihin Thailand	ケーヒン57%
9	9		1991	キャブレター	Mikuni (Thailand)	ミクニ60.1%
10	10		1994	エアクリーナー	Toyo Roki (Thailand)	東洋濾器製造60.5%
11	11		1997	エンジンバルブ	Nittan (Thailand)	日鍛バルブ55%
12	12		1997	バルブガイド	Thai Sintered	日立粉末冶金49%
13	13	動弁系・吸気系	1993	マフラー	Siam Goshi Mfg.	合志技研工業80%
14	14		1995	触媒	Mitsui-Siam Components	三井金属75%
15	15		1995	触媒	Catker (Thailand)	キャタラー99.2%
16	16	潤滑系	1991	オイルポンプ	Mikuni (Thailand)	ミクニ60.1%
17	17		1991	オイルポンプ	Yamada Somboon	山田製作所74.1%
18	18		1997	燃料コック	Taiyo Giken (Thailand)	大洋技研工業100%
19	19	2次部品など	1988	オイルシール	Thai N.O.K	NOK100%
20	20		1991	オイルシール,Oリング	Thai Arai	荒井製作所
21	21		1994	エンジン鋳造部品	M.N.T.	ナンヨー46%
22	22		1995	シリンダーガスケット	Thai Leakkess	日本リークレス工業100%
23	23		1996	排気系鍛造素形材	Daido PDM (Thailand)	大同特殊鋼72.1%
24	1	1次減速機構	1994	ドラムギアアッシー	Atsumitec (Thailand)	アツミテック53.9%
25	2	クラッチ・ミッション	1989	クラッチ	FCC (Thailand)	エフ・シー・シー57.9%
26	3		1997	チェンジスピンドル	Trix Manufacturing (Thailand)	トリックス
27	4	2次減速機構	1989	スプロケット	Sunstar Engineering Thailand	サンスター技研61%
28	5		1996	ドライブチェーン,サイレントチェーン	Daido Sittipol	大同工業45%
29	1	点火系	1987	CDI	Shindengen (Thailand)	新電元工業100%
30	2	充電系・始動系	1987	レギュレーター	Shindengen (Thailand)	新電元工業100%
31	3		1992	バッテリー	Siam Furukawa	古河電池71%
32	4		1993	スターター，ACG	Thai Summit Mitsuba Electric Mfg.	ミツバ49%
33	5	信号系・照明系	1986	ホーン	Thai Nikko Metal Industry	ニッコー51%
34	6		1994	ワイヤーハーネス	Sumitomo Electric Wiring Systems (Thailand)	住友電気100%
35	7		1995	計器類	Thai Nippon Seiki	日本精機55.4%
36	8		1996	ロック類	Honda Lock Thailand	ホンダロック60%

37	1	車体部品（上記以外）	フレーム系	1995	ステアリングシステム	Mitsuboshi Forging	三星製作所55.9%
38	2			1996	ハンドル	Tanaka Precision (Thailand)	田中精密工業59%
39	3		ステアリング系	1996	スロットル・スターター	CHUO Thai Cable	中央発條96%
40	4		サスペンション系	1993	ショックアブソーバー	Summit Showa Manufacturing	ショーワ53%
41	5			1996	フロントフォーク	Siam Kayaba	KYB67%
42	6		タイヤ・ホイール系	1988	ホイール	Asahi Somboon Aluminium	旭テック98.5%
43	7			1993	ホイール、タイヤアッシー	Siam Goshi Mfg.	合志技研工業80%
44	8		ブレーキ系	1989	ブレーキディスク	Sunstar Engineering Thailand	サンスター技研61%
45	9			1990	ブレーキシステム	Nissin Brake Thailand	日信工業49%
46	10			1994	ブレーキディスク	NHK Precision (Thailand)	日発精密工業95%
47	11			1994	ブレーキホース	Nichirin (Thailand)	ニチリン
48	12		ぎ装系	1996	カウル	Kumi (Thailand)	クミ化成97.1%
49	1	2次部品など		1989	ステッカー	Thai Decal	日本カーバイド49%
50	2			1989	スプリング類	Keihin Metal (Thailand)	京浜金属工業
51	3			1994	エンブレム	Marui Sum Thailand	マルイ工業70%
52	4			1994	ワッシャー類	Topy Fastners (Thailand)	トピーファスナー工業75%
53	5			1995	ボルト類	Thai Meira	メイラ工業100%
54	6			1996	ゴム製品	Yokohama Rubber Thailand	横浜タイヤ77.5%
55	7			1997	ボルト類	Ohashi Technica Thailand	オーハシテクニカ98.7%
56	8			1997	ボルト類	Saga Fastener (Thailand)	佐賀鉄工所
57	9			1997	ゴム製品	Y-Tech	山下ゴム
58	10			1997	樹脂部品	Thai Matto NS	日本精機83.5%

（出所）主に『週刊東洋経済臨時増刊　海外進出企業総覧（国別編）』（各年版），各社有価証券報告書，ホームページを参照し，筆者自身の訪問調査やメールによる調査を加えて，筆者作成。

ていたからであった。このように各進出日系企業は，それまで日本で活用していた旧式の機械設備をフル稼働させ，さらに新たな設備もタイに導入した。

　第2に，日系完成車企業は部品外注を拡大した。完成車企業による部品外注の拡大方法は次の2つにより進められた。ひとつは完成車企業が自身の部品内製設備をサプライヤーに与え，完成車組立とエンジン生産・組立に特化する方法であった。例えばTHMはマフラー，ホイールをあるホンダ系サプライヤーへの外注に切り替える際に，工作機械などの設備や人員をそのサプライヤーに与えた。[6] さらにTHMはこうした部品の構成部品を納入する地場系サプライヤーとの取引関係もそのサプライヤーに引き継がせた。

---

(5) ホンダホームページ（http://www.honda.co.jp/timeline/nenpyo/1991.html：2006年3月30日閲覧）および『ホンダスーパーカブファイル』（2002, p.105）を参照。
(6) 日系サプライヤーでの聞き取り調査（2004年3月）より。

完成車企業の機能部品に関する内製から外注への切り替えは，完成車企業が上述の完成車需要の拡大により，工場のスペースや人員の確保が必要となったことも一因であった。そのため上述の完成車企業による完成車生産能力の増強は，完成車企業の内製から外注への切り替えを通して，サプライヤーの生産規模の拡大を促しサプライヤー群の形成を進展させることにもつながった。

　日系完成車企業の部品外注拡大のもうひとつの方法は，従来主に日本から輸入していた部品の現地調達化であった。これはこの時期に見られた日系サプライヤーの大量進出を背景とした（表5-2）。具体的な部品や工程については次にみることにする。

（2） 日系サプライヤー──新規大量進出

　1980年代後半以降，生産部品や工程が多様である日系サプライヤーが大量に進出した（表5-2）。この要因は日系完成車企業のサプライヤーに対するタイへの進出要請に加え，完成車企業からサプライヤーへの外注量が先にみた日系サプライヤーの有効最小生産規模を満たすようになったことであった。有効最小生産規模を満たした主な要因は，第1にタイ国内販売市場が30万台を越えたこと，第2に完成車企業による内製部品のサプライヤーへの外注化，であった。

　1980年代後半にホンダ系機能部品サプライヤー7社が進出したことを皮切りに，エンジン部品や駆動部品，電装部品などオートバイの主要部品サプライヤーが大量進出した（表5-2）。さらに1990年代半ばになると販売市場は100万台を越えた。そのため有効最小生産規模が販売市場全体で100万台（完成車ベース）と大きく，資本集約的で高い精度が求められる鍛造工程を含むバルブやボルト，サイレントチェーンなどのサプライヤーも進出した[7]。これら部品の多くは補修需要が期待できないため，国内完成車販売市場規模，すなわちOEMの市場規模が30万台から100万台にならないと有効最小生産規模に達しなかった。そのため，この時期までこれら企業は進出できなかった。

　これら機能部品は1980年代半ばまでにAAP（Asian Auto Parts）が主体となって供給した部品と同様に完成車企業から品質保証を求められた[8]。そのため，新規進出サプライヤーは操業当初から安定した納入に加え，一定水準の品質を

達成する必要があった。また多くのサプライヤーは日本と同様，タイでも進出当初から複数の日系完成車企業と取引関係を有していた。ホンダと取引関係がないために規模の確保が困難なヤマハやスズキの専属サプライヤーはエンジン部品や電装部品のサプライヤーに限られたが，これらはSYやスズキの子会社としてタイに進出した[9]。

こうした進出サプライヤーの大部分は，1970年代のAAPのように日本で生産された主要な素形材や構成部品を輸入して，タイでは主に組立などの単純で労働集約的な生産工程のみを行うという垂直分業的な進出とは異なるものであった。この時期の進出サプライヤーは，プレスから切削，機械加工，鋳造，鍛造，熱処理なども含めた複数工程から成る一貫生産体制を志向した。

例えばバルブの場合，材料の切断，プレス，棒状素材を膨張させる据込，耐熱性向上のための特殊合金の盛金と鍛造を行うバルブシート成形，電気炉による焼入れ焼鈍しを行う熱処理，曲がりを矯正する転造，溶接，機械加工，目視による全数検査という多様な生産工程を備えた[10]。またボルトの場合も，コイル材の切断，ローリング，切削，ヘッダー生産のための転造，焼入れ焼鈍しを行う熱処理，亜鉛メッキなどの表面処理，というようにコイル材購入後の自社工場内における一貫生産体制が整っていた[11]。

またこの時期までに進出を果たしていたサプライヤーも生産規模の拡大に伴い，追加投資を行い一貫生産化を進めた。例えばAAPは現地調達率向上のた

---

(7) バルブサプライヤーおよびボルトサプライヤーでの聞き取り調査（2004年9月）より。ここで鍛造工程の有効最小生産規模について補足する。山縣（1998, pp. 153-154）によると，熱間のプレス鍛造はハンマー鍛造ほど熟練を必要としないが，コンロッドで20型ほど必要になり，この金型の償却だけでも10万個以上のオーダーが必要であるという。タイでは金型が現地調達できないことに加え，プレス機の新規導入コストやその償却費，オペレーターの新規育成コストといった諸経費がかかることから，先に示したサプライヤー一般の有効最小生産規模よりも大きなものとなる。さらに鍛造部品は組立企業も内製しているため，市場規模がそのまま鍛造サプライヤーの生産スケールとはならない。これらの事情から，鍛造メーカー関係者より，鍛造部品の生産が有効最小生産規模に達するには完成車販売台数が100万台以上であること，という数字が出てきたと推測される。
(8) AAP出資企業の調査（2007年3月）より。
(9) タイヤマハでの聞き取り調査（2007年3月19日）より。
(10) タイの日系バルブサプライヤーでの聞き取り調査（2004年2月26日）より。
(11) タイの日系ボルトサプライヤーでの聞き取り調査（2004年9月20日）より。

第5章　タイオートバイ産業の形成（1986年から1997年）

め，1987年にアルミ鋳造部品の製造を開始した（『日経産業新聞』，1987年2月16日）。その結果，これ以後日系完成車企業はタイにおけるエンジン向け鋳造部品の現地調達が可能となった。[12]またランプ類を生産するスタンレーは1980年に進出し，1985年には一貫生産体制を確立したが，さらに1988年には金型工場を設立し，金型からヘッドランプまでの生産をタイの自社工場で行うことができる一貫生産体制を確立した（スタンレー電気，1997，pp.156-158）。タイスタンレーは金型をタイで現地生産することで，日本で生産した場合に比べ20%から30%ものコスト削減を達成した。さらに生産された金型の半分は日本やアメリカに輸出されるほど品質水準は高いものであった。

以上示したようなサプライヤーの多くは完成車企業と直接取引を行う1次サプライヤーであった。こうした1次サプライヤーは一貫生産体制を志向するところも多かったが，樹脂部品やプレス，溶接は外注することが多かった。ゆえに1次サプライヤーと取引を行う2次の日系サプライヤーの進出もこの時期に本格化した（表5-2）。あわせて次にみるように日系1次サプライヤーの外注拡大は，地場系サプライヤーの参入も促した。

さらに1980年代後半から1990年代にかけて多くの日系サプライヤーはJIT（Just In Time）に典型的な生産管理システムを基礎付ける5S活動を徹底した。[13]この時期のサプライヤーが5Sに力を入れた理由は進出してからまだ日の浅いサプライヤーが多かったため，タイの操業環境が工程管理や品質管理のための改善活動以前のレベルであったからである。例えば，日本人駐在員が注意しなければ工場やラインが汚れてもそのまま放置したり部材を地べたに直接置いたり鋼材を雨ざらしにして錆びさせてしまったり，労働者がライン脇でたばこを吸う，という状況であった。

---

[12]　なお1990年代半ばまでにクラッチや計器類などのサプライヤーが単独で進出を果たしたため，1980年代にAAPが行ったような各種機能部品の組立はそうした個別サプライヤーに移管された。そのためAAPは鋳造工程を要する部品の生産に特化していった（『日経産業新聞』，1987年2月16日）。

[13]　本節終わりまでの内容はタイにおける企業調査（2004年2－3月；2004年9月；2007年3月）に基づいている。なお5S活動とは，整理，整頓，清掃，清潔，躾の5つからなる操業環境，治工具，設備，部品などを対象とする活動であり，予防保全や品質管理に対して直接・間接の効果がある活動とされる（藤本，2001，pp.271-272）。

各企業は5Sという生産管理の基礎の確立に加え，品質向上に向けて工程内での作りこみを徹底した。あわせて人件費の安さを活かして労働者の大量投入による全数検査を実施した。もちろん安い人件費であっても過剰に労働者を雇うことはなく，労働者の複数台持ちやお金のかけないラインの自動化による省人化が進められ，常にコスト削減や品質改善が図られた。これらはこの時期に端緒を開いたが，本格化したのは1990年代後半以後であった。納入に関しては納期の厳守が必須であったが，看板方式ではなく時間納入であることが多かった。

　こうした日系サプライヤーの自助努力に加え，日系企業の日本本社による支援として，タイ人ワーカーの研修受入や日本本社からの技術者の派遣が行われた。また日系完成車企業もサプライヤーの工場への立ち入り検査や工程チェックを随時行い，品質管理やコスト管理などの改善を定期的に促した。

　以上から，日系サプライヤーによるもの造りの組織能力の構築は主にルーチン的なもの造り能力であり，生産段階における品質を保証する能力とタイムリーな納入を保障する能力であったといえる。またルーチン的な活動に終始するだけでなく，各企業は改善能力の構築にも努めた。ただし，各サプライヤーとも原価低減努力やVA/VE活動にはまだ本格的に取り組んでいなかった。なぜなら，こうしたことを可能とする改善能力についてはタイの生産現場における蓄積が未だ不十分であったからである。

（3）　地場系サプライヤー——参入増大

　政府の規制により現地調達率の向上に迫られていた日系完成車企業は，この時期取引のなかった地場系サプライヤーからの調達も開始した（『日経産業新聞』，1992年6月24日）。また日系サプライヤーの進出増大は地場系サプライヤーに対する外注の増大を引き起こした。すなわち，1980年代後半以降の地場系サプライヤーは新規取引機会を増大させるとともに，その生産規模を拡大させた。ただし，地場系企業の主要市場は前段階から引き続いてOEMではなく補修市場であった。

　地場系サプライヤーが日系完成車企業に納入した部品は小型プレスや樹脂，

鋳造などの工程を含むものであり，日系サプライヤーに対する納入部品も同様であった[14]。これら労働集約的な工程は，日系企業が輸入したり内製するよりも地場系サプライヤーから調達するほうがコスト的に優れていたからである。

こうして1980年代後半以降，地場系サプライヤーは日系企業との取引を通じた学習の内容を多様化させるとともに場の数を増大させることができた。そのため，この時期，日系企業と取引のあった地場系企業はもの造り能力の構築を進めることができた。一部地場系サプライヤーは金型の内製化も進めた（東，2006，p. 262）。

3　産業形成に対する政策の影響

1980年代後半から1990年代半ばにおけるタイオートバイ産業に特に大きな影響を及ぼした政策として次の2つを挙げる。第1に，現地調達率規制による産業の高度化政策である。この時期，現地調達率規制の対象はエンジン部品に特定された（表5-3）。なぜなら，この時期の日系完成車企業の現地調達率（部品点数換算）は75％程度に達し，それ以上の現地調達率の向上を促すにはエンジン部品の現地調達が必要であったからである。これを受け日系完成車企業はエンジン部品サプライヤーに対する進出要請を行った。これは，1980年代後半以後の機能部品サプライヤーの大量進出につながった（表5-2）。

第2に，進出外資系企業に対する優遇政策の採用である。タイ政府は直接的な保護育成策を採る一方で，1990年代に入ると自由貿易主義も段階的に強めていった（表5-3）。具体的には，1990年に機械類の関税，1992年に自動車生産用原材料の関税の引き下げをタイ政府は認めた。1993年には外資出資比率規制の撤廃を決定し，以後外資100％の会社設立を認めた。また輸出振興策としてBOIは，1993年，輸出志向型プロジェクトに対し認可基準の緩和や法人所得税の免除，輸入関税の減免といった優遇措置を与え，多くの進出日系企業が恩典を享受した。こうした恩典が1990年代に付与されたことも同時期の日系企業

---

[14] タイにおける日系企業の調査（2004年2月，9月；2007年3月）より。

表5-3 タイオートバイ産業における政策概要（1986年から1997年）

	販売市場向け	製造企業向け	海外直接投資一般向け
1986		BOIにより150cc以下のエンジン国産化が投資奨励事業に	
1989		エンジン部品に限定した現地調達規制	
1990			工作機械類の関税引き下げ
1992	ヘルメットの着用義務化		自動車生産用原材料の輸入関税の引き下げ
1993	安全基準と排気ガス規制の開始	エンジン部品の現地調達率の引き上げ 完成車組立事業への参入規制の撤廃	外資出資比率規制の撤廃 輸出志向型投資プロジェクトへの優遇措置の導入
1996	完成車輸入の自由化	4ストロークの生産投資奨励の開始	
1997		150cc以下オートバイの現地調達規制の撤廃	

（出所）アジア経済研究所編（各年版），Nattapol（2002），横山（2002），東（2006），日経産業新聞，*The Bangkok Post* を参照して，筆者作成。

の大量進出の一因となったと考えられる。

4 市場拡大と能力構築競争のインタラクション

本章で検討した1986年から1997年におけるタイオートバイ産業では，市場拡大が各企業の生産能力の拡充をもたらし，完成車および主要機能部品の輸入代替を進展させた。これは市場拡大が企業の成長をもたらしたという一方的なベクトルではなく，市場拡大と企業の能力構築（表5-4）とが相互に補完しあったことが大きく作用した。すなわち，1960年代に完成車の輸入代替から始まったタイオートバイ産業は市場の拡大と企業の能力構築を背景に，1990年代半ばまでに1次サプライヤー群の形成が大きく進展し，完成車企業が直接調達する部品の輸入代替をほぼ完了するまでに成長した。この具体的成果として本章の議論から次の2点を挙げられる。

第5章 タイオートバイ産業の形成（1986年から1997年）

表5-4 各企業（群）の能力構築の内実（1986年から1997年）

	日系完成車企業	日系サプライヤー（群）	地場系サプライヤー（群）
表層の競争力	市場ニーズを汲んだ新モデル投入 新市場の開拓（国内・海外） 現地調達化による品質向上・コスト削減・納期短縮 国産化政策への対応	多様な部品の供給 品質保証能力 完成車企業の現地調達率向上 完成車企業の品質要求への対応 安定した納入と納期短縮	低コスト（補修部品がメイン。OEMは小型プレス・樹脂・鋳造工程を含む部材のみ） 取引先の拡大（2次下請け）
深層の競争力	生産規模の拡大 外製拡大（形成完了した1次サプライヤー群の活用。完成車組立とエンジン部品生産へ特化） マーケットインの実施 現地調達率75％超（価格換算）	生産規模の拡大 現地調達率の向上 一貫生産体制の確立 5Sの徹底 工程内作りこみ体制構築 日本研修へのワーカー派遣	生産規模の拡大 日系企業との取引を通じた学習の場の活用 一部金型の内製化
もの造りの組織能力	ルーチン的なもの造り能力と改善能力の構築 一部能力構築能力の構築に着手	ルーチン的なもの造り能力構築 改善能力構築に着手	ルーチン的なもの造り能力の構築 ごく一部改善能力構築に着手

（出所）筆者作成

　第1に，現地調達率の向上である。この時期に1次サプライヤー群の形成が進展したことにより，日系完成車企業は部材をタイで調達できるようになった。例えば，THMは現地調達率（購買価格換算）について1987年には30％未満であったが，1993年65％，94年69％，95年76％，96年79％，と飛躍的に向上した。[15]

　しかしこうした完成車企業の現地調達率の向上の一方で，日系サプライヤーの各部品の現地調達率は概して低かった。例えば，キャブレターの現地調達率（キャブレターを生産するサプライヤーがキャブレターを生産するに当たっての現地調達率）は42％（1994年）であり，緩衝器は47％（1994年），スターターモータは約30％（1996年）であった（『日経産業新聞』，1994年2月7日；同年5月16日；1996年11月21日）。それゆえタイオートバイ産業全体として完成車生産の増大に伴って部品輸入量も増大した（表5-1）。ただし，日系サプライヤーのもの造り

---

[15] THM購買担当者とのメールでの質疑応答（2004年11月）より。ただし1987年の現地調達率は『日刊工業新聞』（1988年9月2日）を参照。

の組織能力は限定的ではあったが，その評価は高いものであったことには注意が必要である（国際協力事業団，1995: 6-2-7）。

　第2に，完成車輸出の増大である（表5-1）。例えば，ホンダとサプライヤー群の努力により生産されたDreamは1988年に日本にも輸出された。このことはDreamが成熟市場とされる日本に輸出が可能なほどの高い製品レベルに達していたことを示している。またDreamはインドネシアやマレーシアなどの東南アジア各国でも展開され大人気となった。

　以上を踏まえ，本章は，1986年から1997年にかけてのタイオートバイ産業では企業の能力構築行動と競争行動の相互作用が強く生じたこと，そして，それゆえ，産業全体の発展がもたらされたこと，を結論として挙げることができる。

第6章

タイオートバイ産業の変動（1990年代後半）
—— 産業形成のターニングポイント ——

　本章は，アジア通貨危機をひとつの契機として変動期に入った1990年代後半におけるタイオートバイ産業のありようについて，企業行動と企業間分業関係の観点から明らかにする。本章で検討する1990年代後半は，1980年代後半以降右肩上がりであった国内市場が急激に縮小し，直接的な保護育成政策の解除という自由化が実施された，タイオートバイ産業のターニングポイントにあたる。

　1990年代半ばまでのタイオートバイ産業は，国内市場の輸入代替を目的に外資である日系企業が産業形成を主導してきたことが大きな特徴であった。特に，1980年代後半から1990年代半ばにかけての国内市場の成長は著しいものであった。こうした市場拡大と共に日系サプライヤーの進出が増大し，1次サプライヤー群の形成はほぼ完了した。量的拡大に加えて，各日系企業は能力構築に励み，ルーチン的なもの造りの組織能力の基礎を確立した。しかし，1997年にアジア通貨危機が生じるとピーク時の約3分の1に国内市場は縮小し，市場ニーズの変化も決定的となった。

　またタイオートバイ産業では1990年代半ばまで政府による直接的な保護・育成策が採られていた。しかし，産業形成の進展と国際的な自由貿易傾向の強まりから，1996年に完成車輸入の自由化が行われ，1997年に（小型）オートバイに関する現地調達率規制が撤廃された。すなわち，アジア通貨危機を経て，保護・育成政策から自由政策への転換が決定的となった（末廣・東，2000，pp. 46-48）。

　このように国内市場が縮小し，あわせて直接的な保護政策が解除されるという環境において，日系企業が主導してきたタイオートバイ産業のありようはどのようなものであったのだろうか。国内市場の輸入代替を目的に進出した日系

企業は，市場縮小を受けて撤退したのだろうか。また政策的な保護が撤廃されたことによって企業行動には何らかの変化が生じたのだろうか。タイにおける日系企業は従来からの現地調達化志向を改め，国際調達などを図ることはなかったのだろうか。

そこで本章では，第1章のサーベイにより先行研究の不備が明らかである上述の問題意識を明らかにすべく議論を進めていく。こうした本章の議論から，日系企業にとってのタイにおける活動が短期的で一過性のものであったのか，それとも長期的戦略に基づく現地志向のものであったのか，という点に関する示唆を得ることができると考える。これは日系企業が産業形成を主導するタイオートバイ産業の安定性を考慮するうえで重要な示唆であるだろう。また，保護育成政策が解除されたこの時期のタイオートバイ産業における企業行動は，自由化の傾向がより一層強まり，国際環境の変動の影響をより大きく被るようになった今日の途上国産業の発展を考察するに当たってのひとつの有効な材料ともなると考える。

本章の構成は次のとおりである。1節でタイ国内における市場競争の動向を確認する。2節で市場の変化に対応した各企業の能力構築行動について検討する。3節で政策の評価を行う。4節で本章のまとめを行う。

1　市場競争の動向

1990年代後半の販売市場の特徴は次の2点である。第1に，タイ国内市場におけるオートバイ販売台数の激減である。タイ国内市場は最盛期には146万台（1995年）にまで拡大した（表6-1）。しかし1997年にアジア通貨危機が生じると，1997年91万台（前年比26％ダウン），1998年52万台（前年比58％ダウン），と最盛期の約3分の1に市場は縮小した。市場全体の縮小に伴い各企業とも販売台数を減少させ，特にサイアムヤマハ（Siam Yamaha；以後，SYと略する），スズキの凋落が著しかった（表6-2）。一方，ホンダは縮小する市場の中で健闘し，販売シェアを50％台後半から70％以上に引き上げた。

タイ国内市場におけるオートバイ販売台数の急落の要因は，ローン販売制度

第6章 タイオートバイ産業の変動（1990年代後半）

表6-1 タイオートバイ産業とタイホンダの製販動向（1995年から2000年）

	タイ全体									タイホンダ(THM)	
	販売台数	生産台数	一人当たりGDP (USD)	進出日系企業数		輸入金額 (1000THB)		輸出金額 (1000THB)		生産台数	輸出台数
				単年	累積	完成車	部品	完成車	部品		
1995	1,464,942	1,600,000	2,825	8	56	12,229	8,988,310	3,723,625	997,751	728,000	-
1996	1,236,143	1,437,794	3,038	10	66	41,129	6,058,944	4,209,235	991,701	703,800	177,635
1997	910,647	1,079,544	2,496	8	74	48,684	1,876,493	4,698,245	2,645,675	543,900	137,055
1998	526,845	600,497	1,829	2	76	12,461	2,084,327	4,656,699	6,668,741	371,460	244,546
1999	604,012	846,426	1,985	2	78	6,661	1,806,561	5,015,007	6,072,972	445,840	283,322
2000	783,678	852,580	1,967	1	79	9,818	2,350,019	4,587,386	7,499,602	595,600	237,607

(注) 1) 進出日系企業数は二輪車部品の生産工程すべてに関わるサプライヤー数ではないが、主要な1次サプライヤーは網羅している。そのためこの数字は日系サプライヤーの進出傾向を示していると考えられる。またタイへの進出日系サプライヤーで撤退したサプライヤーは少ないため、この総数に撤退数は考慮されていない。
2) 輸入に関してはCIF価格、輸出に関してはFOB価格による換算であり、単位は1000タイバーツ（THB）である。
3) THMの輸出台数とは完成車と部品の合計であり、完成車台数に換算されたものを表す。

(出所) タイ全体の輸入台数、販売台数、生産台数は『世界二輪車概況』（各年版）より。一人当たりGDP（名目）に関してはIMF "World Economic Outlook" のデータベースを参照。進出サプライヤー数に関しては表4の出所を参照のこと。輸出入額はThai Customs Department, 各年版およびWorld Trade Atlasより。THMに関しては筆者調査より。

の崩壊であった（末廣, 1998, pp.31-33；遠藤, 1998, p.145）。オートバイのローン販売は1990年代より盛んになり, 90年代の販売台数の増加に強く寄与した。なぜなら, 月賦制度により月々の支払いを低く抑えることができ, 地方を中心とする低所得者層を開拓したからであった。しかし, アジア通貨危機により, ファイナンス企業の多くが倒産し, こうしたローン販売制度が崩壊した。そのためオートバイの販売形態は全額一括払いのみとなり, 低所得者層の購入は激減した。ローン販売制度の崩壊が販売動向に与えた影響の大きさは次の2点からも分かる。ひとつは一人当たりGDPの減少率（ピーク時の1996年3037ドルから1999年には1828ドルと40％減少；表6-1）より, 販売市場の縮小率（ピーク時の1995年の146万台から1998年には52万台と64％減少；表6-1）のほうが大きかったことである。ひとつは, 一人あたりGDPの減少はバーツが米ドルに対して暴落した中で生じたことである。すなわち, この時期のタイでは必ずしも所得の大幅な減少が生じたわけではなく, それよりも販売制度の崩壊がオートバイの販売動向に大きな影響を与えたといえる（末廣, 1998）。

表 6-2　エンジン方式別および完成車企業別の販売シェア（1995年から2000年）

	エンジン方式別販売シェア(%)		完成車企業別販売シェア（%）			
	4スト	2スト	ホンダ	ヤマハ(SY)	スズキ	カワサキ
1995	14	86	43	25	24	7
1996	18	82	51	23	19	7
1997	26	74	58	22	14	6
1998	45	55	69	15	11	5
1999	52	48	71	14	12	4
2000	70	30	71	11	14	2

（出所）　筆者調査に基づく。

　第2に，販売市場における主要エンジン方式の変化である（表6-2）。タイ国内市場におけるエンジン方式による販売動向は，この時期，2ストローク（以下，2スト）の販売台数が大幅に減少した一方で，4ストローク（以下，4スト）の販売シェアは拡大した[1]。そして1999年には4ストが31.1万台（52%），2ストが28.7万台（48%）と両者の販売台数とシェアは逆転した。エンジン方式に関する販売シェアの変化は，先に見た完成車企業の販売シェアの変化と大きく関係していた（表6-2）。エンジン方式に直結するオートバイ性能に対する市場ニーズの変化に対して，ホンダは迅速に対応し，販売モデルの中心を4ストモデルに戻した（『ホンダスーパーカブファイル』，2002，p.119）。

　ホンダは1997年にC100EXをベースとしたWaveシリーズの初代モデル「Wave100」を新規に投入し，1990年代半ば以降に本格化した4ストモデルの人気を不動のものとした。さらにホンダは1980年代後半に投入して以降何度もモデルチェンジを行ってきたDreamシリーズとして，1998年に新モデル「Dream Excess」を投入した。Waveシリーズ，Dreamシリーズともエンジンは日本のスーパーカブとほぼ同じ規格であるC100EXをベースとしていた。しかし，両者は外観に代表されるデザイン面で異なった。Waveシリーズは樹

---

[1]　2ストエンジンは構造がシンプルで加速に優れたが燃費が悪く環境負荷が大きく，4ストエンジンは燃費がよく排ガスもクリーンであったが構造が複雑で加速が2ストに劣る，という特徴を有する。

第6章　タイオートバイ産業の変動（1990年代後半）

脂で覆われている箇所が多く流線的でスポーティなイメージを与えるのに対して，Dreamシリーズは日本のスーパーカブの外観に類似したオーソドックスなものであった。またWave100, Dream Excessはともに政府の厳しい環境規制に対応するモデルであった。

Waveシリーズに加え，1998年，ホンダは斬新なデザインで人気を集めた2ストモデルのNovaシリーズを4ストエンジンに変更した「Nice」を投入した。Niceのエンジンは4スト97ccでハイパフォーマンスながら，経済性と高い環境性能を備えていた（『ホンダスーパーカブファイル』，2002, p.118）。さらにNovaシリーズには2ストモデルの後継として，「Smile」も1999年に投入された。このようにホンダはこの時期，4ストと2ストの両エンジン方式で新モデルを投入した。

一方，SY, スズキは需要ニーズの変化への対応が遅れ，4ストモデルの市場投入をこの時期に行うことができなかった（理由は後述）。その結果，4ストモデルの販売増大に比例して，ホンダが販売シェアを伸ばし，SY, スズキは販売シェアを下落させた（表6-2）。

この時期エンジン方式に関する販売動向が変化した主な要因は次の2点である。第1に，タイでは1993年より排ガスの規制が行われていたが，この時期，それが段階を踏んで厳格化したことである（Nattapol, 2002）。なぜなら，1990年代以降のタイでは，登録オートバイ台数の増大に伴い環境問題が悪化し，特にオートバイが集中する都市部でそれが顕在化したからであった。第2に，通貨危機によって消費者ニーズに変化が生じたことである[2]。というのは，通貨危機による経済悪化とガソリン価格高騰によって，消費者のオートバイに対する燃費意識が向上したからであった。

以上，2ストオートバイの需要は減少し，一方で4ストオートバイの需要が拡大した（表6-2）。その結果，ホンダは販売シェアを拡大し，SY, スズキは販売シェアを落とした。こうしてこの時期従来からタイオートバイ産業の販売市場で繰り広げられてきたエンジン方式を巡る競争フェーズは，2ストか4ス

---

[2]　日系企業での聞き取り調査（2003年3-4月，2004年2-3月，9月）より。

トかという差別化競争から4ストモデルを巡る同質的競争へと移行した。

　この結果，1990年代半ばまでの各企業戦略と行動がこの時期の販売動向に顕在化した。ホンダは，1980年代以降，独自モデルの投入やマーケットインにより常に差別化を図り，2ストだけでなく4ストモデルの開発，生産，販売を行ってきた。1990年代後半のこの時期になるとこうした製品差別化戦略が奏功し，ホンダは市場シェアを拡大させることができた。そのため，タイオートバイ販売市場そのものの影響は大きかったものの，他社からのシェアを奪うことで販売台数の縮小は最低限に抑えられた。こうして，ホンダは2000年までに通貨危機前の販売台数レベルにまで戻すこととなり，それ以後のタイオートバイ産業において一人勝ちの様相を呈するようになった。

　一方，SY，スズキは，2ストモデルに依存し，同質的競争フェーズに安住していた。そのため，SY，スズキは，市場における4ストへシフトというニーズの変化に対応できず，販売シェアを落とすこととなった。両社にとって，1990年代後半のこの時期，市場規模そのものの縮小に加え，縮小した市場における販売シェアの縮小という二重のマイナスを被ることとなった。その結果，2000年になっても通貨危機前の販売台数のおよそ半分以下のレベルに低迷した。

2　企業の能力構築行動

　この時期，タイオートバイ産業は国内需要の減少を受け，各企業は一気に苦境に陥り，輸出に活路を見出そうとした。なぜなら，各社とも1990年代半ばまでの急成長を受けた積極的な需要予測に基づく生産計画により大規模な設備投資を行った後に，販売が停滞し稼働率が大幅に低下したからである。

（1）　日系完成車企業——研究開発機能の強化と4ストへの対応
（1）　生産と輸出入の概要

　この時期のタイ全体の完成車生産台数は，1997年が107万台（前年比25％減），1998年が60万台（前年比45％減），と販売台数同様に大幅に減少した（表6-1）。ホンダは，1997年に54万台（前年比23％減），1998年に37万台（前年比32％減）

の完成車を生産した（表6-1）。SYもこの時期およそ前年比75％減となるような大幅な生産縮小となった（ヤマ発プロ，2005, p.300）。

こうした国内市場縮小に伴う生産台数減少の一方，稼働率を維持するため，日系完成車企業は1990年代から増大した完成車輸出を維持した（表6-1）。輸出は完成車に加え部品も行われ，1998年には部品輸出額が完成車輸出額を上回った。部品輸出の形態は，完成車企業が輸出主体となる場合，多くはKD（Knock Down）部品セットであり，ベトナムやインドネシア，日本の各完成車企業の生産拠点に向けて輸出された。その結果，1997年に初めて部品輸出額が輸入額を上回った（表6-1）。

(2) ホンダ――研究開発機能の強化

本書第4章，第5章で検討したように，ホンダは従来から4ストモデルの生産を行っていた。またホンダはタイだけでなく日本でも小型排気量の4ストエンジンを採用してきた。そのため生産，販売の主軸を2ストから4ストに迅速に切り替えることができ，市場ニーズの変化を販売拡大の契機とすることができた。

4ストへのシフトを迅速に行うことができたホンダは，次のステップとして研究開発拠点であるHonda R&D Southeast Asia（HRS-T）を1997年に設立した。HRS-Tは，タイ市場により一層適応することを目的に，市場調査やカラーリングチェンジなどのデザイン，モックアップモデル製作などの機能を有した。HRS-Tの研究開発機能は限定的であったが，調査が主体であった従来の研究開発機能に比べ，HRS-Tの設立によってデザインからタイで行えるようになった意義は大きいものであった。実際，HRS-T は既述のホンダのシェア拡大に貢献した「Nice」や「Smile」といった新モデルの投入に大きく貢献した。このように魅力的な新モデルを抱えていたホンダは，1997年に12万台，1998年に24万台と完成車輸出もこの時期から増大させた（『世界二輪車概況』，2002）。

---

(3) タイの日系完成車企業および日系サプライヤーでの聞き取り調査（2003年4月：2004年9月）より。
(4) Asian Honda Motor（AHM）のHPを参照（http://asianhonda.com: 2004年6月1日閲覧）。

(3) サイアムヤマハ (SY) —— 4ストモデルの生産システム確立に向けた努力

前章までの議論で明らかなように，SYは1990年代半ばに入ってもタイでは2ストモデルの生産に特化してきた。さらにタイだけなく日本でも，ヤマハは125ccという小排気量モデルに関しては，4ストエンジンの開発生産を十分に行ってこなかった。そのため，ヤマハの4ストモデルの開発生産に関する後発劣位は明白で大きなものであり，迅速に市場ニーズの変化に対応することができなかった[5]。その結果，SYは以下にみるような大幅な製品革新とそれに伴う生産工程上の工程革新・改善の実行を，この時期に同時に迫られ，その対応に終始することとなった（ヤマ発プロ，2005，pp. 299-300）。そのためヤマハの日本本社では，小型排気量の4ストモデルの開発が進められた。あわせてタイ拠点における生産の現場でも4ストへのシフトを行う各種努力が重ねられた。

単純な構造で部品点数の少なかった2ストモデルから複雑な構造で部品点数の多い4ストモデルへとシフトする際のヤマハの生産上の課題は，新たに生じた必要な部品の製品開発，およびそのための新たな生産設備の確立，そして品質とコストを一定水準に保ちながら量産体制を築くことであった[6]。完成車企業の内製部品に関する生産設備で，2ストと4スト間で共有できたものはほとんどなく，鋳造部品を中心に新たに4スト部品専用生産設備が必要になった（**表6-3**）。またSYにとってエンジン方式のシフトは金型を日本から輸入し，新しい生産設備を導入すれば生産できるようになるという容易なものではなかった。さらに異なる生産設備を用いて異なる部品を生産する作業内容は2ストと4ストでは異なり，技術的な制約が数多く存在した。その上，一定レベルの品質，コストのもとで継続して安定生産することが当然求められたためその制約はより厳しくなった。こうした制約は，加工段階，組立段階，検査工程という各生産工程，生産フロアという操業環境，ワーカーの教育と多方面に生じた（**表**

---

[5] スズキについては調査を行っていないためその詳細は必ずしも明らかではない。しかし，ヤマハと同様日本では小型オートバイについては2ストに特化しており，タイでも2ストオートバイの生産，販売に特化していた。また4ストオートバイをこの時期タイ市場に投入することができなかった。こうしたことから，この時期のスズキにおいても本書で示すようなサイアムヤマハと同様の取り組みが行われていたものと考えられる。

[6] ヤマハ本社での聞き取り調査（2006年10月）に基づく。以下の本項目の記述も同様。

第6章　タイオートバイ産業の変動（1990年代後半）

表6-3　4スト専用部品の内外製区分と2スト生産設備との共有性

4スト専用部品			内外製区分	2スト生産設備との共有性
エンジン部品	シリンダー系	ヘッドシリンダ	◎	×（鋳造）
		カムシャフト	◎	×
		ボディシリンダ	◎	×（鋳造）
		カムチェーン	●	
		クランクケース	◎	○（鋳造・機械加工）
		ギア	◎	○
	動弁系	バルブ	●	×
		コッター	●	×
	排気系	マフラー	●	×
	潤滑系	オイルクリーナ	●	×
		エレメント	●	×
駆動部品		ギア（ドライブ・ドリブン）	●	

（注）　内外製区分の◎は完成車企業による内製，●はサプライヤーによる外製・特注を示す。共有性の○は2スト部品の生産設備と共有可能なもの，×は2スト部品の生産設備と共有不可能なもの，を示す。
（出所）　筆者調査に基づく。

6-4）。それゆえ，2ストから4ストへのシフトは，生産工程の管理ポイントの変更も促した。このように，SYは4ストモデルの投入に向けて，2ストで培ってきたもの造りの組織能力を4スト生産のために適応させ，新たな組織能力を構築する必要があった。なお，投資余力が不十分であったこともSYが4ストへの対応が遅れた大きな要因であった。なぜなら，アジア通貨危機によってSYにおけるヤマハの合弁相手KPNグループが債務不履行に陥ったからである（Research Institute for Asia and the Pacific, 2000）。

　以上の課題をクリアできなかったため，SYはこの時期に4ストの新モデルを投入できず，ホンダの独走を許すこととなった。しかしヤマハはこの時期一貫して日本本社での4ストモデルと生産設備の開発およびSYの生産現場での漸進的な改善努力を行い，例えば，加工精度の向上に向けたワーカーの技術水準の引き上げ，加工工程の付加や複雑化に対応するための新たな作業ルーチンの考案と実践，エンジン部品加工工程のクリーンルーム化に取り組んだ。こうして，ヤマハは表6-4に示すような課題への対応策を見出していった。その結

表6-4　2ストから4ストへのエンジン方式切り替えに伴う生産体制の課題と対応

	課題	主な対応と内容
加工工程	オイル循環経路の確保	①加工内容の増大（Ex. 部品洗浄，洗浄用研磨剤の残留検査） ②加工内容の精緻化（Ex. 目視不可の箇所に穴を開けること）
組立工程	作業の精緻化	①組み付け部品の増大 ②組み付け順序の厳正化
検査工程	作業の精緻化	①検査内容の増大（Ex. カムシャフトのプロフィールチェック） ②検査内容の厳正化（Ex. バルブの角度検査）
作業環境	環境のクリーン化	エンジン生産スペースを隔離し埃を遮断
ワーカー	4スト生産への順応	2スト生産30年の経験の活用と脱却

（出所）　筆者調査に基づく

果，2000年以降，ヤマハは4ストモデルを本格的に市場に投入していくことになった。

（2）　日系サプライヤー群——部品輸出本格化・取引先多角化・競争環境の激化

　タイオートバイ産業では市場の拡大を伴いながら，裾野が広がりサプライヤー群が形成されていった。さらに市場が拡大し現地生産品目や工程が増大するに従い，完成車企業とサプライヤー（群）との取引の密度や連動性が高まった。ただし，この時期，日系サプライヤーの進出は，通貨危機を契機とした生産台数の減少と市場の混乱により，ほとんどみられなかった。このことは通貨危機による市場縮小の影響もあったが，主要な（1次）サプライヤーは1990年代半ばまでに進出を果たしていたという側面もあった。これはタイに進出した日系サプライヤーの数が，1964年から1996年までに66社，1997年から1999年に12社（うち1997年のみで8社），2000年以降が4社となっていることからも明らかであるだろう。[7] ちなみにこの時期に進出した主な日系サプライヤーはバルブやエンジンチェーン，ボルトなど機械加工や表面処理などの工程を含む一貫生産工程を擁すことが多かった。また，1990年代半ばまでに既進出のサプライヤーが能力拡張に向けた投資をこの時期に積極的に行うこともなかった。[8] すなわち，

---

[7]　タイへの日系企業の進出数は『週刊東洋経済臨時増刊　海外進出企業総覧（国別編）』（2006），各社有価証券報告書，ホームページ，筆者調査に基づいている。

第6章　タイオートバイ産業の変動（1990年代後半）

1997年以降の数年間，タイオートバイ産業では量的拡大が一時停止することとなった。しかし，以下に検討するように，既進出の各サプライヤーが無為にこの時期を過ごしていたわけではなかった。

(1) 輸出の拡大

日系サプライヤーは，アジア通貨危機による国内需要の減少に対し，輸出を拡大させた。輸出の形態は前述のように完成車企業が輸出主体となって各部品を取りまとめて，KD部品セットに一括して輸出を行う場合が大部分であった。このほか，サプライヤーの日本本社がタイ子会社から部品を輸入することもあった。これは通貨危機によるタイ拠点の稼働率低下に対する本社の支援，という意味合いもあった（『日経産業新聞』，1997年11月4日；1998年11月10日）。この他，日本本社の支援として，稼働率が低下して遊休していたワーカーをタイから受け入れることもあった。また世界各国に子会社を設立しグローバルな生産ネットワークを構築していた一部サプライヤーは，各生産拠点にタイから部品を直接輸出することでタイ工場の稼働率を引き上げた。

(2) 取引先の拡大

日系サプライヤーの新規取引先は，オートバイ以外の産業に属する企業であった。日系サプライヤーはこの時期に輸出志向を強めた自動車・家電関連企業との取引の開始，拡大を図った（ユニコインターナショナル，1999）。こうした取引先の拡大は，オートバイサプライヤーの技術的能力の高さや汎用性の高さを示していると考えられるだろう。

なお，タイオートバイ産業における完成車企業とサプライヤーの企業間分業関係は，基本的に，日本での取引関係に基づく長期継続的な関係であった。ただし，この時期の需要縮小に伴い，従来取引のなかった完成車企業と新たな取引を志向したサプライヤーも存在した。また完成車企業が外注する部品の中で

---

(8) タイの日系サプライヤーでの聞き取り調査（2003年4月；2004年9月）より。
(9) 以下，本段落の記述は注8と同様の聞き取り調査に基づいている。なおサプライヤーによる輸出の増大のひとつの結果として，表6-1に示されているように，タイからの部品輸出の増大が挙げられるだろう。
(10) 日本およびタイでの完成車企業・サプライヤーでの聞き取り調査（2003年3‐4月，2003年12月，2004年2‐3月，2004年9月）に基づく。以下の本段落の記述も同様。

承認図による取引はタイヤやバッテリーなど一部部品に限られ，多くは貸与図による取引であった[11]。

(3) 市場ニーズ転換の影響

この時期に2ストから4ストへと市場ニーズが転換したことはサプライヤーに必ずしも大きな影響を与えなかった。理由は主に次の2つである[12]。第1に，2ストと4ストで共有できないシリンダー系部品の大部分は完成車企業自身が内製し，サプライヤーが生産していなかったからである（表6-3）。第2に，2ストと4ストで共有できず完成車企業が外注していた動弁系エンジン部品については，当該部品サプライヤーが元々ホンダ向けに4スト部品を生産していた実績があり，4スト部品の生産のための設備は従来から整い，経験も蓄積されていたからである。そのため，こうしたサプライヤーはエンジン方式のシフトに当たってSYやスズキのようにゼロから部品を設計し，新規の設備，生産管理に導入していく，という必要はなかった。

ただし，ホンダと取引のなかったサプライヤーは4スト部品の生産経験の蓄積がほとんどなかった[13]。そのため，こうしたサプライヤーにとって市場ニーズの変化の影響は大きなものであった。しかし，こうしたサプライヤーはマフラーやエンジン鋳造部品サプライヤーなど一部でありそのほとんどはヤマハやスズキの資本が入った子会社であった。そこで，これらサプライヤーの市場ニーズの変化に伴う生産部品の切り替えに際して，完成車企業からの指導や協力が密に行われた。例えば，SYがある自社グループサプライヤーにマフラーを外注する際，4スト向けマフラーでは2ストで必要のなかった内面塗装を行う必要があった。そのため，1990年代後半の開発段階から，両社の日本本社同士も交えながら，当該サプライヤーは生産品目のシフトに伴う各種生産管理ポイントやその実践方法を習得した。

---

[11] 完成車企業とサプライヤーの境界を貸与図と承認図という設計機能による区分は浅沼（1997）に従った。
[12] ヤマハ本社での聞き取り（2006年10月）に基づく。
[13] ヤマハ本社での聞き取り（2006年10月）に基づく。以下の本段落の記述も同様。

(4) 競争環境の激化

　タイへの進出日系企業数が60社を超えたことや1990年代半ばまでにタイの日系完成車企業が現地調達率を75％以上まで向上させたことに顕在化しているように，1990年代半ばまでで（1次）サプライヤー群の形成はほぼ完了していたと考えられる。基本的にタイオートバイ産業では，1つの部材に関して競合することが少なかったため，完成車企業からの受注を巡る1次サプライヤー間の競争は必ずしも厳しいものではなかった。しかし，完成車企業の「見える手による競争」は厳しく，サプライヤーは完成車企業のQCD（Quality/Cost/Delivery）に関する厳しい要求に対応する必要があった[14]。さらにこの時期に完成車企業経由の部品輸出が増大したことに伴い，品質向上や輸出先への仕様変更が完成車企業からサプライヤーに対して求められた。というのも，輸出先は東南アジア域内に加えて，ヨーロッパなど顧客の要求する製品機能レベルが相対的に高い地域も含まれたからであった。

　またこの時期，国内市場の縮小により量的拡大の必要性が当座はなくなったため，各企業は生産規模拡大のための積極的投資は行わなかった[15]。しかし，通貨危機によるバーツ暴落に伴い日本からの輸入コストが高騰した結果，量的縮小期にあっても各完成車企業は現地調達を進展させる必要があった。それゆえ各企業とも量的拡大期には見過ごされることもあった細かい点も含んだQCD向上のための漸進的改善活動に対して精力的に取り組んだ。例えば，あるサプライヤーは稼働率の低下により生じた時間を活用して，台車作りや増産対応で煩雑であった生産ラインの整理を進めるなどの改善を図った。さらに多くのサプライヤーでは稼働率の低下により発生した余剰人員を日本に研修に送り，リーダーとなるような人材を育てた。

---

[14] 日本およびタイでの完成車企業・サプライヤーでの聞き取り調査（2003年3‐4月，2003年12月，2004年2‐3月，2004年9月）に基づく。以下の本段落の記述も同様。なお「見える手による競争」とは発注側である完成車企業によるサプライヤーの管理の側面が強い競争と定義され，少数者間の有効競争が促進されること，技術進歩のための場が提供されること，というメリットが指摘されている（伊丹，1988，p.144，p.159）。

[15] タイの日系サプライヤーでの聞き取り調査（2003年4月；2004年9月）より。以下本段落の記述も同様。

このように，サプライヤーは完成車企業の厳しい要求を満たすことが従来から必須とされたが，この時期その水準が高まった。この結果，タイオートバイ産業におけるサプライヤーの競争環境は，1990年代後半以降，日本と同等の厳しさになった[16]。ただし多くのサプライヤーは研究開発機能を現地化する前であった。それゆえ，この時期の日系サプライヤーの多くは日々の操業におけるルーチン的な改善活動に基づいたQCDレベルの向上を志向し，完成車企業の厳しい要求に対応した。

(3) 地場系企業群

1980年代後半以降，政府の規制によって現地調達率の向上に迫られていた日系完成車企業は従来取引のなかった地場系サプライヤーからの調達も行うようにもなった（『日経産業新聞』，1992年6月24日）。また1980年代以降の日系サプライヤーの進出増大は，地場系サプライヤーに対する外注の増大を引き起こした。地場系サプライヤーが日系完成車企業に対して納入した部品は，小型プレスや樹脂，鋳造などの工程を含むものであり，日系サプライヤーに対する納入部品も同様であった。1990年代後半の時期になると日系企業と10年以上という長期の取引関係を持つ地場系企業も存在し，中には日系企業の要求する品質水準，コスト水準を満たせる企業も複数あった（東，2006，pp.260-261）。そして，こうした日系企業による厳しい要求へ対応するためには改善能力が不可欠であり，金型や治具の内製化や日本人技術アドバイザーの雇用により，その構築を進めた（東，2006，pp.261-263）。

既存企業の成長の一方で，先に見たとおり，タイでは1990年代半ばまでで1次サプライヤー群の形成はほぼ完了した。そのためこの時期に地場系企業が1次サプライヤーとして新規参入することは少なかった[17]。しかし日系1次サプライヤーの多くが外注を増大させたため，地場系企業は2次サプライヤーとして参入の余地があった。ただし地場系企業と取引が盛んな日系サプライヤーは，

---

[16] タイの日系サプライヤーでの聞き取り調査（2003年4月；2004年9月）より。

[17] タイで地場系企業に対して外注を行う日系企業での聞き取り調査（2003年3月，4月；2004年9月）より。以下の本段落の記述も同様。

クラッチやマフラーなど取り扱い部品点数の多い企業に限られた。こうした日系サプライヤーは，製品機能に直結しない小物プレス部品や樹脂ケース，梱包材などの副資材を地場系企業から調達することが多かった。それ以外に日系サプライヤーが地場系企業に対して外注に出すことの多い工程は，溶接，鋳造など労働集約的で3K（きつい・汚い・危険）的な業務であった。ただし高精度プレスが可能な地場系企業がないため，日本では外注しているプレス工程を内製化しているというサプライヤーもあり，2次サプライヤーとしての地場系企業の技術力は相対的に高いものではなかった。

3　政策変更とその影響

1990年代後半，タイ政府は直接的な保護育成政策を解除した（Nattapol, 2002）。政策変更とその影響は，主に次の3点にまとめられる。第1に，1997年の現地調達化規制の解除によって，日系企業が外注部品について現地調達するだけでなく輸入するという選択肢も得たことである。しかし，ホンダの現地調達率の向上に顕著に表れているように，自由化後も各企業は継続して現地調達化の進展に励んだ。この背景には，海外から輸入するよりもタイで現地調達するほうが品質，コスト，納期の点から優れていたことが挙げられる。一般に，日系企業が海外から輸入する場合，輸入部品が現地調達部品よりも生産コストで20-30％ほど優れていることが要件とされる[18]。それゆえ，タイオートバイ産業では各企業が能力構築に努めた結果，自由化された1990年代後半までに日本や台湾，インドネシアにおける生産拠点との生産コストの格差は20％以内に収まっていたと考えられる。もちろん，アジア通貨危機によるバーツ安によって，輸入コストが高まったことも作用しただろう。しかし，1997年に初めて部品輸出額が輸入額を上回ったことからも明らかなように，タイオートバイ産業のコスト競争力は国際的にも高水準に達していたといえる。その他，納期は現地調達したほうが圧倒的に短く，品質に関しても日々の操業面で完成車企業とサプ

---

[18] 日系企業での聞き取り調査（2003年3‐4月，2004年2‐3月，9月）より。以下の本段落の記述も同様。

ライヤーが近接しているほうが有利であった。それゆえ、タイにおける各企業は1990年代後半のこの時期も現地調達化を進めた。

第2に、1996年の完成車輸入自由化という輸入障壁の解除によって、市場ではタイで生産されたオートバイだけでなく輸入車の販売も可能になったことである。しかし、完成車輸入はあまり増加しなかった（表6-1）。これはタイで生産される完成車の品質、コストの優位性、および完成車の輸出主体が1990年代後半の世界のオートバイ産業ではほとんど存在しなかったこと、が挙げられる。

第3に、1993年に完成車組立事業が自由化されて以降、1997年に初めてカギバ（CAGIVA）という地場系資本主体の完成車企業が新規参入したことである[19]。しかし、カギバは2ストモデルがメインであったこと、日系完成車企業と差別化できなかったこと、などから年間数百台の販売台数に低迷した。かつての日本や1990年代の中国のように数百社の完成車企業が新規参入するという事態は、この時期のタイオートバイ産業では生じることはなかった。

以上、タイオートバイ産業では1990年代後半に政府による保護政策がなくなり国際競争にさらされることになった。しかし、各企業は厳しい市場競争を繰り広げながら更なる能力構築をタイにおいて進めていくこととなった。

4　顕在化した日系企業のタイへの粘着性

本章は1997年から1999年というアジア通貨危機の影響によって拡大基調にあった国内販売市場が急激に縮小し（表6-1）、タイオートバイ産業の量的拡大が停滞した時期を検討した。この時期、エンジン方式を巡る差別化競争と同質的競争が並存したフェーズが終結し、市場競争の焦点であったエンジン方式は4ストへと収斂した（表6-2）。差別化に成功したホンダは他社に先駆けて研究開発機能の現地化を行い、魅力的な新モデルを次々と投入し、販売シェアを拡大し、その後の一人勝ちの状況を確立した。一方、SYは市場ニーズに適応するためのホンダとの同質化に迫られ、新たな生産体制の確立に終始したが、この

---

[19] 日系企業での聞き取り調査（2003年4月）およびカギバ販売店での聞き取り調査（2003年4月）より。

第6章　タイオートバイ産業の変動（1990年代後半）

時期にはそれを完了できなかった。そのため，市場の縮小幅以上に販売シェアを落とした。

　各企業の能力構築行動は量的縮小期においても漸進的に進められた。通貨危機がもたらしたバーツ暴落により日本からの輸入コストが高騰したこともあって，各完成車企業はこの時期さらに現地調達を進展させる必要に迫られた。またサプライヤーも取引先の拡大や日々の操業の改善を通じて，完成車企業のQCDに関する高まる要求に対応した。さらに地場系サプライヤーがこの時期に日系サプライヤーとの取引を増大させた。こうした完成車企業，日系サプライヤー，地場系サプライヤーの競争行動，能力構築行動は企業間分業関係を通じて，タイオートバイ産業全体の競争優位の確立をもたらしたと考えられる。このひとつの成果として，タイオートバイ産業がこの時期にオートバイの構成部品に関する輸入代替をほとんど完了させたことを挙げることができるだろう（表6-1）。またもうひとつの成果として現地調達率の向上も挙げることができるだろう。例えばホンダの現地調達率は，1997年の82％から，1998年89％，1999年92％，と1990年代後半に初めて90％台に達した[20]。この時期に現地調達化したものはバルブやエンジンチェーンなどの重要機能部品であり付加価値が高かったことから，10％程度の現地調達率の高まりではあるが評価に値すると考えられる。

　こうした各企業の競争行動や能力構築行動は政府による保護育成政策が解除された中で行われた。すなわち，日系企業が主導するタイオートバイ産業の形成と発展のあり方は，長期的な企業戦略に基づいた粘着的なものであり，更なる現地調達化と市場ニーズへの対応というように製販両面においてタイに一層適応しようとするものであったと考えられる。日系企業の行動は通貨危機による産業の混乱の収束に寄与したともいえる。それゆえ，1990年代後半のタイオートバイ産業は日系企業の主導による能力構築行動と競争行動によって，競争優位を確立し，2000年以降輸出を本格化させる礎を形成したと結論できる。

---

[20] 現地調達率はタイホンダの購買担当者に対するメールでの聞き取り（2004年11月）に基づく。

第7章

タイオートバイ産業の発展（2000年以降）
――日系企業主導の組織能力構築による途上国産業の競争優位確立――

　本章は，2000年から2008年にみられたタイオートバイ産業の国際的な競争優位の確立のありようについて，企業の競争行動と能力構築行動から明らかにする。1960年代に完成車の輸入代替から開始したタイオートバイ産業は，30年ほどの時間をかけて部品や素材の現地調達化を段階的に進め，1990年代半ばまでに輸入代替をほぼ完了させた。さらに，2000年以降，タイオートバイ産業は完成車および部品の輸出を本格化させた（表7-1）。このようなマクロの統計データに示されるように，2000年以降，タイオートバイ産業は国際的な競争優位を確立したと考えられる。

　近年多くの発展途上国でオートバイ生産は増大したが本格的な輸出を行っている途上国は多くはない。こうした世界の大勢に反し，タイオートバイ産業はなぜ，そして，どのようにして輸出を拡大させることができたのだろうか。これを明らかにするため，本章は輸出拡大の基層にあると思われるタイオートバイ産業の国際的な競争優位の確立のありかたを探ることにする。それゆえ，本章は，市場競争と企業の能力構築行動を通じた国際的な競争優位の確立プロセスを明らかにすることともなる。こうしたことより，本章の議論から，国内市場に特化するという輸入代替型が主流の現在の発展途上国オートバイ産業に対して，国際的な競争優位の確立に向けたひとつの筋道が示されるだろう。

　以上から，本章が扱う2000年から2008年のタイオートバイ産業は発展途上国の産業形成・発展に関して大きな意義を持ちうるといえるだろう。本章の構成は以下のとおりである。1節で販売市場における競争概要とその意義を確認する。2節で，完成車企業，サプライヤーのそれぞれの生産体制と能力構築動向に関して，具体的事例を踏まえながら検討していく。3節で，上記の問題意識

表7-1 タイオートバイ産業の生産・販売・輸出入の概要（2000年以降）

	販売台数	生産台数	一人当たりGDP	輸出金額		
				合計	うちCKD & CBU	うち部品
2000	783,678	1,125,723	1,967	10,790	7,421	3,369
2001	907,100	1,209,995	1,836	12,756	7,833	4,923
2002	1,327,675	1,961,809	1,999	14,014	8,319	5,695
2003	1,766,860	2,378,491	2,229	17,582	8,727	8,855
2004	1,852,321	2,867,295	2,479	29,459	14,007	15,453
2005	2,112,426	2,309,214	2,710	34,927	22,769	12,158
2006	2,040,261	2,075,579	3,166	38,311	24,535	13,776
2007	1,598,613	1,646,873	3,743	42,315	27,298	15,016
2008	1,703,437	1,906,760	4,115	47,136	26,475	20,661

（注）　この時期，タイバーツは1バーツ2.7円―4円を推移した。
（出所）　販売・生産台数，輸出金額（単位：100万タイバーツ）はFederation of Thai Industriesの資料，一人当たりGDP（名目：単位米ドル）はIMF "World Economic Outlook" を参照した。

に対する本章の議論からの示唆を示したい。

1　市場競争の動向

　タイ経済は，1999年以降アジア通貨危機の混乱から回復し景気は上向いた。オートバイの販売台数も1999年以降増加に転じた（表7-1）。その後も日系企業の新モデルの投入効果を一因として，タイの国内販売市場は拡大を続け，2005年のオートバイ販売台数は210万台を超えた。それに伴い，オートバイの生産台数は増大し，2002年にはタイ全体で100万台を，Thai Honda Manufacturing (THM) 1社で100万台を超え，2005年にはタイ全体で230万台に達した（表7-1）。こうしたオートバイ産業の発展に加え，自動車産業の発展も本格化し，オートバイ完成車企業，サプライヤーとも生産規模の拡大を果たしていった。

　政策については，この時期までに産業形成は十分進んだこと，政府が産業に対して直接的な関与を取らなくなっていたことから，産業の動向に直結するようなものは環境規制を除いてはほとんどなかった。2002年，4ストローク（4

スト）オートバイの生産投資奨励が撤廃されたが，これも市場ニーズが４スト へとシフトしたことに各完成車企業とも対応した後だったため，例えば政策撤 廃によって２ストローク（２スト）オートバイの生産が再び活性化するという ことはなかった。ただし，タイ政府はこの時期環境規制をさらに厳格化し，そ れは４ストへのシフトを決定的にするとともに，各企業に対して環境技術の向 上を促すこととなった。

（１）　販売市場の概要

2000年以降のタイ国内オートバイ販売台数は増加の一途を辿った（表7-1）。 通貨危機前の販売台数のピークは1995年の146万台であったが，2003年以降は それを凌ぐ規模にまで成長した。つまり，この時期の販売市場は通貨危機の落 ち込みから回復するだけでなく，これまでにない規模にまで拡大した。

完成車企業別の販売台数は，1999年以降，ホンダが販売シェアの70％以上を 占めるようになった。ホンダに続き，2000年以降，スズキがヤマハを抜いて第 ２位の約15％を占め，第３位のヤマハが10％強のシェアを占めた（**図7-1**）。し かし，2002年以降ヤマハはATモデル（後述）の投入によりシェアを拡大させ， 2004年にはスズキを再度抜いて第２位の販売シェアを回復させた。またこの時 期に初めてタイ地場系完成車企業としてタイガーが勃興したが，その販売シェ アは５％程度と小さなシェアを占めるに過ぎない（後述）。

販売されるオートバイのエンジン方式については，1999年以降，４ストモデ ルの販売台数が２ストモデルの販売台数を上回り，さらに年を経るごとに４ス トが販売台数を伸ばした。その一方で，２ストは販売台数を減少させ，2006年 までにほとんど販売されなくなった。すなわち，エンジン方式を巡る企業間競 争は2000年以前までで大勢は決し，収束したといえる。そして，2000年以降， 次の２点が新たな企業間競争の焦点として浮上した。

（２）　新たな競争の焦点　その１──価格

（1）　価格競争激化の背景

タイオートバイ市場において，エンジン方式に代わり競争の第１の焦点とな

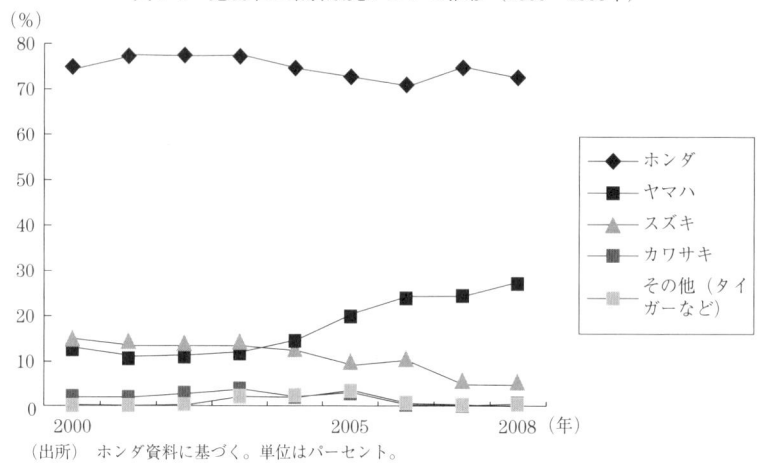

第Ⅱ部　東南アジアオートバイ産業の形成と発展

図7-1　完成車企業別販売シェアの推移（2000～2008年）

（出所）ホンダ資料に基づく。単位はパーセント。

 凡例：ホンダ／ヤマハ／スズキ／カワサキ／その他（タイガーなど）

ったのは価格であった。2000年以降，オートバイ産業では世界各地で価格競争が激化したが，ベトナムにおける中国からの輸入激増とそれに伴う価格競争の激化がそのひとつの契機であった（三嶋，2007a）。こうした価格競争の激化の背景として，中国オートバイ産業が1990年代以降急速に発展し，厳しい国内競争が繰り広げられたことが挙げられる（大原，2001）。この結果，中国におけるオートバイの販売価格は下落し，工場出荷額は250米ドルというきわめて低価格なものが主流となった。[1] そうしたコスト競争力によって，2000年から2001年にかけて中国はベトナムに対して年間100万台を越すオートバイ輸出を果たした。ベトナム市場は，1990年代まで日系ブランドのオートバイによってほとんど独占されていた（三嶋，2007a）。しかし2000年以降大量流入した中国車によって，ベトナムでの販売市場シェアを日系ブランドは奪われた。

　日系完成車企業はこのベトナムでの経験から，価格を引き下げなければ中国車にタイの市場まで奪われてしまうという強い危機感を抱くに至った。2000年の時点ではタイは中国からオートバイ輸入をほとんど行っていなかったが，ベトナムの経験による危機感に動かされる形で，タイにおける日系完成車企業は

---

[1] 中国車の工場出荷額については販売店調査（2002年8月）に基づく。

第7章　タイオートバイ産業の発展（2000年以降）

中国オートバイ産業の動向に先んじて廉価版モデルの開発，生産，販売に取り組んだ。

(2) 販売市場における価格競争の動向

ホンダは，後述するような努力の結果，2002年6月に「Wave100」を販売価格3万バーツ（約680米ドル）という従来の4万バーツ（約963米ドル）よりも30％超の低価格化を実現した新モデルを市場に投入した。さらにホンダは，2003年4月にWave100よりさらに10％の低価格化を実現した「WaveZ」を市場に投入した。また，ホンダだけでなく，スズキも販売価格3万バーツである廉価版モデル「Smash Junior」を2002年10月に投入した（*The Nation*, October 23, 2002）。地場系完成車企業であるタイガーはこれら先立つ2002年初頭に「Smart」を3万バーツで市場に投入していた。

こうして各社とも廉価版モデルを投入し，各々の売れ行きは好調であった（**表7-2**）。Wave100は2003年に約75万台販売されタイ市場で一番の人気モデルとなった。またスズキのSmash Juniorも約12万台販売され，ホンダによって独占されていた上位3モデルの一角に食い込んだ。このように廉価版モデルの投入により，従来オートバイを購入できなかった低所得者層の需要が開拓され，販売市場の裾野が拡大した。その結果，タイオートバイ市場全体が活性化し，販売台数は2000年の約78万台から，2003年には約176万台，2004年以降は200万台以上に達し，この5年で2倍超に成長した（表7-1）。

さらに日系完成車企業のオートバイ販売価格の引き下げは市場拡大に加えて次の効果ももたらした。すなわち，中国から輸入したオートバイが市場に進出する前に日系完成車企業が先手を打って販売価格を3万バーツ（約800米ドル）以下にしたことで，中国車の価格競争力を減じさせることとなった。それゆえ，ベトナムなどとは対照的に，タイオートバイ産業では2000年以降も中国車の大量流入が生じることなく，日系完成車企業の販売シェアは95％超と変わらず圧倒的なままであった。ただしこの他にも2点，中国から低価格のオートバイ輸入がほとんどなかったことの理由が挙げられる。第1に，タイでは環境規制・知的財産権保護が厳しく中国車がその要件を満たせなかったからであった。第2に，需要側である消費者が日系企業の高い品質水準に慣れているためにオー

第Ⅱ部　東南アジアオートバイ産業の形成と発展

表7-2　モデル別販売動向

2003年の販売順位	2002年の販売順位	モデル名	企業	タイプ	2003	
					販売台数	シェア（％）
1	2	Wave 100	H	M	744,613	42.1
2	1	Wave 125	H	M	182,428	10.3
3	10	Smash Jr.	S	M	121,898	6.8
4	－	Wave Z	H	M	101,587	5.7
5	3	Nova Sonic	H	M(S)	89,778	5
6	4	Dream 125	H	M	86,145	4.9
7	－	Spark Z	Y	M	82,021	4.6
8	6	Fresh	Y	M	65,890	3.7
9	－	Best 125	S	M	34,840	2
10	5	Smash	S	M	33,807	1.9

（注）　企業のHはホンダを，Yはヤマハを，Sはスズキを示している。また，タイプのMはモペットを，M（S）はモペットのスポーツタイプを，AはATモデルを示している。
（出所）　NNAニュース（2004年1月20日）より。

トバイへの性能要件がベトナムなどよりも数段厳しく，中国から輸入したオートバイの性能では需要ニーズを満たせなかったからであった。

　このように廉価版モデルの投入効果はきわめて大きなものであったが，タイ市場において低価格であれば需要を無限に開拓できたわけではなかったことに注意が必要である。ホンダは最廉価モデルであるWaveZの投入に当たって機能を簡素化することで，Wave100からさらに10％程度の販売価格引下げを達成した。しかし，タイユーザーのWave100からの変更点に対する評価は，クラッチペダルの操作がシフトチェンジのために必要となる駆動方式の面倒さやドラムブレーキおよび樹脂の多い外観のために質感に欠ける，など芳しいものではなかった[2]。その結果，最廉価であるWaveZの販売台数は年間10万台程度とWave100の7分の1にも満たない販売台数で予想以上には伸びなかった（表7-2）。以上から，WaveZは機能面やデザインを限定してまで価格の引下

---

[2]　タイにおける各企業調査（2004年2-3月：9月）より。

げを行うことの危険性や限界をホンダに強く認識させることとなった。すなわち，WaveZは，タイ市場は一定機能を要件とし，単に安いという理由だけでは売れないことを明らかにすることとなった。これは，市場の拡大とともにホンダに対して次に見る「ATモデル」の投入を促す要因となった。

（3）　新たな競争の焦点　その2 ── 新カテゴリー製品

⑴　ATモデル投入の背景とヤマハの企業戦略

　新たな競争の焦点の第2は，ATモデルという新しい製品カテゴリーを巡るものであった。これは2002年のヤマハによる従来のモペットに代わるATモデルの投入を契機とした。なぜなら，ヤマハはホンダの後塵を拝すこととなった，エンジン方式を巡る競争の帰結である販売低迷から脱却する必要があったからである。市場で巻き返しを図るヤマハの企業戦略の前提は，ホンダに追従して廉価版オートバイを投入するのではなく，高付加価値のオートバイを提供して差別化を行うというものであった（*The Nation*, September 29, 2003）。

　ヤマハはまず債務不履行など通貨危機による混乱が続いていたKPNグループ（The Narongdej Family）から経営権を取得するため，2000年7月に出資比率を28％から51％に増資し，社長も日本からの派遣に切り替えた（『日本工業新聞』2000年8月10日）。それに伴い社名もSiam YamahaからThai Yamaha Motor（TYM）と変更した。この結果，ヤマハは日本本社の企業戦略を踏まえた経営行動をより迅速により効果的にとることができるようになった。

　その上でヤマハは研究開発の現地化に着手し，マーケットインの体制構築に取り組んだ。そのためヤマハはASEANを中心とするアジア地域全体を対象としたオートバイの企画開発・製造統括・購買統括のための新会社Yamaha Motor Asian Center（YMAC）を2000年に設立し，2001年より稼動させた（ヤマハ発動機ニュースリリース，2001年3月29日）。さらにTYMは徹底的な市場調査を行い，ユーザーニーズを明らかにした。その結果，ユーザーはモペットのもつ走行安定性，機動性，経済性だけでなく，スクーターの持つ利便性，快適

---

(3) Siam Motorsの動向については，Gill（1980），塩沢（1982, pp. 189-198），末廣・南原（1991, 第7章），Brooker Group PLC（2003, pp. 509-512）などに詳しい。

性，ファッション性をも欲していることが明らかとなった（安平，2006）。

さらにヤマハはTYMによる調査結果を踏まえて，新モデルのメイン顧客ターゲットを15歳以上24歳以下の男性に絞った[4]。ヤマハが新モデルを廉価版オートバイではなく高付加価値のオートバイと設定したにも関わらず，平均所得が中高年層よりも低い若年層も顧客ターゲットに含めた理由は次の3つであった[5]。

第1に，ブランド価値の重視である。従来のブランドイメージは，ホンダが中高年層を主要顧客とし保守的な印象があったのに対し，ヤマハは18歳から30歳の年代を主要ターゲットとしたことから斬新なものであると想定していた（*The Nation*, September 29, 2003）。しかし，市場調査の結果，現状は逆転したものであった。すなわち，タイ市場では1990年代ぐらいからホンダのオートバイは斬新でスタイリッシュなものを好む若者向け，ヤマハのオートバイは保守的な中高年向けというユーザーイメージになっていたことが明らかとなった。そうしたユーザーイメージが定着しつつあったタイ市場に対して，ヤマハは斬新な新モデルを投入することで，従来のヤマハのブランドイメージを革新し，「かっこいい」という新たなブランドイメージの確立を目指した。

第2に，市場規模の問題であった。ヤマハによるタイ市場の調査結果から，オートバイの年代別購入割合をみると若年層の購入割合が60％と高いことが明らかになった（*The Nation*, September 29, 2003; *Bangkok Post*, August 5, 2005）。そのため，ヤマハは規模の大きな若年層をターゲットにすることで，販売増大および利潤拡大を目指した。

第3に，中長期的な観点からの市場の開拓である。ヤマハの調査によると，一般に若者が乗っているオートバイは中高年も乗るが，中高年が乗るオートバイを若者は好んで乗らないということであったという。それゆえ，若年層を取り込むことで中高年層のユーザーも取り込むことが期待できた。そこでヤマハはまず若年層の需要を取り込んで，その後に中高年層の需要を喚起することをねらった。

---

[4] ヤマハインドネシア拠点（PT Yamaha Indonesia Motor MFG.; YIMM）での聞き取り調査（2004年3月4日）に基づく。
[5] 以下，ヤマハ発動機日本本社での聞き取り調査（2003年12月12日）に基づく。

(2) ATモデルという新たな市場カテゴリーの形成

こうした市場調査と企業戦略を背景に，ヤマハは新モデル「Nouvo」を2002年4月にタイ市場に新規投入した（ヤマハ発動機ニュースリリース，2002年4月24日）。従来のタイオートバイ産業における主要販売モデルは，日本のスーパーカブのようなモペットで大部分が占められていた。これに対して，ヤマハのNouvoは従来とは異なるATモデルという新たな製品カテゴリーを創出するものであった。Nouvoはモペットとスクーターの両特性を兼ね備えたモデルであった（表7-3）。すなわち，モペットとATモデルはタイヤ口径やシート長など東南アジア各国に適した外観構造であることは共通するが，変速機構およびフレーム形状が異なった。一方，スクーターとATモデルは変速機構とフレーム形状は共通し，広義の意味ではATモデルはスクーターの一種であった。ただし，スクーターとATモデルとではエンジンの耐水性やタイヤ口径，シート長などの外観は異なり，ATモデルのほうがより東南アジア各国市場に適応したものであった。

Nouvoの販売価格は4万5000バーツであった。この価格は同時期に市場に新規投入されたホンダの廉価版モデルWave100の3万バーツ以下に比べて約1.5倍であり，高価格であった。またヤマハの4ストエンジンのファミリースポーツモデルであるSpark（3万8500バーツ）に比べても割高であり，Nouvoはヤマハの製品カテゴリーのなかでも最高価格帯に位置した。ATモデルがモペットよりも割高になった大きな理由は樹脂部品の点数増大であった。

こうした意欲的な新モデルであったNouvoの月間販売台数は当初約5000台に達し，販売目標であった月間3000台を2000台上回った（*The Nation*, August 2, 2002）。しかしその後Nouvoの販売は減少に転じ，販売台数上位10モデルに入ることも少なかった。2002年のNouvoのTYMの生産台数は1万6700台であったことから，月間平均販売台数は1855台程度であった。Nouvoが販売台数

---

(6) 新モデルを投入するに当たってヤマハは「SWITCH」というヤマハ自身が変わるというキャンペーンも大々的に行った。この販売促進はタイだけでなくインドネシア，ベトナムを含めた東南アジア全域で行われ，タイだけでも2003年に5000万バーツもの大金が投じられた（*The Nation*, September 29, 2003）。

(7) 各モデルの販売価格はタイオートバイ販売店調査（2002年8月）に基づく。

表7-3 モペットとATモデルの機構とその効果の比較

モデル名 カテゴリー	Wave や Dream など モペット		Nouvo, Mio ATモデル（シティコミューター）	
	機構	効果	機構	効果
エンジンストローク	4ストローク	耐久性，燃費に優れる	4ストローク	耐久性，燃費に優れる
変速機構	4速の変速ギアを装備	クラッチ操作なしでシフトペダルを踏むだけでギアチェンジ可能。操作が簡単。	無段CVTの変速機構を装備。既存のスクーターと同じ機構だが，高耐水性	足でシフトチェンジする必要はなく，変速操作そのものが必要なし。それゆえ，靴の汚れが少なく，おしゃれな靴が履け，ハイヒールでの運転も可能。既存のスクーターは低位置にあるCVT機構が冠水した道路を走行したときにダメージを受けていたため，耐久性と信頼性に難があった
タイヤサイズ	17インチ。日本のスーパーカブと同サイズ	安心感（悪路での高い走破性と安定性）。スコールで冠水した道も走破可能	16インチ(Nouvo)，14インチ(Mio)既存のスクーターは10～12インチ	安心感（悪路での高い走破性と安定性）。スコールで冠水した道も走破可能
フレーム形状	車体の背骨に当たる部分が車体の下に。それゆえアンダーボーンという名称	足を大きく開いてまたぐ必要あり。	変速機構とエンジンが一体となって後輪と共にフレームに懸架されるユニットスイング形状	またぎ易い。Mioはスクーターと同じステップスルータイプのフラットボードを採用しているため，スカートを履いた女性でも乗り降りが容易
シート長	前後長の長い乗車シートを装備	家族全員の移動手段になりうる（3人，4人乗りが可能）	前後長の長い乗車シートを装備。シートは開閉式でヘルメットが収納可能な大容量スペースも装備	家族全員の移動手段になりうる（3人，5人乗りが可能）スクーターはシートが短く多人数では乗れず

（出所）　安平（2006）およびヤマハ本社，インドネシアヤマハでの聞き取り調査に基づく。

---

(8) TYMでの聞き取り調査（2003年4月）に基づく。

第7章　タイオートバイ産業の発展（2000年以降）

を大幅に伸ばすことができなかった要因として，第1に，販売価格が高く価格訴求力に劣っていたこと，第2に，ヤマハによって新たに開拓されたATモデルのメリット（特に自動変速機によるクラッチペダル操作の必要がない運転のメリット）をユーザーは十分認識していなかったこと，第3に，顧客ターゲットの年代を幅広く取りすぎたこと，などが指摘された[9]。

この経験を踏まえ，ヤマハはNouvoに続くATモデルとして「Mio」を2003年11月にタイ，ベトナム，インドネシアなど東南アジア各国市場に投入した（『日経産業新聞』2005年10月21日）。MioとNouvoのターゲットは15才～24才の男性で共通し，主な違いは価格であった[10]。Mioは販売価格が約3万4000バーツとNouvoよりも25％安い価格設定であった[11]。またMioの販売価格はホンダの最廉価モデルに比べても20％程度割高なだけであり，この価格差であれば月賦販売が主流であるタイ市場では価格競争力に大差は生じなかった。

Nouvoと異なり，Mioはベトナムでのヒットを皮切りに，タイでもATモデルブームを生じさせ，東南アジア各国で大人気となった。タイにおいてMioは2004年5月に約8000台が販売され，2005年8月以降は月間2万5000台前後の販売台数となり，ホンダの廉価版オートバイに続く第2位の人気モデルとなった（NNAニュース，2004年6月14日；2005年12月21日；『日経産業新聞』2005年10月21日）。さらにMioによってATモデルタイプへの需要が拡大した結果，販売台数が伸び悩んでいた同じATモデルのNouvoへの派生需要が生じた。つまり，結果として，ヤマハのATモデルの高級タイプとしてNouvo，普及タイプとしてMio，という位置付けになった。こうして，Nouvoの販売台数は2005年11月に約8000台と発売当初に比べて大きく増大した。ただし，この

---

[9] YIMMでの聞き取り調査（2004年3月）に基づく。このほか，Nouvoの投入に合わせた販売キャンペーンの失敗もあった。ヤマハはNouvoの販売促進キャラクターとして，イングランドのプレミアリーグの人気サッカー選手マイケル・オーウェンを採用するなど積極的なものであったが，需要を大きく喚起することはできなかった（*The Nation*, June 29, 2002）。というのも，オーウェンに対する認知度は主要顧客層である中高年層で低く，認知度の高かった年代は若すぎてオートバイを買わない，買えない層であったからである。

[10] ただし，その後Mioが男性だけでなく女性からの強い指示も受けるようになると女性的な外観，カラータイプも登場した。

[11] タイのオートバイ販売店での調査（2004年8月）より。

Nouvoの躍進は2004年9月に行ったモデルチェンジの際に外観を一新したことも影響していた（ヤマハ発動機ニュースリリース，2004年9月17日）。また，ホンダやスズキが機能を簡素化した廉価版モデルを投入しているなかでのヤマハの高価格・高機能であるATモデルの投入は，タイ市場におけるヤマハのブランド価値の確立にもつながった。

(3) ヤマハ以外の日系完成車企業のATモデルへの参入

2002年にヤマハがATモデルの製品カテゴリーを新規開拓した当初，他完成車企業は静観の構えをとりATモデルの開発生産を行わなかった。しかしヤマハによるATモデル投入後3年が経過して，独自市場が確立しかつ急激な拡大を示し始めるようになってようやくヤマハ以外の完成車企業もこの新たな製品カテゴリーに参入することとなった。まずスズキが2005年10月に「Step」というATモデルを投入し，約4万バーツで販売を開始した（『日刊工業新聞』2005年9月27日）。続いてホンダが2006年2月に新モデル「Click」を販売価格約4万2000バーツで投入した（『日経産業新聞』2006年2月8日）。さらにホンダは2006年6月にATモデルの上級機種「Air Blade」（販売価格約5万2000バーツ）を投入した（*Bangkok Post*, June 28, 2006）。

ホンダは後発を劣位ではなく優位として活かすため，すでに形成されていたATモデルの市場に関して徹底的な調査を行った。その上でホンダは，ヤマハへ対抗するため，製品ラインナップをMioに対してはClickを，Nouvoに対してはAir Bladeというように対抗軸を設定した。またホンダはATモデルを単に投入するだけでなくエンジンの冷却方式で差別化を図った。具体的には，ホンダは，ヤマハが採用する冷却機能に劣るもののシンプルな構造の空冷方式に対抗して，冷却に優れるが複雑な構造の水冷方式をClick, Air Bladeに採用した。水冷エンジンは250cc以上の中型排気量以上のオートバイに採用されることが多く，125cc以下の小型排気量モデルが主流のタイオートバイ産業において，水冷エンジンの採用は初めてのことであった。

ホンダの後発劣位に対する取り組みをひとつの要因として，Clickは市場の人気を集め，発売後の月間販売台数は2万5000台から3万台と高水準を保った。その結果，2007年にはClickの販売台数はヤマハのATモデルを凌ぐようにな

表 7-4　モデル別販売動向（2007年・2008年）

	モデル名	企業	タイプ	2007 販売台数	シェア(%)	2008 販売台数	シェア(%)
1	Wave 100/110	H	M	443,598	37.1	446,620	32.1
2	Click	H	A	309,703	25.9	272,315	19.6
3	Fino	Y	A	126,597	10.6	251,080	18
4	Mio	Y	A	150,710	12.6	94,980	6.8
5	Wave 100X	H	M	42,988	3.6	91,730	6.6
6	Wave 125X	H	M	42,259	3.5	71,892	5.2
7	Dream	H	M	48,494	4.1	58,088	4.2
8	Wave 125I	H	M	–	–	49,054	3.5
9	Smash Revo	S	M	30,568	2.6	38,673	2.8
10	CZ-i	H	M	–	–	17,661	1.3

（注）　企業のHはホンダを，Yはヤマハを，Sはスズキを示している。また，タイプのMはモペットを，AはATモデルを示している。
（出所）　サプライヤー資料より。

った（**表7-4**）。またホンダ全体のATモデル市場におけるシェアは2007年3月までには50％近くにまで成長した。

(4)　小括

2006年初頭までに主要日系完成車企業3社がATモデルの製品カテゴリーにそろった。モデルの充実も一因となってATモデルの販売台数は拡大の一途を辿った。オートバイ販売市場全体に占めるATモデルのシェアはNouvoが発売された2002年から2003年にかけてはほぼゼロであったのが，2004年8％，2005年16％，2006年約35％と年々拡大した。2006年9月，市場の最多販売モデルはモペットの55％であったが，それに次いでATモデルは全販売モデルの40％を占めるまでに成長し，残りの5％はスポーツタイプであった（*The Nation*, September 5, 2006）。企業別販売動向もATモデル市場が拡大するにつれてヤマハの販売台数が伸び，ヤマハは2004年にスズキを追い越して再び第2位の販売シェアとなった（図7-1）。

（4） 完成車企業の新規参入

　2000年以降，タイオートバイ産業では完成車企業の新規参入が相次いだ（**表7-5**）。その理由は主に次の2点が考えられる。第1に，中国オートバイ産業の成長である。というのは，新規参入企業は中国製部品を輸入することで，最終組立にほとんど特化して参入できるようになったからであり，またその活用によって完成車の価格競争力を高めることができたからであった。第2に，タイオートバイ産業の市場のセグメント化である。それはそれぞれの製品カテゴリーに特化して市場参入することが可能となったことによる。

　例えば，新規参入企業のなかでも，タイガーは一時カワサキの市場販売シェアをしのぐほどに成長した（図7-1）。また中国系企業も積極的な市場進出計画を立てている。さらにATモデルについては地場系企業であるJRDも新規参入を果たし，スクーターの生産販売を行った。

　しかし，これら新規参入企業はベトナムにおける地場系企業ほど日系企業に肉薄せず，販売は不振に陥っている。その要因は，第1に，ATモデルブームなど市場ニーズの変化に対して迅速に対応できていないことである。タイガーはATモデルの投入が遅れ，さらに品質問題を起こし（後述），モペットのときほど販売を伸ばすことができなかった。

　第2に，日系完成車企業のオートバイに慣れたタイユーザーの機能に対する要求水準は高く，それに十分対応することができていないことである。例えば，JRDはヤマハが行ったようなスクーターの改良を行わず従来のスクーター（日本で主流のスクーター）をそのまま生産した。そのため，既述のスクーターの欠点が改良されず，悪路の多いタイではニーズをつかめなかった。

　第3に，日系完成車企業も廉価版オートバイを市場に投入する中で，タイガーのオートバイの販売価格2万9000バーツが埋没し差別化を図れていないことである。これはタイにおけるオートバイ産業におけるローン販売制度の普及も大きく影響している。例えば，タイガーSmart125はホンダWave100に比べ，頭金や支払回数，合計支払金額では廉価になっているものの，月々の支払金額では大差が生じてはいない（**表7-6**）。以上から，新規参入完成車企業の販売拡大は今後の課題と考えられる。

第7章 タイオートバイ産業の発展（2000年以降）

表7-5 完成車企業の新規参入動向（計画も含む）

企業名		CAGIVA	タイガー	JRD	Platinum	Sky Wing Motor (Thailand)	M-Bike
企業名	販売	International Vehicles Co (IVC)	Tigar Motorsales	JRD Bright Motor Industries	Platinum Motor Sales	Sky Wing Motor (Thailand)	Yasuda Brand
	生産		Millennium Motors		Sahathai International		
設立年		1997年	2000年（2002年発売開始）	2000年	2003年	2005年	2005年
資本金		4.5億バーツ	2000万バーツ		4億バーツ	1億バーツ	6億バーツ
出資構成		CAGIVA 30%, Narongdej family 30%, Mr. Pit 30%, Industrial Finance Corporation of Thailand (IFCT) 10%。Tigar Motorsalesも資本参加	Mr. Piti Manomaiphibu, Mr. Boonsong Srifuengfungなど。		SEC Group	KMB Inter Business 55%, Jialing 45%	United Union Parts 65%, Jiangmen Zhougyu Motor 35%
技術導入元		イタリア	日系企業からのスピンアウト。スクーターについては台湾	マレーシア・台湾	中国(Hensim)	中国(Jialing)	中国(Jiangmen Zhougyu Motor)
主要販売カテゴリー		ファミリー・スポーツ	モペット・一部スクーター	スクーター・一部モペット	モペット・スクーター・電気バイク		
最廉価モデルの販売価格		3万9000バーツ	2万9000バーツ	2万9500B（モペット）・3万6000B（スクーター）	2万8350B（モペット）・3万4650B（スクーター）		
生産実績・能力（計画）		年間1万台の生産能力。ただし販売実績は年間数百台	2004年4万2214台（実績）		年間20万台の生産能力。建築中の第2工場は年間50万台の生産能力	年間50万台を計画	年間2万台を計画
輸出（計画）		ASEAN、日本への輸出計画あり	2003年に約1万台をASEANへ輸出		第2工場完成後に年間45万台をASEAN、インドに輸出（計画）	生産の20%をASEANに輸出（計画）	生産の40%を南アジアに輸出（計画）

（出所） *The Nation*, *Bangkok Post*における報道に基づく。

表 7-6　一括購入と分割購入の支払金額・方法例

カテゴリー	モペット			AT モデル				ファミリースポーツ
企業名	タイガー	ホンダ		ヤマハ	ホンダ		スズキ	ホンダ
モデル名	Smart 125	Wave 100S	WaveZ	Mio fino	Click	Air Brade	STEP	Nova Sonic125
一括　合計支払金額	31,000	33,500	28,000	41,500	43,200	51,500	42,000	44,500
分割　頭金	4,900	8,000	8,000	10,000	10,000	12,000	10,000	15,000
分割　月々の支払金額と回数	1500B ×26回	1500B ×31回	1000B ×30回	1500B ×34回	1500B ×30回	1850B ×34回	1500B ×34回	1600B ×28回
分割　合計支払金額	43,900	49,900	38,000	61,000	62,500	74,900	61,000	59,800

(注)　単位はタイバーツである。なお，分割購入に際しては頭金や月々の支払金額，回数等に関して様々なオプションがあり，本表は最もスタンダードな支払方法の一例である。
(出所)　タイ・シーサケットにおけるオートバイ販売店調査（2007年3月）より。

（5）企業間競争の特質と意義

　2000年以降，タイでは政府による産業への直接的な規制がほとんどなくなる一方で，国際的には貿易の自由化および企業活動のグローバル化がより一層進展した。こうしたことから，タイオートバイ産業においても各企業戦略が実際の行動に対してより明確に顕在化した。この時期の企業戦略の特質は，ホンダ，スズキが販売価格の引き下げによって販売台数の増大をねらったものであったのに対し，ヤマハの戦略は高付加価値モデルの投入によって新たな製品カテゴリーの開拓をねらうものであった。すなわち，2000年以降タイにおける各日系完成車企業はそれぞれの企業戦略に基づいて，日本とは異なるタイオリジナルな差別化競争を展開するようになった。

　この結果，競争の焦点が多様化し，市場はセグメント化した構造へと変容した（図7-2）。アジア通貨危機以降，4ストモデルへの需要はタイに定着し，エンジン方式をめぐる差別化競争は収束した。それに変わって，価格引き下げとATモデルを巡る差別化競争が新たに生じた。

　まず，ホンダとスズキが中国系企業の先手を打つ形で低価格化に邁進し，廉価モデルの投入により，これまで販売ターゲットに含まれていなかった低所得者層を新たに掘り起こした。このため，タイオートバイ市場で販売されるオー

第**7**章 タイオートバイ産業の発展（2000年以降）

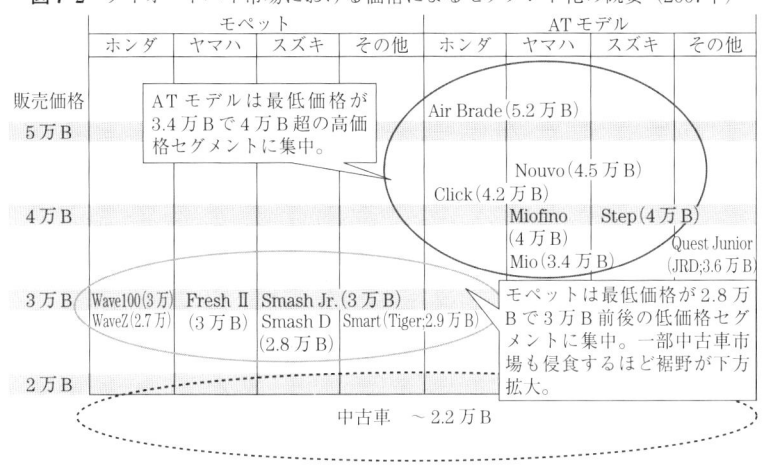

図7-2 タイオートバイ市場における価格によるセグメント化の概要（2007年）

	モペット				AT モデル			
販売価格	ホンダ	ヤマハ	スズキ	その他	ホンダ	ヤマハ	スズキ	その他
5万B					Air Brade(5.2万B)		
4万B					Click(4.2万B)	Nouvo(4.5万B) Miofino (4万B) Mio(3.4万B)	Step(4万B)	Quest Junior (JRD;3.6万B)
3万B	Wave100(3万) WaveZ(2.7万)	Fresh II (3万)	Smash Jr.(3万) Smash D (2.8万)	Smart(Tiger;2.9万)				
2万B								

ATモデルは最低価格が3.4万Bで4万B超の高価格セグメントに集中。

モペットは最低価格が2.8万Bで3万B前後の低価格セグメントに集中。一部中古車市場も侵食するほど裾野が下方拡大。

中古車 〜2.2万B

（注） Bとはタイバーツの略である。またタイオートバイ市場ではこの他，ファミリースポーツのセグメントがあるが総販売台数の5％程度を占めるに過ぎないためここでは省略した。
（出所） 筆者販売店調査に基づく。

トバイ完成車の最低価格はこの時期に30％以上下落した。

その一方で，ヤマハがATモデルという従来のモペットとは異なる新たな製品を投入し，流行に敏感な若年層を中心とした需要を開拓した。ATモデルは次第に販売シェアを伸ばし，ホンダやスズキもATモデルの市場に追随して参入することとなった。ホンダはATモデルのカテゴリーに参入するに当たって，後発劣位を跳ね返すため，エンジン冷却方式として水冷機構を採用してヤマハとの差別化を図った。

ATモデルは長らく市場シェアのトップであったモペットタイプの販売台数に肉薄し，販売シェアのおよそ40％をも占める一大製品カテゴリーとなった。このように，2000年以降のタイオートバイ市場では，各企業が市場ニーズに対応し他社の製品との同質化を行いながら，価格や機能の異なる製品カテゴリー間での差別化競争を繰り広げることとなった。

2　企業の能力構築行動

　1990年代半ばまでで日系完成車企業と主要日系サプライヤーの進出は進み，（1次）サプライヤー群の形成はほぼ完了していた。そして，2000年以降，各企業が研究開発機能の現地化を進め，輸出を拡大させた。すなわち，本段階は，産業形成過程にあたる量的拡大期からより一段飛躍した国際的な競争優位確立へと移行した時期であった。

（1）　日系完成車企業──研究開発の現地化・コスト削減・ATモデルの投入
　2000年以降の日系完成車企業の生産体制動向に関して最も特徴的なことは次の3点であった。第1に，日系完成車企業が研究開発機能の現地化を進めたことである。第2に，コスト削減を進めたことである。これはホンダに代表される。第3に，ATモデルという新たな製品カテゴリーを創出し，そのための生産体制を確立したことである。これはヤマハに代表される。以下，それぞれについて確認する。
　(1)　研究開発機能の現地化
①　各日系完成車企業の動向
　2000年以降，日系完成車企業は研究開発機能に関して次のような積極的投資を行った。ホンダは研究開発促進のために1997年に設立したHonda R&D Southeast Asia（HRS-T）に対して，2003年に8億バーツ（約2000万米ドル）という巨額の追加投資を行った（本田技研広報発表，2003年10月15日）。追加投資により，市場調査やデザイン，モックアップモデルの製作に限定されていた研究開発機能が，設計開発や試作車のテストを行えるまでに拡充された（**表7-7**でいうCランク相当）。開発機能が増強されたHRS-Tは後に述べるようなコスト対応に際して大きな役割を果たした。
　また1980年代後半から始まった市場ニーズを汲んだデザインに関しては，HRS-Tはこの時期に高いレベルに到達していた。例えば，ホンダが2006年2月に発売したATモデル「Click」のデザインはHRS-Tが担当していたが，

表7-7　日系完成車企業の研究開発レベルと企業間取引関係

時期	日系完成車企業の研究開発レベル	サプライヤーの対応	完成車企業とサプライヤーの共同改善活動
未到達	Aランク All New モデル （既存モデルの流用小）		
未到達	Bランク New モデル （既存モデルの流用あり）		
2000年以降	Cランク 既存モデルの エンジンスペック変更	TQC活動 《QCサークル活動，QC教育，成果発表会，活動の点数化，改善提案の義務付け，全社的QC改善意識高揚》	VA/VE
2000年以前	Dランク 機能部品以外の スペック小変更	5Sの徹底 《工場やラインの清掃，ペンキの塗りなおし，部材置き場の立体化・低層化・室内化，工場内での禁煙，挨拶・声だしの習慣化》 人件費の安さを活かしてワーカーの大量投入による全数検査を実施。納入に関してはカンバン方式までは導入されていなかったものの時間厳守は徹底。日本本社からの技術者の派遣。日本本社へタイ人技術者・ワーカーを派遣・研修	完成車企業の支援 《従来日系完成車企業が内製していた部門を生産設備やワーカーごとそっくりサプライヤーに対して与え，操業立ち上げをスムーズにするような全面的な支援から，資本出資，購買先の紹介などの部分的な支援まで様々な支援が行われた。そして操業が開始されると，日系完成車企業はサプライヤーの工場への立ち入り検査や工程監査を随時行い，QCD管理などの改善を定期的に促してきた》
2000年以前	Eランク カラーリングチェンジ などデザイン中心		

（注）本表で示されている「日系完成車企業の研究開発レベル」の分類は実際に企業で活用されていたものである。本表はそうした区分に筆者がタイオートバイ産業の各時期の企業行動を踏まえて「サプライヤーの対応」と「完成車企業とサプライヤーの共同改善活動」を加えたものである。
（出所）筆者調査より。

その責任者はHRS-T所属のタイ人デザイナーであった（『朝日新聞』2006年5月23日）。これは単にタイのモデルであったからタイ人が責任担当になったというわけではなく，日本の朝霞研究所におけるホンダ全社でのデザインコンペで競り勝った結果であった。このように，研究開発におけるHRS-Tの行う業務の範囲と責任は拡大し，それに伴いタイ人従業員の能力向上も着実に進んだ。

ホンダはATモデルを投入するに当たって，Clickのデザイン以外の開発，

すなわち，エンジン開発，フレーム開発，外観開発は日本の朝霞研究所で行った[12]。ただし，エンジンについては，中国におけるホンダの開発拠点が途中まで開発していたスクーター用110 ccエンジンを流用した。このエンジンは，冷却方式として水冷，空冷とも可能であったが，タイ向けATモデルのエンジンには水冷機構を採用した。

また，Air Bladeの開発では，エンジンについてはClickの110 ccエンジンをそのまま活用したほかは，HRS-Tがフレーム開発，外観開発およびデザインを担当した。特に，フレームと外観の開発をタイでも行うことができることをAir Bladeの開発を通じてHRS-Tは証明した。こうしてHRS-TはATモデルの開発に当たって大きな実績を残し，今後のタイにおける研究開発活動のさらなる促進に弾みをつけることができたといえる。

一方，ヤマハは先にみたようにYMACを2000年に設立した。YMACはエンジン設計開発，試作，試験などから行うオールニューモデルは日本に依存しているものの，マイナーチェンジは数多く行っている（表7-7のCランク相当）。YMACはATモデルの投入に当たってデザイン開発で貢献を果たしたのはすでに確認したとおりである。またモペットタイプに関しても，マイナーチェンジを主体に開発業務を行っている。特に，2004年5月に発売された新モデル「X-1」はYMACによる現地開発第1号となった（『日刊自動車新聞』2005年7月4日）。既存モデル「Spark」をベースとした新モデルX-1は，ASEAN共通モデルのひとつであり，月間販売台数が5000台の人気モデルとなった。加えて，YMACは需要掘り起こしのための新モデル開発だけでなく，以下にみるように，域内分業の管理，現地調達率の向上という生産体制の構築に当たっても重要な役割を果たすこととなった。

さらにスズキも2001年に研究開発拠点をタイに設立した（スズキニュースリリース，2001年9月18日）。スズキはこの研究開発拠点をベースに，ASEAN共通の新モデル「Smash」を2002年10月に投入した（『日経産業新聞』2002年10月4日）。各市場間でのニーズの違いに対応する難しさはあるものの，スズキは

---

[12] Asian Honda Motor（AHM）における聞き取り調査（2007年3月）に基づく。

共通化によって，部品の現地調達化や規模の経済性の確保によるコスト削減をねらった。またスズキは2005年に AT モデル「Step」を投入したが，その開発は日本で行った（NNA ニュース，2005年9月27日）。

② 研究開発機能の役割

以上，主要日系完成車企業の研究開発機能の強化に関する動向を確認した。こうした各企業の研究開発拠点の役割は主に次の2点であった。

第1に，タイや東南アジア各国の市場調査とそれに基づいて新モデルのデザイン開発を行うことである。その結果，上述のように各完成車企業はタイ市場のニーズに適合したモデルや新たな製品カテゴリーを開拓するようなモデルを投入することができるようになった。製品開発は2000年以前も需要動向の調査や現地モデルのイメージデザインなどが行われたこともあったが，2000年以降になって製品化研究や量産試作というプロセスも現地で行うようになった（表7-7でいうCランク相当のレベル）。ただし，各企業ともエンジンの仕組みや機構の変更は現在も不可能である（表7-7のBランク以上は未到達）。このように未だ各完成車企業の研究開発機能は限定的ではあるものの，各開発拠点の機能は従来よりも確実に高まり，従事するタイ人研究員の能力も向上した。

第2に，タイで生産されるオートバイに関する QCD の向上である。各完成車企業は，QCD，特にコスト引き下げのため，現地調達促進と域内分業の管理を図るようになっていて，これら研究開発拠点がその役割を担った。この業務はこれまで日本の研究開発拠点が，日本人ワーカーを中心に出張ベースで行ってきたことであった。これをタイで行うようにすることで，主に次の二つの効果があった。ひとつは，部材調達先の新規開拓である。より現地の情報に詳しくなり地場系企業の調達先を開拓することができた。もうひとつは，QCD 向上のためのサプライヤーとのやり取りの迅速化である。

こうして各完成車企業は，この時期から能力構築能力が一部発現するようになった。この点からいうと，タイオートバイ産業は2000年以降になってようやく自立的な発展の諸についた段階に入ったともいえるだろう。

(2) ホンダの生産・調達体制とコスト対応

① ホンダの生産体制

　ホンダのコスト対応の前提としてまずこの時期のTHMの生産動向について確認する。2000年以降，THMの生産台数は，年間100万台を超え，2005年には150万台程度にまで拡大した（『世界二輪車概況』2007）。THMは市場拡大に対応するため生産能力の拡大のために5億バーツの投資を行った（*Bangkok Post,* December 27, 2002）。ホンダの日本におけるオートバイの年間生産台数が59万台（2005年）でありTHMは日本のホンダの約2.5倍の生産規模に達し，その大きさが分かるだろう。

　さらにTHMは生産規模だけでなく，もの造りの組織能力もルーチン的なものに関しては，日本のホンダの生産拠点に肩を並べるまでに成長し，深層の競争力を高めた。例えば，生産現場レベルの労働生産性のひとつの指標である完成車生産に関するサイクルタイムが，THMは23秒であり，日本のホンダの海外生産拠点のマザー工場である熊本製作所のそれの25秒よりも高いレベルにまで成長した。[13]この背景には，THMが「定タクト定番地」という作業形態を取り入れることで生産ラインの短縮化と作業効率の改善を達成したことが挙げられる。定タクトとは生産台数に合わせてタクトタイムを決めそれを実行することである。定番地とは，仕掛品とともにワーカーもベルトに合わせて動くのではなく，ワーカーは一定の作業箇所から動かずに組み付け作業などを行うことである。タイではタクトが変わらない決められた動作がタイ人ワーカーに好まれ，また暑いことから歩くことがロスになるために作業箇所を固定したほうが作業効率の向上を達成できた。このためTHMの生産ラインは熊本製作所に比べ短くなった。その結果，THMは熊本製作所の8分の1というスペースの制約にも関わらず，倍以上の生産規模を達成した。[14]また作業の効率化が進展し，前述のような高水準のサイクルタイムを実現した。さらにその後，「定タクト

---

[13] サイクルタイムや次にみる定タクト定番地については，THM，熊本製作所，それぞれでの工場見学（2003年2月；2003年3月）に基づいている。なお，サイクルタイムとは1サイクルの仕事を遂行するのに要する時間のことである。それゆえ，サイクルタイムは現場レベルの労働生産性（製品あたりの工数）のひとつの指標となりうる。こうしたサイクルタイムを生産性の基準として用いることの妥当性について，藤本（2001, p. 21）を参照。

定番地」は日本の熊本製作所に逆輸入され，各種改善に貢献した。

このようにTHMは完成車を生産，組立するにあたって，自身の生産能力を質量ともに拡充していった。先に見たこの時期の研究開発機能の強化は，日常の操業における量産技術の確立を前提としたものであった。すなわち，輸出のための国際的な競争優位の源泉のひとつとなった能力構築能力は，こうしたルーチン的なもの造りの組織能力を要件としていた。

② ホンダの調達体制

THMは自社工場の能力を拡充させたが，完成車の構成部材の多くは外部からの調達に依拠した。具体的には，THMの部材の外製率は約90％であり，内製率は10％に過ぎなかった。THMの内外製の状況は表に示すとおりであり，その基本的な方針はフレームなどの重厚長大型の部品およびエンジン部品は内製し，これ以外は外注する，というものであった（**表7-8**）。THMの現地調達率（購入価格換算）は，2000年93％，2001年94％，2002年98％，2003年98％，2004年99.7％と高い水準となっている。THMのこうした高い外製率と現地調

表7-8 タイの日系完成車企業の内外製区分の概要

部品類型			タイ	
			ホンダ WaveZ	ヤマハ
部品類型	エンジン部品	シリンダブロック	◎	◎
		シリンダヘッド	◎	◎
		ピストン	−	●
		ピストンリング	−	●
		オイルポンプ	●	●
		キャブレター	●	●
		エキゾーストパイプ	●	◎
	駆動部品	クラッチ	●	●
		トランスミッション	●	●
	電装部品	灯火類	●○	●
		計器類	●	●
		発電機	●	●
	車体部品	車体	◎	◎
		サスペンション	●	●
		ガソリンタンク	−	◎
		ホイールリム	●○	●
		タイヤ	●	●

（注）◎内製　●外製・特注　○外製・汎用　△輸入
（出所）調査に基づいて筆者作成。ただし類型化の考え方について，松岡（2002）を参照。

---

(14) 熊本製作所の敷地面積は170万 m^2 で建屋はそのおよそ3分の1であり，THMの敷地面積は21万5240 m^2，建屋は6万1225 m^2 である。
(15) THMでの聞き取り調査（2003年3月）に基づく。

達率は,タイオートバイ産業におけるサプライヤー群の重要性を示している。[17]

さらに外製部品については,THM はその購入額の80％を日系サプライヤーから,20％を地場系サプライヤーから調達した。[18]このことから,サプライヤーのなかでも日系サプライヤーの組織能力がホンダの QCD に大きく影響していることが分かるだろう。

日系のサプライヤーの納入割合が80％と高い割合になっているのは以下のような理由による。第1に,日系サプライヤーが納入する部材は機能部品が多く,その単価が高いことである。第2に,機能部品であるため品質保証が必要になり,それに対応できるのは日系サプライヤーであるからである。確かに,アフターマーケット向けに機能部品を生産している地場系サプライヤーは数多く存在した（東,2006）。しかし,こうした地場系の機能部品サプライヤーは日系完成車企業が求める品質保証を行うことができないことが多いため,日系完成車企業への供給は増えなかった。第3に,日系サプライヤーは日系完成車企業が求める,品質,コスト,納期などを特別な補助なく満たすことができるからであった。こうしたことから,THM が地場系サプライヤーから調達する部品は,プレス,樹脂のインジェクション,ワイヤーハーネス,一部のダイキャスト部品など,金型にはめて一発で部品になるような簡単な構造のものが大部分であった。

③　ホンダのコスト対応

ホンダは,2001年から2003年の3年間で最廉価モデルの販売価格を4万バーツ（約963米ドル）から2.7万バーツ（約650米ドル）と30％超の価格引き下げを達成した。ホンダは具体的には次の3つの方法でコストダウンを進めた。

第1に,設計開発段階でのコスト削減である。モペットタイプは1965年に日本で開発されたスーパーカブをオリジナルとする成熟製品であったが,ホンダは根本的なコストの見直しを図った。そのため,ホンダは HRS-T を大いに活

---

[16]　現地調達率は,THM の購買担当者に対するメールでの聞き取り（2004年11月）に基づく。
[17]　実際,本章で後に詳しく検討するように,コスト削減を進めるに際してサプライヤーは大きな役割を果たした。
[18]　THM での聞き取り調査（2003年3月）に基づく。

用するとともに日本本社や日本の研究開発拠点である朝霞研究所とも共同した（後述）。さらにホンダはTHMのマザー工場である熊本製作所に1999年に発足させたオートバイの技術開発者，生産技術者，購買担当者など10人程度からなる「現地調達支援エキスパートチーム」も活用した（『日経産業新聞』1999年5月25日）。これはタイを含むASEAN各国の取引（日系および地場系）サプライヤーにチームのメンバーを派遣し，部品の開発，生産技術，品質管理・保証などのノウハウの指導を行うことを目的とした。ホンダの部品調達は従来開発者がモデルごとに設計図を作成してから現地調達先を決定していたため，品質面などで調達先のQCDレベルにあわせ妥協することもあった。しかしこの新体制下では，エキスパートチームが現地サプライヤーから調達可能かどうかを確認した上で製品設計を進めていくようになった。

　第2に，部品購買価格の引き下げである。ホンダは市場成長を背景に3年間で30％の引き下げをサプライヤーに強く要請した（後述）。ホンダの現地調達率および部品の外製依存率は高かったことから，これは大きな効果をもたらした。

　第3に，研究開発の現地化によるVE（Value Engineering）の迅速化である。ホンダは研究開発機能を前述のように強化することで市場ニーズを汲んだモデル開発を現地化しただけでなく，サプライヤーとのVA（Value Analysis）／VEを効果的に行うことができるようになった。ホンダのコスト削減へのこうした取り組みは，2002年6月に販売が開始されたWave100で特に体現されたので，以下その詳細について検討していく。[19]

　Wave100は従来モデルの延長線上に開発されたモデルであり，エンジンはDream，車体はWaveのものを活用した。そのためホンダは設計開発コスト，設備投資コストなどを抑制することができた。また，ホンダは外部からの調達部品については，従来よりも30％安の部品価格を設計開発段階で設定した。このためタイ製部品のみで30％の販売価格引き下げを達成できた。現地調達率は98％で，そのうち80％が日系，20％が地場系企業からの調達であった。

---

[19] 以下，特に注釈のない限り，本節終わりまでTHMにおける聞き取り調査（2003年4月）に基づいている。

THMの外製部品として当初，中国から輸入する部品は含まれていなかった[20]。こうしたTHMの廉価版オートバイの調達戦略は，ベトナムホンダが中国製部品を30点ほど用いることで1000ドルを切る低価格を実現したこと（本章第8章で詳述）とは大きく異なった。THMは，タイの廉価モデルであるWave100を開発する段階でもベトナムホンダで輸入している部品30点についてトライアルを行った。その結果，3分の1が品質面でTHMの基準を満たさず不採用となった。なぜなら，市場が開放されて10年程度のベトナムよりもタイ市場のほうが要求性能は厳しいものとなっているからであった。また3分の1はコスト面で不採用となった。というのは，輸入関税，輸送費などを含めると中国製部品よりもタイ製部品のほうが安価であったからである。残りおよそ3分の1である8部品については，THMによるトライアルは通過したものの，デリバリー面で不採用となった。なぜなら，1部品あたり2000点ほど中国から輸入した際に納入部品の30％が不良品であったからである。ベトナムでも同程度の不良発生率であったが，ベトナムホンダはタイよりも安い人件費を活用し，納入された中国製部品に対する全数検査を労働集約的に行い，不良を排除した。THMがベトナムホンダと同様の全数検査を行おうとすると，人件費がベトナムよりも高いタイでは，中国製部品を輸入した場合の全数検査にかかるコストの上乗せ分が大きなものとなった。そのため，中国から輸入するよりもタイ製部品を現地調達するほうがTHMにとって安価となった。その結果，THMはこれら8部品も採用せず，結局中国製部品の活用は見送られた。

　こうしてタイホンダは廉価版オートバイを開発生産するにあたって，中国製部品の活用を見送り，98％という高い現地調達率を維持したまま販売価格の30％引き下げを達成した。ホンダの中国製部品のトライアル結果はまた，価格のみを優先し品質を犠牲にしたわけではないことも示している。このようにして市場に投入されたWave100はタイで1番の人気モデルとなり，オートバイ需要そのものも喚起することになった。

　さらに2003年になるとホンダは更なる廉価版オートバイの投入を行った。徹

---

[20] ただし，その後数点中国製部品をTHMは活用することとなった（AHMにおける聞き取り調査（2007年3月）より）。

底的なコスト削減を行ったWave100のコストをさらに削減するため，次のことが実行された。第1に，機能の簡素化であった。第2に，調達先選定のための競争入札の導入であった。ホンダは中国生産拠点での購買価格をタイでも導入することで国際価格圧力を顕在化させ，サプライヤーからの購買価格をより一層引き下げた。第3に，現地調達か輸入するか部品ごとの再選別を行った。その際グループ企業かどうかよりもQCDを重視するようになった。

これらは2003年4月に市場に投入されたWaveZの開発生産段階で体現された。WaveZはWave100の派生機で主な特徴を継承し，価格はWave100よりさらに10%引き下げられた。WaveZとWave100の主な違いは，Wave100がクラッチレバー操作の必要のない変速機構とディスクブレーキを標準装備としたが，WaveZはクラッチレバー操作の必要な煩雑な変速機構とドラムブレーキを標準装備とし，Wave100よりも樹脂部品を増大させたことであった。

またWaveZの開発生産に際して，ホンダは中国製部品の価格をタイでもベンチマーク化し，さらに部品調達先選定方法を変更した。WaveZが開発される以前は従来からの取引サプライヤーから見積もりを取って調達先を選定することが一般的であった。これに対し，WaveZの開発以後は調達先選定に入札方式が導入された。ただしすべての部品に関して入札が導入されたわけではなく，エンジン関係や駆動関係の機能部品以外のものが中心であった。こうした入札は次の二つの特徴があった。第1に，グループの超越である。ホンダは入札を行うに当たって，ホンダ系サプライヤーだけでなく，他日系完成車企業のサプライヤーや自動車サプライヤーの参加も促した。第2に，国境の超越である。ホンダは入札を行うに当たって，タイ国外のサプライヤーの参加も促した。しかし後述するようにタイ進出の日系企業がコストダウンに尽力したことから，主要機能部品に関する調達先の変更は結局ほとんどなく，現地調達率は95%以上という高水準を維持したままであった。

(3) ヤマハの生産体制

ヤマハは2ストから4ストへの切り替えに苦労した1990年代後半とは異なり，2002年以降，ATモデルブームを巻き起こし大きく躍進した。TYMの生産台数は2000年には10万台に満たない8万8000台であったのが，2002年に14万8000

第Ⅱ部　東南アジアオートバイ産業の形成と発展

表7-9　タイヤマハの生産システムの概要

	生産台数		ワーカー数 (現場)	日本人駐在員数	直行率	調達率			納期達成率
		前年比				タイから	ASEANから	日本から	
2000	88,575	128%			77.0%	74.3%	6.5%	19.1%	88.10%
2001	91,020	103%			92.3%	81.0%	5.0%	14.0%	94.1%
2002	148,602	163%		26	96.9%	77.7%	19.0%	3.3%	94.4%
2003	193,139	130%	1533	25	96.5%	82.6%	11.8%	5.6%	
2004	275,620	143%	1874	19	96.8%	82.6%	15.2%	2.2%	
2005	426,938	155%	2087	19	96.8%	90.6%	7.1%	2.3%	
2006	499,197	117%	2567	19	96.5%	94.8%	4.0%	1.2%	

(出所)　筆者調査に基づく。

台と10万台を越すと，2004年には27万5000台，2005年には42万6000台と急激な拡大を示した（表7-9）。

① 4ストモデルの生産

1990年代後半に4ストモデルの生産体制の確立のために試行錯誤を行ったヤマハはこの時期以降，4ストモデルを生産，販売をようやく本格化させた。なぜなら，2ストから4ストへの切り替えは投資的には大きくなかったが，日々の操業に基づく経験的な要素が重要であり様々な積み重ねが必要となったからである。

2000年以降，ヤマハは，4ストモデルの生産のため，クランクケース，カバークランク，ヘッドシリンダなどを生産するためのアルミ機械加工工程，ボディシリンダ，クランクシャフト，軸，ギアなどを生産するための鉄物機械加工工程に関する設備を新規に導入した。ただし，これらの部品の生産に当たって，TYMが担当したのは機械加工のみであった。鋳造工程は，タイにおけるTYMが100％出資するICCが担当した。また，エンジン部品以外についても，ホンダと同様，ヤマハもサプライヤーから調達する外注部品に多くを依存した（表7-8）。その内外製の区分もホンダと同様のものであった。こうしてヤマハは，操業経験の蓄積と生産設備の拡充によって，4ストモデル生産のための各種課題を順次クリアし，4ストモデルの生産体制を整えた。

② AT モデルの生産

ヤマハは AT モデルを生産するにあたって，当初，東南アジア域内におけるヤマハの生産拠点間の相互調達を進め，生産効率を高めた分業体制の構築を目指した（『静岡新聞』2002年4月25日）。これは，完成車組立は各国単位で行うが，エンジン部品は主にインドネシア，車体部品は主にタイに集約して生産することを指向するものであった。なぜなら，ヤマハは規模の面でホンダに劣っていたため，それを補うために東南アジア各国の生産拠点の部品生産を一箇所に集約して規模のメリットを活用しようと企図したからであった。域内分業を模索した2000年のヤマハ各拠点の生産台数は，タイ，ベトナムが10万台未満であり，両国にインドネシアを加えた3か国を合計しても生産台数は40万台未満であった。[21]そのためにヤマハは，100万台程度と有効最小生産規模の大きい鋳造部品及び鍛造部品の生産を，相対的に生産規模の大きかったインドネシアの生産拠点に集約した。[22]

域内分業は YMAC の管理により進められ，AT モデルのエンジンをインドネシアが，モペットのエンジンをタイが生産を担当した。またシリンダー関係の鋳造をインドネシアが，クランクケースの組立をタイが担当した。

しかし，2003年には，ヤマハのタイ，ベトナム拠点とも生産台数は10万台を超え，2004年には各々20万台を超えた。さらに Mio の投入により AT モデルブームが本格化した2005年には，インドネシアで2000年の3か国合計生産台数の3倍，タイだけでも40万台に達した。こうしたヤマハの東南アジア各国生産拠点は，各国内市場の拡大に伴う生産台数の増大により，規模の経済性を確保するに至った。その結果，域内分業は2003年以降縮小にむかい，各国市場で販売されるモデルは各国の生産拠点が生産するようになった。あわせてインドネシアが中心的役割を果たしていた鋳鍛造部品の生産は，2006年以降，タイ，ベトナムでも行われるようになった。TYM が輸入した鋳造部品の生産を行った

---

[21] タイ，ベトナム，インドネシアのそれぞれにおけるヤマハでの聞き取りに基づく。
[22] インドネシアのヤマハの生産台数は，ヤマハの海外生産拠点として最大規模のものであり，1998年7万台，1999年16万台，2000年27万台，2001年35万台，2002年48万台，2003年58万台，2004年86万台，2005年125万台，2006年148万台，と近年急拡大している（YIMM での聞き取り調査（2004年3月）および日系サプライヤーとのメールでの調査（2007年1月）より）。

のは，インドネシアのヤマハ子会社 Yamaha Motor Parts Manufacturing Indonesia（YPMI）であった。しかし，インドネシアの国内市場が拡大して YPMI の輸出余力が小さくなり，さらに各国市場が拡大したため，YPMI からの輸入だけでなくタイでも鋳造部品の生産を本格化させる必要が生じた。

　域内分業から現地調達化へのシフトに伴い，TYM は完成車生産能力を拡大させ，特に AT モデルの生産体制を整えた。2003年3月の TYM における AT モデル（Nouvo）の完成車組立ラインは1本で，残り2本はモペットの専用組立ラインであった。しかし Mio の生産を開始し市場で人気を得るようになった2005年6月には，TYM は完成車組立ライン3本のうち，1本をモペット専用ラインから AT モデルも製造できる汎用ラインに改造した（『日刊自動車新聞』2005年6月27日）。この結果，TYM は既存のライン1本とあわせてライン2本で AT モデルを生産し，AT モデルの生産比率を TYM で生産するオートバイ全体の7割（年間約28万台）にまで高めた。その後 AT モデルの専用ラインが2本，AT モデルとモペットの汎用ラインが1本となり，TYM における AT モデルの生産比率は2007年3月には9割にまで高まった。

　さらに TYM は生産能力拡大のためサイクルタイムの短縮も達成した。TYM は2006年まで完成車組立のサイクルタイムが1台あたり48秒であったが，2006年以降 AT モデルの人気に伴う増産に対応するため1台あたり33秒にまで短縮した。これは IE（Industrial Engineering）を活用し無駄な作業を取り除き工程間をバランスさせたことで実現した。ヤマハの日本本社工場のサイクルタイムは48秒であり，TYM が高い水準に達したことが分かる。

　あわせて TYM は部品の生産能力も拡充した。具体的には AT モデルの生産において，クランクケース，カバークランクケース，ヘッドシリンダを生産するためのアルミ機械加工工程，ボディシリンダ，クランクシャフト，軸，ギ

---

(23) YPMI での聞き取り調査（2004年3月）より。YPMI は，1996年7月に設立，1997年9月に操業を開始した。主な生産品目は，鋳造部品関係がシリンダーヘッドとボディであり，鍛造部品関係がアクセルやギアであった。月間生産能力（2004年3月時点）は，シリンダーヘッドが8万ユニット，シリンダーボディが5万ユニット，ギアが40万ユニット，アクセルが10万ユニットであった。

(24) TYM での工場見学（2003年3月）に基づく。

アなどを生産するための鉄物機械加工工程が従来のモペットと異なる工程であった。この中で軸，ギアは従来YPMIから輸入していたが，これも2006年10月からタイで内製するようになった。さらにATモデルは樹脂部品が多く，成形は外注したが塗装工程は内製化した。こうしてヤマハは，生産台数の拡大に伴い，域内分業体制から現地生産体制へと切り替えていった。

1990年代後半，ヤマハは2ストから4ストへの生産モデルの変更の際には生産体制の確立に大変な困難があったが，このような困難はATモデルの生産に際してはほとんど生じなかった[25]。というのは，ATモデルであるNouvoは従来のものとは異なる新型エンジンであったが，そのエンジン機構は2ストと4ストほどの違いはなかったからである（後述）。そのため，TYMはATモデルの生産において4ストのモペットのエンジン・完成車生産ラインを活用することができた。

しかし，ホンダと同様，TYMもオートバイ生産に当たっては，エンジンなどの重要機能部品を除いて外注部品に多くを依存した（表7-8）。生産台数の伸びに伴いTYMは取引サプライヤー数も増やし，2002年に約120社だったのが，2007年までに約150社となり，THMと同程度の取引サプライヤー数となった。あわせてTYMは2000年以降になって，現地調達率を大きく改善し始めた（表7-8）。ヤマハは2004年ぐらいまでASEAN域内分業を進展させようとしていたものの，それ以後タイでの現地調達が着実に伸びた。従来，日本から輸入していた場合の納期は1週間以上要していたが，現地調達化により1日数回さらにはJIT（Just In Time）が可能になった。またTYMは取引サプライヤーとの取引関係についてもQCDに関する要求水準を厳しくしていった。その結果，例えばTYMの納期達成率は，2000年88.1％，2001年94.05％，2002年94％と漸進的に改善した（表7-8）。

③　ヤマハのコスト対応

TYMはMioを新たに投入する際に販売促進のためコスト低減に迫られた。そのため，TYMはNouvoの外観や機能の簡素化，自社工場における改善を

---

[25] TYMでの聞き取り調査（2007年3月）に基づく。

行うとともに、重要機能部品の調達先サプライヤーの切り替えを行った。このとき、TYM が調達先を切り替えた部品はキャブレターとショックアブソーバーであった[26]。これらの部品の調達先は Mio 以前はヤマハ系サプライヤーであったが、新規の調達先はホンダ系サプライヤーであった。こうした切り替えの背景として、ホンダとヤマハの市場シェアの違いからも明らかなように、ホンダ系サプライヤーのほうがヤマハ系サプライヤーよりも大きな生産規模を確保できるため、スケールメリットを活用したコスト低減が可能であったことが挙げられる。

このような企業グループを超えたドラスティックなサプライヤーレイアウトの変更は日本ではほとんど見られなかった。というのも、オートバイ産業においては、自動車産業ほどグループ間の系列的な縛りは強くはないものの厳然と存在するのもまた事実であるからであった[27]。しかし、タイではグループ間の系列的なしばりが日本ほど強くはなかったために、TYM はホンダ系サプライヤーからの調達が可能となった。こうしたことをひとつの要因として、TYM は先に見たように Mio の販売価格を Nouvo に比べて25％程度引き下げることに成功した。

（2） 日系サプライヤー群

(1) 完成車企業との取引動向と調達動向

日系サプライヤーの取引概要は**表7-10**にまとめるとおりである。その特徴として3つ指摘できる。第1に、大部分のサプライヤーは取引先として、1社でなく日系4社との取引関係を有していた。第2に、ホンダに対しては納入割合（納入先におけるシェア）が100％に近いサプライヤーが多かった。第3に、自動車部品の生産を行っているサプライヤーも多かった。自動車部品の生産は2000年以降本格化し、近年一部サプライヤーではオートバイ向けより自動車向けの売上が多くなっている。これらの点から、日系完成車企業、特にホンダは、

---

[26] TYM での聞き取り（2009年8月）およびタイでのヤマハ系サプライヤーでの聞き取り（2009年3月）に基づく。

[27] ヤマハ本社での聞き取り（2003年12月）に基づく。

第7章　タイオートバイ産業の発展（2000年以降）

表7-10　日系サプライヤーの取引概要

		主要生産部品	Hとの資本関係	取引先	相手先シェア	4輪との取引（2輪：4輪）
エンジン部品	クランク系	コンロッド	◎	日系4社＋サプライヤー		
	動弁系	バルブ	○	日系4社	Hへは100%	○（65%：35%）
	吸気系	エアクリーナー	○	日系4社	100%	○（56%：25%）
	排気系・冷却系	エキゾーストパイプ	◎	H, Y	Hへは100%	×（100%：0%）
駆動部品	クラッチ系	クラッチ	◎	日系4社	ほぼ100%	
	トランスミッション系	シフトドラム	◎	日系4社		○（88%：12%）
	2次減速機構	ドライブチェーン	×	日系4社＋補修	100%	×（100%：0%）
電装部品	点火系・始動系	CDI, レギュレータ	×	日系4社	ほぼ100%	×（100%：0%）
	信号系	計器類	○	日系4社	Hへは100%	
車体部品	フレーム系	ステアリングステム	×	H, K＋サプライヤー		◎（50%：50%）
	タイヤ・ホイール系	タイヤ	×	日系4社＋補修	かつて100%現在競合10社	×（100%：0%）
2次部品など		ブレーキホース	×	Y, S＋サプライヤー	競合多数	
		ゴム製品	×	日系4社＋サプライヤー	競合150社	◎（30%：60%）
		ボルト	×	H, Y, K	H35%, Y40%	◎（50%：50%）

(注)　1）本表はオートバイ構成部品ごとに区分したサプライヤーの特徴を示したものである。例えば、コンロッドとある行はコンロッド生産サプライヤーの取引動向を示している。ただし、タイヤとゴム製品については同一サプライヤーを示し、それぞれの売上高は各々を合計した数字となっている。
　　　2）ホンダとの資本関係の記号は以下のとおり：◎ホンダグループ、○ホンダグループではないがタイ拠点では資本関係あり、×日本、タイいずれにおいても資本関係なし
　　　3）Hはホンダ、Yはヤマハ、Sはスズキ、Kはカワサキを、親は日本の部品メーカーの本社を指している。
　　　4）相手先シェアとは、当該部品に関する相手先における当該サプライヤーの占める納入割合のことである。
　　　5）取引状況の記号は、◎4輪との取引が売上高の50%以上、○4輪取引が売上高50%以下、×4輪との取引なし、を示す。
(出所)　筆者調査より。一部東洋経済新報社（2004）を参照。

各機能部品について限定サプライヤーからの調達を行っていることが分かる。こうした取引関係は，サプライヤーに対して少品種大量生産による規模の拡大を実現させた。

　日系サプライヤーは生産品目によって高低はあるものの完成車企業の高い現地調達率に比べ相対的に現地調達率は低く，原材料の輸入が多かった。具体的には鋼材関係と電子部品関係の現地調達化がタイでは遅れていた。鋼材については母材を日本から輸入し，タイに進出した日系企業のコイルセンターで加工したものを調達するという企業が大部分であった。[28]

　また完成車企業の高い外製率に対して，サプライヤーの多くは外製率が低かった。なぜなら，多くのサプライヤーは原料を輸入する以外，一貫生産体制のもとで加工や組立を行った部品，中間材を納入することが多かったからであった。電子部品は，IC，コンデンサー，トランジスタといった製品の中核となる機能部品を輸入に依存していた。[29]一方，タイで現地調達が進む原材料はナイロンやポリプロピレンなどの樹脂材料であった。金具やテープ，梱包材などの副資材についても各社とも現地調達は進んでいた。

　こうしたことから，サプライヤーのなかでは，構成部品点数の多い計器類やクラッチなどの現地調達率が相対的に高く，概ね80％ほどであった。[30]その一方で，構成部品点数が少なく自社内での加工が大きな比重を占めるバルブやチェーン，ブレーキホースなどは，部品点数ベース，購買価格ベース，いずれの現地調達率とも極めて低くなっていた。

　サプライヤーの現地調達率の向上には，重工業の発展などタイ全体に関わる問題が存在し，オートバイ産業の各企業の努力に拠らないところも大きかった。それでも各日系サプライヤーは現地調達率の向上を漸進的に図った。

　あわせて，各日系サプライヤーは，操業環境の変化や日系完成車企業からの厳しい要求に対応するために，現地調達化以外にも様々な企業行動をとった。

[28] 鋼板加工を行うサプライヤーでの聞き取り調査（2003年3‐4月；2004年2月，9月）より。なお，高級鋼材は日系の圧延・加工企業から調達するが，その母材は主に日本から輸入されている（川端，2005）。
[29] 電装部品サプライヤーでの聞き取り調査（2003年4月；2004年3月）より。
[30] 構成部品点数の多い機能部品サプライヤーでの聞き取り調査（2003年3月）より。

その際の日系サプライヤーの具体的な課題は，市場拡大に伴う増産対応，研究開発機能の増強，完成車企業によるコスト削減要求への対応，中国価格のベンチマーク化という顕在化する国際圧力への対応の4点であった[31]。さらに，ここでは販売市場におけるATモデルという新カテゴリーの出現によるサプライヤーへの影響を含めた5点について，それぞれ以下に確認していく。

(2) 市場拡大に伴う増産対応

先に見たように各日系完成車企業の現地調達率は，2000年以降90％超に達し，大部分の部品をタイで調達できるようになっていた。また日系完成車企業は，限定サプライヤーによる少品種大量生産という規模の確保を促す企業間取引関係を常に志向してきた。その結果，サプライヤーは完成車市場の拡大と同様の増産ペースを強いられた。

また2000年以降，タイ政府は完成車輸入を自由化したが完成車輸入台数はあまり増加しなかった（表7-1）。なぜなら，輸入完成車への関税率は100％と高率であり，同時に日系完成車企業のタイ製オートバイの製品競争力は高水準にあったからであった。部品についても，近年中国からの部品輸入が増大傾向にあるが，主要輸入相手国の日本からの2005年の輸入額は1994年の輸入額の67％にまで減少し，総部品輸入額はあまり増大しなかった（表7-1）。

それゆえ，タイオートバイ販売市場の拡大はタイにおけるオートバイ生産の拡大およびオートバイ部品生産の拡大を引き起こした。さらにトヨタのIMVプロジェクトに代表されるタイでの自動車生産の本格化により多くのオートバイ部品サプライヤーは自動車部品の増産を行った。このように2000年以降，オートバイ部品生産の増大に加え，自動車部品の生産が本格化したため，各サプライヤーは増産対応に迫られ，生産設備の増強を行った。

具体的には生産規模そのものの拡大と生産工程の伸長，という2つの設備投資がみられた。前者については前年比30％増という高い市場成長率にあわせて各社とも積極的に能力増強に励んだ。後者については，例えば，これまで日本から素形材などの中間製品を輸入してタイでは，機械加工や組立といった後工

---

[31] タイにおけるサプライヤー調査（2003年4月；2004年2-3月；2004年9月）に基づく。

程のみを担当していたような部品を，熱処理など素材の加工からタイで行うようになった。これは市場拡大に伴う生産規模の拡大によって有効最小生産規模を満たすようになったことが大きく影響した。

ただし，アジア通貨危機による厳しい操業環境を経験していた各企業は，2000年以降拡大局面になったからといって安易に設備投資を行ったわけではなかった。各企業は設備やワーカーの稼働率を上げるなどの改善を実行した上で，それでも生産能力の需要に追いつかない場合の最後の手段として新規の設備投資を行った。そして，そうした改善に貢献したのは，従来からの操業経験によって構築された組織能力であり，2000年以降顕著に進んだ研究開発能力の現地化であった。

(3) 研究開発機能の強化

この時期，日系サプライヤーは完成車企業の研究開発機能の増強に対応するため，タイにおける研究開発機能を増強した。なぜなら，従来と同様に日系完成車企業が能力構築を常にサプライヤーに要求するような企業間取引関係を志向してきたからである。能力構築を促す企業間取引関係とは，日系完成車企業によりサプライヤーに課される幅広い業務と重い責任に特徴的なことである。この企業間取引関係のもとでは，両者は共同して改善活動を行うため，一方（この場合，日系完成車企業）が研究開発能力を強化すれば，もう一方（サプライヤー）も共同して各種活動を行うために研究開発能力を強化しなくてはならなかった。こうした研究開発機能の強化は貸与図部品か承認図部品かによらずほとんどのサプライヤーでみられたが，サプライヤー側の研究開発負担の大きい承認図部品を生産するサプライヤーで一層顕著に見られた[32]。

各サプライヤーが研究開発機能の現地化を進めたことにより，2000年以降，タイにおけるVA/VEが従来に比べ格段と活発になった。なぜなら，2000年以降，完成車企業，サプライヤーとも研究開発機能への投資を進めたために，タイの生産現場に近いところでVA/VEを行うことができるようになり，その内容もより専門的かつ効果的なものとなったからであった。VAが効果を挙

---

[32] 各社での聞き取り調査（2003年4月：2004年2月）に基づく。

げたのは設備やワーカーに対する生産効率の引き上げという生産マネジメント上の改善であった。原材料価格の国際価格が高騰していたこの時期，コスト削減としての対象として原材料以外の費目が優先された。しかし，原材料費のコスト削減もあわせて進められ，それにはVEが効果的であった。

例えば，冷間塑性加工業のあるサプライヤーは，ステアリングの生産におけるパイプ材への切り替えとプレス工程の導入による，材料変更と工数削減というVA/VE提案を行った[33]。提案以前のステアリングの材料は棒材で，切削と溶接からなる複数工程であった。このVA/VE提案は主に次の3つの成果をもたらした。第1に，材料は棒材よりも軽量なパイプに変更され，強度を保ちつつ軽量化に成功した。第2に，パイプへの材料変更によって，生産工程における後工程である切削と溶接を削減し，プレスに一括させることに成功した。第3に，溶接工程からプレス工程への切り替えによって，溶接による鉄の成分変更を避けることになり，強度の向上にも結びついた。こうして冷間塑性加工サプライヤーは自社の得意とする専門技術を積極的に活用しVA/VE提案を活発化させることにより，完成車企業との取引を増大させた。同時に完成車企業にとっても，サプライヤーのVA/VE提案により，工数削減によるコスト削減と軽量化，強度向上という品質向上がもたらされた。

また，あるチェーンサプライヤーは，研究開発機能の現地化が可能にしたVEの迅速化により，課題であった原材料費高騰の下でのコスト削減を短期間に達成した[34]。チェーンは原材料費が生産コストの5割程度を占め，コスト削減にはスペックや材料の変更が欠かせなかった。従来，THM，チェーンサプライヤーともにタイの研究開発機能が不十分のため，日本に持ち帰って変更スペックや材料の試験を行っていた。そのためホンダの変更可否の判断には日本本社，研究所の指示を仰ぐ必要が生じ，その結果が出るまでに半年程度の期間を要していた。しかし2000年以降にホンダ，チェーンサプライヤーとも研究開発機能の現地化を進めた結果，VEなど材料変更試験も一部タイで行うことが可能になった。そのため，チェーンサプライヤーのVE提案に対し，ホンダはタ

---

[33] この事例は冷間塑性加工サプライヤーでの聞き取り調査（2004年3月）に基づいている。
[34] この事例はチェーンサプライヤーでの聞き取り調査（2004年2月）に基づいている。

イで即座に試験，変更可否を判断できるようになった。その結果，チェーンサプライヤーはVE提案によって，品質基準をクリアしたまま25%のコストダウンを短期間に進めることができた。

こうして各企業は量的拡大とともに研究開発機能の強化やそれに基づいたVA/VE活動の促進による能力構築行動もあわせて進めた。この結果，各サプライヤーは，ルーチン的な量産技術としてのもの造り能力と改善能力の蓄積に加え，能力構築能力の一部を備えるレベルに到達することとなったといえる。

(4) コスト対応

従来モデルの30%安の廉価版モデルをこの時期から市場に投入することにあわせ，日系完成車企業は取引サプライヤーに対し部品納入価格の30%程度の引き下げを強く要求した。こうした要求に対応するため，日系サプライヤーは徹底的なコスト削減を行った（**表7-11**）。

まず，先に見たように，多くの日系サプライヤーは，規模の拡大に伴う量産効果を活用することでコスト削減を果たした。なぜなら，2000年以降，タイオートバイ販売市場の拡大につれ各企業の生産量も拡大し，生産設備の稼働率が格段に高まっていたからである。また，研究開発機能の現地化に伴うVA/VE活動の活発化によってもコスト削減を果たすことができた。さらに，各日系サプライヤーは自社の生産現場全体に加えて完成車企業の生産現場全体も視野に入れたコスト削減も行った。

例えば，あるホイールサプライヤーはホイールやリム，タイヤに技術改良の余地は少ないため，納入形態で工夫せざるを得なかった。そこで従来はTHMが行っていたスポーク，リム，タイヤの組立をそのホイールサプライヤーの担当とし，そのホイールサプライヤーで足回りモジュールを生産し，そのモジュールをTHMに納入するようにした。ホイールサプライヤーによる納入のモジュール化によって，THMは足回り組立の人員と工程の削減をもたらすことができた。もともと足回り部品は重厚長大型で現地調達志向の強い部品であったが，モジュール化によりこの傾向は強められることとなった。そのため，技術面やコスト面で大きな差は出せないものの，そのホイールサプライヤーは納入面で工夫することで差別化に成功し，THMから引き続き受注を得ることに成

第7章 タイオートバイ産業の発展（2000年以降）

表7-11 日系サプライヤーのコスト対応の概要

部品類型		部品名	図面	コストダウン方法				備考
				量産効果	VA・VE提案	汎用性向上	原材料変更	
エンジン部品	クランク系	クランクシャフト	◎	○	○	×	×	自動車向け生産の増加
	動弁系	エンジンバルブ	◎	○	○	×	×	
		エンジンチェーン	◎	○	○	×	○	材料変更によるVE提案
	吸気系	エアクリーナー	◎	○	○	×	×	一体成型による工程削減
	排気系・冷却系	エキゾーストパイプ	◎	○	○	×	×	機能だけでなくデザイン面でも重要であるため汎用化は進まず
駆動部品	クラッチ系	クラッチ	●	○		×	×	BOIの恩典活用
	トランスミッション系	シフトドラムなど	◎	○	○	×	×	VA/VEの採択率は20-30%。台湾・韓国メーカーの価格水準での部品供給の要請があるも具体化せず
	2次減速機構	ドライブチェーン	●	○	○	▲	×	成熟製品であり規格は長期に不変
電装部品	点火系・始動系	CDI、レギュレーター	◎	○	○	×	×	ケースやコネクターなど低付加価値部品は汎用化
	信号系	計器類	●	○	○	▲	○	ICの日本からの輸入から中国やタイ調達への切り替え。ICなど内装面だけでなく文字板など外装面も汎用化が進む。
車体部品	フレーム系	ステアリングステム	◎	○	○	▲	○	溶接や切削工程をプレス工程に一括させる工数削減や棒材のパイプへの変更による軽量化
	タイヤ・ホイール系	タイヤ	●	○	○	▲	×	設計開発段階から。工場設計や材料、工数の見直し
		ホイール	◎	○	○	▲	×	足回りのモジュール受注による加工賃の増収
2次部品など		ブレーキホース	◎	○		▲	×	
		ゴム製品	◎	○	○		○	副資材の現地調達化。材料変更を伴うVE提案。
		ボルト	◎●	○		▲	×	資本集約型でありコストダウンは厳しいが強制的なコストダウンを強いられている

（注）1）本表は部品ごとのコスト対応を示したものである。例えば、エンジン部品のうちのクランク系のクランクシャフトの行は、クランクシャフトのコスト削減のための取り組み一覧を示している。
2）図面に関しては、◎が完成車企業からの貸与図、●が承認図、をそれぞれ表す。
3）○は実行しているということ、▲は既に可能なものは実行しており新規はなしということ、×は実行していないということ、をそれぞれ意味している。

（出所）筆者調査より

第Ⅱ部　東南アジアオートバイ産業の形成と発展

表7-12　日系サプライヤーのモジュール化の動向

		構成部品	進展度	モジュールメーカーの存在	備考
モジュール	エンジン部品	シリンダ，シリンダケース，エンジンバルブなど	開発案件にもならず	×	オートバイの技術，デザイン，付加価値が著しく集中しているため，アセンブラーが開発，生産，組立を行う
	駆動部品	クラッチ，エンジンチェーン（ベルト），ミッション，ギアなど	日本の一部モデルで実現	○	日本でホンダが一部スクーターに採用。コストダウンが目的。
	電装部品	メーター，ハンドル，灯火類，スイッチ類，ワイヤー，ケーブルなど	開発段階で不採用	×	電気信号の入出力が各電装部品で不統一であり高度な全体品質管理能力が必要である割にコストメリットは大きくない
	車体部品（足回り系）	タイヤ，スポーク，ホイールなど	実現	○	人件費の点でコストメリットがあるため

（出所）　筆者調査より

功した。ただし，タイオートバイ産業において，モジュール化はこの足回りモジュール以外は採用されていない（**表7-12**）。しかし，日本ではスクーター向け駆動部品のモジュール化が一部進んでいることもあり，今後タイでもATモデルの駆動部品についてはモジュール化される可能性も考えられる。

　また，完成車企業はあらかじめ低価格に設定した廉価版モデルを開発生産したが，それに対応してすべての部材について廉価版の設定があったわけではなかった。そのため，廉価版の設定のなかった部材のサプライヤーは従来の部品を活用しながらコスト削減を行うことを志向した。

　例えば，ボルトは廉価部品という設定のなかった部品のひとつであった。むしろ各部品の素材がコスト削減の過程で軽量化したり部品点数の削減が行われたため，各ボルトへの負荷は高まり，それに伴いボルトへの要求精度・強度は厳しくなった。それゆえ，ボルトは他の部品のような材料変更やスペックの変更は不可能であった。そのため，ボルトサプライヤーは納入の小口化を行った。これは完成車企業の手間をサプライヤー側で負担し，完成車企業の人員削減や在庫圧縮を促し，これをもって完成車企業からのコストダウン要求への対応と

した。納入形態改善以前は，まずボルトサプライヤーがボルトの品種ごとに梱包してTHMへ納入を行い，続いてTHMが各生産モデル向けにボルトを自社工場内でワーカーによる分別作業を行うというものであった。この納入形態下ではこうした複数の段階と多くのワーカーと時間を経て，ようやくラインわきの生産工程にボルトが配置された。この問題点は，オートバイ用ボルトは150種以上に及び量的にも多いため，分別作業は人員を要し面倒であったこと，完成車企業のボルトの在庫が相対的に増大する傾向にあったこと，であった。そこでボルトサプライヤーは納入形態を改善するため，サプライヤー側であらかじめTHMの生産モデルごとにボルトの分別を行った後にTHMに納入するよう変更した。こうしたボルトサプライヤーの納入形態の改善の結果，THMは人件費の削減および在庫の圧縮を達成した。

　このように各サプライヤーは，コスト削減にあたって，規模の経済性やVA/VEだけでなく，長期の取引関係による取引相手の作業内容の熟知および長期の操業経験による自社の作業内容の熟知を活用して，相互の操業現場の改善を行った。すなわち，各サプライヤーは，ある特定部品の単価の引き下げが難しい場合に，新たな付加価値やサービスを加えたものを提案し，それを合計した価格の提示を行うことで完成車企業からの受注を確保することも多かった。そして，こうしたコスト削減の達成は各サプライヤーのルーチン的なもの造り能力と改善能力という組織能力に支えられたものであった。

　ちなみに，こうしたコスト削減に取り組むサプライヤーの事例から，市場における競争や能力構築競争と同様に，日系完成車企業とサプライヤーの取引関係は動態的なものであること，そしてそうした取引には，競争圧力としての取引という側面と学習の場としての取引という側面があることが示唆される。

(5) 顕在化する国際競争圧力への対応

　従来のタイオートバイ産業においては，完成車や部品に関する国際的な競争圧力は大きいものではなかった。実際，2000年までに日本から輸入していた部品を現地調達に切り替えるということはあっても，中国などから輸入するということはほとんどなかった。けれどもタイにおける日系サプライヤーは，少数日系企業同士の寡占的な状態での能力構築競争を繰り広げてきた。そして日系

サプライヤーは，日系完成車企業からのハイレベルな要求に対応しながら，その競争力を高めてきた。このように2000年までタイオートバイ産業は寡占状態にあり，国際競争圧力も大きくはなかった。しかし，競争だけでなく学習の場でもあるような能力構築を促す企業間取引関係や厳しい能力構築競争を通じて，日系サプライヤーが発展してきたことは本書第4章，第5章，第6章などの議論においても明らかであった。

しかし，2000年以降，ホンダの部材調達先選定のための入札方式の導入やヤマハの域内分業など，国際競争圧力が強まった。それは中国オートバイ産業の成長という国際環境と高関税の下での部品輸入自由化という国内環境の変化を契機に，日系完成車企業が，現地調達した場合と輸入した場合をQCDの観点から比較できるようになったからであった。そのため，日系完成車企業はタイの日系サプライヤーに対し，中国製部品と同じかそれに近い納入価格を要求するようになった。[35] すなわち，この時期日系完成車企業は，タイにおける部品調達に際して，中国製を基準とする部品の購入価格に関するベンチマーク化を進めた。

こうして従来から能力構築競争にさらされてきた日系サプライヤーは，2000年以降，中国製部品価格のベンチマーク化による国際競争圧力にも対応する必要が生じた。日系完成車企業の部品調達先サプライヤーに大きな変更がないことは，THMの事例で確認したとおりであるが，その内実には大きな変化が生じていた。その変化とは，従来の観点からは不可能と思われる大幅な価格引き下げの達成こそが，サプライヤーが完成車企業から仕事を受注するための必須条件となったことであった。[36]

例えば，ホンダ系グループのある計器類サプライヤーは，ベトナムホンダの

---

[35] タイにおけるサプライヤー調査（2003年4月；2004年3月）より。

[36] 地場系完成車企業タイガーは，Wave100の販売直前に当時の最廉価モデルSmartを2万9000バーツで市場に投入した。その際，タイガーのタイ人マネジャーは「ホンダが従来の品質を維持しながら，価格を1万バーツ（従来価格の30％程度）引き下げることは不可能であるだろう」と言及していた（*Bangkok Post*, May 24, 2002）。このマネジャーはタイカワサキに長年勤務し，日系企業の内実に詳しいとされていた。しかし，それでもホンダのコスト引き下げは予想できなかった。このことからも，この時期の価格引き下げがいかに驚異的であったのか，そしてそれがいかに従来の日系企業のやり方とは異なっていたのかを伺い知ることができるだろう。

廉価版オートバイ Waveα の調達に際し，計器類の受注を中国製部品に奪われるという苦い経験があった。そのため計器類サプライヤーは，「グループ企業ということに安住してホンダの要求 QCD を満たすことができなかったならば，再び中国製部品にホンダからの受注を取られてしまう」という強い危機意識を持ってコスト削減に取り組んだ。その計器類サプライヤーはコスト削減を進めるにあたって，高い現地調達率を活用した。その計器類サプライヤーは IC など一部部品を日本から輸入しているものの，メーターそのものやスピードセンサーは現地生産を行っていて，現地調達率（購入価格換算）はおよそ80％と高かった。こうした高い現地調達率に基づく購買部品や自社生産工程にはコスト対応余地がある程度存在したため，それら複数のコスト削減ポイントを総合して年間10％のコストダウンを達成することができた。一方，ベトナムの生産拠点では現地化された工程がメーターユニットの組立工程のみであったため，こうした対応は取れなかった。このように，計器類サプライヤーは高い現地調達率を活かすことによってコスト削減を進めた。そして，その際に基準となったのが中国製部品の価格であった。

　以上のことから，日系完成車企業は中国価格をベンチマーク化することにより，販売価格の引き下げという表層の競争力を高めただけでなく，深層におけるサプライヤーの能力構築競争をより厳しいものとすることに成功したと考えられる。その結果，各サプライヤーは能力構築をより効果的にそして迅速に促進することとなった。それゆえ，国際圧力の顕在化は，この時期，タイオートバイ産業の発展の一因であった日系企業の取引関係を大きく変容させることはなく，サプライヤーの能力構築にはむしろプラスに作用したと考えられる。

　しかし，タイオートバイ産業における日系企業に特徴的にみられた企業間取引関係や能力構築競争が，入札方式の導入に代表されるような価格競争の激化に伴い，静態的で硬直的なものにしてしまう危険性もはらんでいることには留意しなければならない。現在はまだ各サプライヤーが自社の組織能力に基づいて価格の引き下げを果たすことができている。しかし，組織能力の裏付けなく価格が引き下げられるようになると，従来の日系企業の強みであった能力構築を促す動態的な取引関係が変容する可能性も考えられる。こうした取引関係の

変容の結果，東南アジア各国においても，中国オートバイ産業のように，技術や製品品質の継続的な改善活動が困難となり，本格的な研究開発活動や要素技術開発の停滞，オリジナルモデルの消滅，という状況に陥ってしまう危険性もあることには注意が必要であるだろう。

(6) ATモデルという新カテゴリーの出現

1990年代後半に市場ニーズが2ストから4ストへシフトした際，サプライヤーへの影響はそれほど大きくはなかった。なぜなら，ニーズのシフトの影響はエンジン関係部品には大きかったが，それらは完成車企業が内製していることが多かったからである。しかし，ATモデルという新カテゴリーの出現は，4スト化よりも大きな影響をサプライヤーに与えた。というのも，ATモデルとモペットとでは駆動系部品と外装などの車体部品が異なり，それらはサプライヤーが生産していることが多かったからである。

例えば，ドライブチェーンのようなモペット専用部品を生産していたサプライヤーにとってATブームは大きなマイナスであった。けれどもその一方でドライブベルトや部品点数の増加した灯火類，樹脂部品を生産するサプライヤーには大きなプラスとなった。またホンダがATモデルに対して水冷エンジンを採用したことから，水冷ユニットを構成するウォーターポンプやラジエーターなどに対する新規需要が2006年以降発生した。

こうしてATモデルという新カテゴリーの出現はサプライヤー間で明暗が分かれた。ただし，2008年までのこの時期，オートバイ市場は拡大し，さらに自動車市場の成長もあって，生産規模そのものが縮小したサプライヤーはほとんどなかった。すなわち，ATモデルによるモペット関係部品の生産減少については，2008年までの時期の日系サプライヤーは他部品の生産増大で代替することができたため，そのマイナスはあまり表面化しなかった。

(3) 地場系企業群——完成車企業の新規参入とOEMでの不調／補修市場の好調

(1) 地場系完成車企業

2000年以降，地場系完成車企業の新規参入が相次ぎ，日系完成車企業を頂点としない企業群による生産体制もこの時期ようやく出現しつつあった（表7-5）。

しかし，地場系企業の中でも最も販売台数の多いタイガーでも年間10万台に達しない小さな規模に留まった（図7-1）。このように規模の経済性に起因する制約を突破できないことを1つの大きな要因として，この時期，地場系完成車企業を軸とする生産構造は十分な拡がりを果たせなかった。

　こうした地場系完成車企業の生産体制について，タイガーを事例に確認する（表7-5）。タイガーはタイカワサキの営業部長であったタイ人が中心になって起業し，タイカワサキから生産工場一式を買い上げてスタートした。そのため，タイガーの技術はタイカワサキの旧モデルに基づいたものであった（*Bangkok Post*, June 14, 2002）。タイガーの主要販売モデルは4ストエンジンのモペットタイプ（Smart）であり，低価格であることとタイブランドであることの2点を強みとした。というのも，タイガーは日系完成車企業に比べブランド訴求力や品質などで大きな後発劣位を抱えていたからであり，差別化を図る必要があったからであった。具体的なタイガーのオートバイの販売価格は2万9000バーツから3万3700バーツであり，販売当初は日系完成車企業のオートバイより3000バーツから6000バーツほど割安であった（図7-2：*Bangkok Post*, April 4, 2002）。こうした低価格は，第1に，機能部品であるエンジン部品や電装部品を中国から輸入すること，第2に，その他現地調達する部品についてはスポット的な取引関係をサプライヤーとの間でとることによって部品の購入価格を引き下げたこと，によって達成された（東，2006）。

　タイガーの現地調達率は80％であった（*Bangkok Post*, May 2, 2003）。この数字が購買価格換算であるか部品点数換算であるかは不明であるが，THMの現地調達率と比較すると，前者であるならTHMの1990年代後半，後者であるならTHMの1980年代前半の数字と同等であった。エンジン部品および電装部品という価格の高いものを中国から調達していたことを考慮すると，この現地調達率は後者の部品点数ベースのものと考えられる。それゆえ，タイガーは部品の調達体制において，THMに対して20年以上の遅れをとっていることが濃厚であるだろう。

　以上から，タイガーの競争優位である価格競争力は，もの造りの組織能力に基づいたものであるとはいいがたい。それよりもむしろ，中国製部品の価格競

争力と取引形態による部品購入価格の引き下げという一時点の競争優位に基づいたものであり，静態的であったといえるだろう。もちろん，必ずしも現地調達化が完成車企業の能力構築にとって常に最適解であるとは限らない。しかし，中国製部品が品質に問題を抱えていることは先にTHMのコスト対応で検討したことから明らかである。実際，中国製部品を活用したタイガーはエンジントラブルを起こし，市場の信用を失うこととなった（NNAニュース，2004年4月30日）。

このように，現地調達率の高低は製品の質に反映し，それが販売動向に直結することとなった。そのため，ホンダを始め日系完成車企業が2002年以降に廉価版オートバイを市場に投入して，価格競争力が減じるとタイガーの販売は伸び悩んだ。つまり，コンペティターが価格競争力を身につけると，それに対して競争優位が静態的であった地場系完成車企業は新たな差別化を打ち出せず，業績は低迷することとなった。

タイにおける日系企業が時間をかけてその組織能力の構築を図ってきたように，タイガーを始めとする地場系完成車企業も今後競争力を高めていくかもしれない。しかし，地場系完成車企業は日系企業で見られたような能力構築競争よりも，価格などの表層の競争に終始し，継続的にもの造りの組織能力を構築し着実に深層の競争力を高めているわけでは必ずしもない。それゆえ，現状のままでは，地場系完成車企業が今後能力構築競争を通じて質的向上を果たすことは厳しいと予想できるだろう。

(2) 地場系サプライヤー：OEM

既に確認したように，タイオートバイ産業における地場系サプライヤーは日系完成車企業の調達部品購入額の20％を占めるに留まる。日系完成車企業が日系サプライヤーからの部品調達に大きく依存していることは，日系サプライヤーの進出が進んだ1990年代以降，輸入代替が進展し，現地調達化が進んだことからも明らかである。さらに，地場系サプライヤーが日系完成車企業に納入する部品は重要機能部品ではなく，大部分は簡単なプレス部品などである。このように地場系サプライヤーは日系完成車企業の部品調達先としては量的にも質的にも限定的であり，そのプレゼンスは小さい。この要因として，次の2点が

第7章　タイオートバイ産業の発展（2000年以降）

考えられる[37]。

　第1に，地場系サプライヤーが日本に開発拠点を有していないことである。地場系サプライヤーは，日系完成車企業の日本の開発拠点にゲストエンジニアを送るということも行っていない。この結果，次の2つのような問題が生じた。

　ひとつは，日系完成車企業がエンジン開発など新たなモデルを全面開発する際に，地場系サプライヤーは開発段階から共同作業を行うことができなかったことである。それゆえ，同じ貸与図による取引であっても，開発段階から共同する日系サプライヤーに比べて，地場系サプライヤーは製品（完成車全体と個別部品）と工程（完成車の組立工程，エンジンの組立工程，個別部品の生産工程）に関する知識，情報の量が桁違いに少なくなった。そのため，地場系サプライヤーは日系完成車企業が要求する品質やコストを達成することが困難となっただけでなく，競合する日系サプライヤーにも大きな遅れをとることになった。

　もうひとつは，市場でオートバイに何か問題が生じた際に不具合の箇所を確認する作業が機能部品サプライヤーには求められるが，地場系サプライヤーは自社部品について責任を持って問題に対処する能力，体制に欠けたことであった。すなわち，地場系サプライヤーは，自社生産部品に関する品質保証を十分に行うことができなかった。オートバイは人命を預かる製品であるため，アフターケアを円滑に行えるかどうかも部品調達先のひとつの要件であった。しかも機能部品はオートバイの基本性能を左右するために，品質保証の可否が調達先選定の重要なポイントであったが，地場系サプライヤーはこれをクリアできなかった。

　確かにエンジン開発など機能部品までの全面開発を含むような開発活動は依然日本で行っているのが現状である（表7-7のBランク相当）。しかし近年，日系完成車企業は研究開発能力の現地化とそれに伴う開発業務の現地化を進めていることから，地場系サプライヤーも開発段階から参画できる可能性が高まっている。そのため，今後，地場系サプライヤーが日本に開発拠点を持たないことに起因する制約は解消する可能性も考えられる。

---

[37]　以下の2点に関して，日系完成車企業からの聞き取り調査（2002年8月；2003年3月；2007年3月）に基づく。

第2に，地場系サプライヤーの多くがルーチン的なもの造り能力の構築はある程度進めているものの，ルーチン的な改善能力構築が不十分であったからである。例えば，地場系サプライヤーは，人件費が上がったからといってそのまま部品単価の引き上げを要求することが多かった。これは，日系サプライヤーであれば，人件費の引き上げがあったからといって単純に部品単価の引き上げを要求せずに生産工程の改善によるワーカーの削減などを行うことで当然のように対応するケースである。

　このように，地場系サプライヤーが機能部品の受注を受けることができない要因は，研究開発機能の不足という側面もあるが，あわせて現場の改善能力の不足という側面も大きなものであった。この結果，2000年以降日系完成車企業からの要求で顕著になった，一定の品質水準を保ちながらコスト削減を進める，ということを地場系サプライヤーは十分に行うことができなかった。また先にみた日系サプライヤーが行ったようなオートバイの生産工程全体の最適化を目指して自社生産工程から生じているボトルネックの解消を図る，ということを地場系サプライヤーはあまり実践できなかった。そのため，安定供給を重視しかつ常に改善を要求する日系完成車企業は，日系サプライヤーから機能部品を調達した。

(3)　地場系サプライヤー：補修市場

　OEMの不調に比べ，地場系サプライヤーの多くは補修市場では好調である。補修市場における主な部品は車体部品としてのタイヤ，駆動系部品としてのチェーンとスプロケット，電装部品としてのバッテリー，灯火類などである。この他，デザイン面で独自性を出すためのアクセサリーパーツやヘルメットなどの売上が近年拡大している。こうした補修部品は地場系サプライヤーと日系サプライヤーがそれぞれ生産，販売しているが，多くの場合，地場系サプライヤーが競争を優位に進めている。各補修部品のブランドは日系のコピーも多いが，地場系サプライヤーが独自のブランドを展開し確立させている場合もある。

① 　補修市場の概要

　ここでは以下，主要な補修部品のひとつであるドライブチェーンの事例に沿って，補修市場の概要と地場系サプライヤーの動向について確認する。[38] 一般に

補修市場の大きさは当該国の保有台数と同規模であることから，2006年のタイにおける補修市場は完成車1650万台分の規模であった。ドライブチェーンは一般に2年に1回の割合で交換するため，年間800万本の需要があった。これは年間150万台程度の OEM に比べて5倍以上の規模であり，その大きさが分かるだろう。こうした補修市場には30から40のブランドがあった。1社が複数のブランドを展開することもあるため，補修向けドライブチェーンを生産するサプライヤーは20社以上存在したと考えられていた。ドライブチェーンの補修市場は価格により2つにセグメント化されていた。ひとつは低価格セグメントで市場の70％を，もうひとつは高価格セグメントで市場の30％を占めていた。

　低価格セグメントは，年間走行距離が1万キロ未満でオートバイに対して嗜好性の弱い一般ユーザーが主流であった。そのため，補修市場におけるドライブチェーンに対しては，品質よりも価格を優先するユーザーが多かった。その結果，低価格セグメントにおける販売価格は，高価格セグメントのそれに比べて半分以下となった。日系サプライヤーは価格をここまで引き下げることは不可能でありこのセグメントには手が出せないことから，低価格セグメントは地場系サプライヤーが圧倒的優位を占めた。補修市場に参入するに当たってOEM のように QCD に関する一定の水準が定められているわけでもなく，また品質保証をユーザーから求められることは必ずしもなかった。そのため，OEM 供給が不可能な地場系サプライヤーが数多く参入することができた。そして地場系サプライヤーは，低品質で低価格な原材料を用いることによって，コストを押さえ，廉価版チェーンの生産，販売を実現した。そのため，廉価版チェーンの一部は，耐久性に劣ったり，走行安定性に欠けたり，騒音が大きかったりするなど品質面での問題が生じた。

　一方，高価格セグメントはオートバイタクシーの運転手など年間走行距離の長いユーザーや嗜好性の強いユーザーが主流となった。そのため，補修市場においても OEM と同様の高い耐久性や走行安定性が求められた。それゆえ，品質に優れる日系サプライヤーのD社が高価格セグメントの約30％の販売シェア

---

(38) 本節は日系ドライブチェーンサプライヤーでの聞き取り調査（2004年9月；2007年3月）に基づいている。

を握った（全補修市場の約10％の販売シェア）。

　1990年末以降，Ｄ社は高価格セグメントにおける更なる販売シェアの拡大を狙い，新たな販売形態としてドライブチェーンとスプロケットをセットで販売する方式を採用した。なぜなら，ドライブチェーンの交換の際にはスプロケットも一緒に交換されるため，セットにする相乗効果は大きなものであると考えられたからであった。しかし，スプロケットはＤ社で生産していなかったため，ホンダにOEMで納入している日系サプライヤーＳ社に生産を依頼した。ホンダのOEMであるＤ社とＳ社は補修市場においてもブランドが確立されていた最強のペアであると考えられた。実際，ドライブチェーンとスプロケットをセット販売すること，そしてブランドの確立したOEMサプライヤー同士でセット販売することの補修市場の反応は良いものであった。けれども，Ｓ社は補修市場でのＤ社との共同販売にあまり積極的ではなく，結局，この提携関係は解消した。そのためＤ社はスプロケットのパートナーとしてある地場系サプライヤーに切り替え，その販売を継続させた。しかし，スプロケットのブランド訴求力が弱く，ユーザーの評判は芳しくなかった。そこでスプロケットにもＤ社のブランドをつけたが，本当に日系サプライヤーの生産によるものなのかという疑いなど，マイナスの評価が生じたため，販売を伸ばすことはできなかった。Ｄ社はスプロケットの内製化も考えたが，結局セット販売方式をそれ以上本格化させることはなかった。

　しかし，こうした市場の反応をみた地場のチェーンサプライヤーがスプロケットを内製して，セットで販売するという販売形式を真似た。そして，これが市場で大ヒットとなり，その地場系サプライヤーはドライブチェーンにおける補修市場の高価格セグメントで販売台数を拡大させていった。

　このようにタイオートバイ産業における補修市場は基本的に価格によるセグメント化が進んでいる。そして高価格セグメントではOEMを行い品質，ブランドに優れる日系サプライヤーが従来優位な地位にあった。ここで見たドライブチェーンの分野におけるＤ社のように，バッテリー，タイヤ，スパークプラグなど各部品で有力な日系サプライヤーが存在した。しかし，地場系サプライヤーは，従来から支配的地位にあった低価格のセグメントに加え，高価格セグ

メントにおいても近年の成長は著しいものとなっている。

② 地場系サプライヤーの今後の課題

地場系サプライヤーの今後の課題として次の2つを挙げる。第1に，補修市場の高価格セグメントにおける競争で培った価格以外の競争優位に基づき，地場系サプライヤーが機能部品についてもOEMを行うまでに能力構築を果たすことができるか，という点である。補修市場の地場系サプライヤーは，規模の経済性を活用したコスト削減は行えるものの，能力構築を果たすための学習の場が少ない。というのも，補修市場は市場規模がOEMより大きいが，OEMのように完成車企業との取引を通じた技術やもの造り能力の構築促進などの機会がほとんどないからである。

ただし，OEMと補修市場では要求水準が異なるものの，もの造りの組織能力として性格の異なるものではないため，地場系サプライヤーがこれまで行ってきた能力構築は競争優位確立のための土台になりうると考えられる。これに基づいて地場系サプライヤーは，日系企業が進める研究開発機能の現地化に対応して，研究開発機能を強化し日系企業と積極的な共同作業を行っていくことがOEMへの進化のために必要になると考えられる。そうすることで，地場系サプライヤーは，規模の経済性に優れる低価格セグメントで構築したルーチン的なもの造り能力を安定させ，高めていくという好循環を確立することもできるだろう。

第2に，低価格セグメントにおける中国製部品との競争である。それは，FTAの締結などによって貿易の自由化が一層進展することで，今後，中国製部品のタイへの流入が増大すると予想されるからである。地場系サプライヤーは低価格セグメントにおいて規模の経済性を得ていると考えられるため，中国製部品との競争に打ち勝つことが，OEMへの進化のために重要となるだろう。

3　日系企業のタイにおける能力構築行動

2000年から2008年にかけてのタイオートバイ産業において，日系企業は継続的な能力構築行動により，能力構築能力を発現させる段階にまでもの造りの組

織能力を高めることとなった。このことは，日系企業が研究開発機能の強化やVA/VEの推進など深層の競争力を構築することにつながった。その結果，日系完成車企業は表層の競争力を強化し，製品の競争力を高め，国内外の市場を開拓することとなった。日系サプライヤーも能力構築を進め，日系完成車企業の能力構築に対応するもの造りの組織能力，深層の競争力を構築した。こうして，日系サプライヤーはコストダウンと日系完成車企業からの要求水準を同時に達成し，納期達成率も向上させた。これは日系完成車企業の高い現地調達率に表出していることである。

そしてこうした能力構築の国内市場に対する成果が，この時期に投入された廉価版モデルであり，ATモデルであった。廉価版モデルは低所得者層という需要の新規開拓に成功し，タイ国内市場を急拡大させることとなった。さらに，ATモデルブームが起きたことで低所得者層以外の層も新たに開拓され，市場の成長はさらに促進された。タイ国内市場は急成長を遂げながら，廉価モデルとATモデルとで2つにセグメント化した。

また能力構築の国際環境における成果が，タイオートバイ産業の競争優位の確立であったと考えられる。そのため，完成車および部品の輸出を増大させたタイオートバイ産業は輸出の拠点となった。さらには，輸出に向けた製品開発およびその品質，コスト水準の向上のために研究開発機能が強化され，タイオートバイ産業は東南アジアに地域における研究開発の拠点ともなった。

2000年以降のタイオートバイ産業では，地場系完成車企業や中国系完成車企業などの新規参入が生じ，競争主体が増大したことも大きな特徴であった。しかし，地場系完成車企業はもの造りの組織能力を段階的に構築してきた結果としてこの時期に勃興したわけではなかった。地場系完成車企業は中国からの安い輸入部品を活用し，サプライヤーとスポット的な取引を行うことによって廉価版モデルの生産，販売を実現した。部品購入価格を引き下げた（**表7-13**）。すなわち，地場系完成車企業はもの造りの組織能力ではなく，静態的で一時的な価格競争力を競争優位の源泉とした。そのため，日系完成車企業が廉価版オートバイを市場に投入してきたことに対して，明確な差別化行動を取ることが能力的に不可能であった。

第7章　タイオートバイ産業の発展（2000年以降）

表7-13　2000年以降の各企業（群）の能力構築の内実

	日系完成車企業	日系サプライヤー群	地場系サプライヤー群	地場系完成車企業
表層の競争力	新市場の開拓（国内・海外） 完成車販売価格の引き下げ 納期の短縮 製品・輸出先の多様化	日系完成車企業の高い現地調達率 コストダウンと要求品質の同時達成 品質保証能力 納期達成率の向上 自動車産業への供給増大	低コスト	低価格 ナショナルブランド
深層の競争力	研究開発機能の強化 VA/VEの推進 直行率の改善 現地調達化の推進 生産規模の拡大 サイクルタイムの短縮 生産ラインの汎用化	研究開発機能の強化 VA/VEの推進 生産規模の拡大	補修市場で確保する規模の経済性 日系企業との取引を通じた学習の場の活用	中国から輸入する低価格な機能部品 スポット的な取引関係による低コストの調達 カワサキの旧モデルのものを継承した生産ライン（タイガー）
もの造りの組織能力	能力構築能力の発現 ベースはルーチン的なもの造り・改善能力	能力構築能力の一部発現 ベースはルーチン的なもの造り・改善能力	ルーチン的なもの造り能力の構築 一部，ルーチン的な改善能力の構築	カワサキで培ったもの造り能力・改善能力に関する移転，活用の試み（タイガー）

（出所）　筆者作成

　もちろん，日系完成車企業も約40年という長期にわたって能力を構築し，競争優位を確立してきたことから，地場系完成車企業の能力なり競争優位なりを現時点で評価するには時期尚早であるかもしれない。しかし，かつての日系完成車企業が当初から能力構築に努め，さらにはサプライヤーも巻き込んで産業形成を進めていたのに対し，現時点における地場系完成車企業は，能力構築行動を積極的にとることは少なく，サプライヤー群の形成促進もほとんどみられないことはあまりに対照的であるだろう。またタイの地場系完成車企業は，中国の地場系完成車企業が分厚いサプライヤー群の上に成立し，完成車組立に特化しながら競争優位を確立したという発展パターンとも異なっている。タイには日系企業とは独立した有力な地場系サプライヤーが必ずしも多くはないため，地場系完成車企業は機能部品を輸入に依存しているに過ぎず，これは産業形成や各企業の能力構築を促すものではないだろう。

それゆえ，日系と地場系とで明暗が分かれた要因は，各企業の土台となるもの造り能力の有無とその構築への取り組みであったと考えられる。もの造り能力を構築していた日系完成車企業は販売市場の95％超のシェアを握る一方，それが不十分であった地場系完成車企業は販売台数を伸ばすことができなかった。ただし，新規参入完成車企業はこの時期日系完成車企業の主要コンペティターとなるまで成長しなかったが，日系完成車企業に対して，能力構築をより一層促進させる強力な圧力を与える存在にはなった。

以上，本章の議論から，タイオートバイ産業は，サプライヤー群も巻き込んで能力構築を進めた日系完成車企業の主導によって，競争優位を確立していったことが明らかとなった。すなわち，2000年以降にみられた輸出拡大に見られるタイオートバイ産業の国際的な競争優位の高まりは，単にタイに進出した日系企業が元来備えていた競争優位に由来するのではなく，タイオートバイ産業における企業群全体の漸進的な積み重ねによる能力構築行動の結実としての競争優位の確立を意味していると考えられる。

第8章
ベトナムオートバイ産業の形成と発展
—— 圧縮された発展プロセス・短期の保護育成期間・中国車の大量流入 ——

　本章ではベトナムオートバイ産業の形成と発展のありようについて，市場競争と企業の能力構築行動，政策の観点から明らかにする。ベトナムオートバイ産業は，東南アジアオートバイ産業の中では最後発のひとつであり，1990年代から本格的に創始した。そのため，タイに比べて，ベトナムオートバイ産業の歴史は3分の1，政府による保護育成期間は6分の1に過ぎない（表3-6）。
　しかし，極めて圧縮された工業化にも関わらず，ベトナムオートバイ産業は今日着実に競争力を備えつつある。産業形成の途上，タイや中国からのCKD部品セットの大量流入や政策による混乱も見られた。けれども，ベトナムオートバイ産業では，2005年に国内市場規模が150万台に達し，主要な外資系完成車企業，サプライヤーの進出も60社を越えた。クラッチなどの重要機能部品もベトナムで生産するようになり，多様な生産品目や工程から成るサプライヤー群の形成が進行した。それに伴い，輸入代替は段階的に進展し，外資系完成車企業の現地調達率は80％をクリアするまでになった。さらに完成車輸出は10万台に達し，外資系企業は一部研究開発機能の現地化にも着手した。
　こうしたタイオートバイ産業に比べて圧縮された産業発展の歴史や短期の保護育成期間という厳しい環境において，ベトナムオートバイ産業は，どのようにして産業形成を果たし，国際的な競争優位を確立したのだろうか。また産業形成にあたって先進国へのキャッチアップだけでなくコスト競争力に基づいた中国からの輸出圧力にどのように対応し，さらにはそれがベトナムオートバイ産業の形成と発展にどのように影響したのだろうか。
　以上，ベトナムオートバイ産業の形成と発展のありようを検討する本章は，産業形成の初期から自由貿易的な国際競争枠組みへの編入が強いられ，なおか

つ超短期の発展を強いられる21世紀の途上国産業のひとつの発展パターンを示すことになると考えられる。それゆえ，本章の考察により，グローバル化時代における輸入代替型産業の発展の特質に関する示唆が得られると考える。

本章は次の構成をとる。まずベトナムオートバイ産業の発展プロセスを製販動向と政策環境，各企業の行動と取引関係から4つの時期に区分して考察する。続いて発展の要因について，国内外の競争圧力，市場規模の拡大，企業行動と取引関係，政策から分析する。

1 ベトナムオートバイ産業の発展プロセス

(1) 前史（1960年代から1985年）

ベトナム戦争期から改革開放政策であるドイモイ（刷新）が開始された1986年に至るまでベトナムでオートバイの本格生産は行われなかった。ただしベトナムとオートバイとの関わりはベトナム戦争から始まった。なぜなら，ベトナム戦争でアメリカ軍により南ベトナムに約200万台のオートバイが持ち込まれたからであった。(1)だが1978年のカンボジア侵攻に対する西側諸国の経済封鎖により，ドイモイ開始まで完成車及び部品の正規輸入はほぼ停止した。この間ホンダのオートバイは簡単なメンテナンスで問題なく走り続けたため，ベトナム市場では以後今日まで続くホンダブランドへの信頼と人気が定着した。

(2) 地場系企業による完成車組立と外資系完成車企業の進出期（1986年から1999年）

1986年にドイモイ政策が開始されると，「全方位外交」方針に基づき1991年にカンボジア和平協定に調印し，各国との関係改善もなされ，1995年にASEAN加盟も果たした。こうした経済改革や国際化，1987年の外国投資法の制定を皮切りに，ベトナムは海外直接投資を積極的に導入した。その成果による経済成長に伴い，一人当たり所得も拡大基調になり，オートバイへの需要も

---

(1) ホンダ資料（本田技研工業，「アジア事業説明会参考資料」，2003年3月26日）より。

第8章 ベトナムオートバイ産業の形成と発展

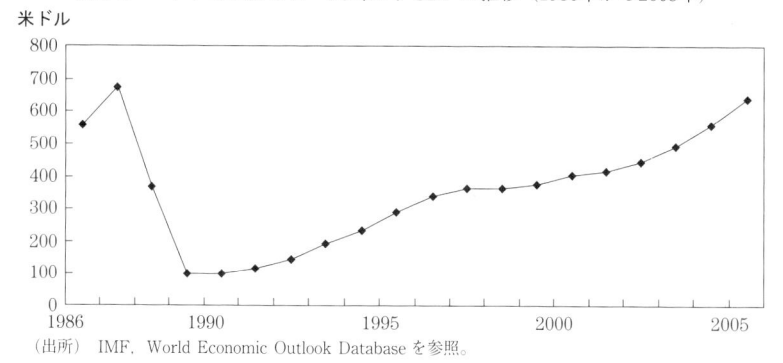

図8-1 ベトナムにおける一人当たりGDPの推移（1986年から2005年）

（出所）IMF, World Economic Outlook Database を参照。

拡大した（**図8-1**）。需要は当初輸入完成車によりまかなわれ，その輸入量は1986年2,678台，1988年9,049台，1990年18,913台，1993年284,851台と拡大した（General Statistical Office, 1996）。

(1) 地場系企業

完成車需要の拡大をみた地場系組立企業は1990年代初頭に順次参入した。参入地場系企業は中央省庁や地方自治体傘下の国有企業が大半で1999年までに約80社にのぼった（**表8-1**）。地場系組立企業は1993年に約3万台，1997年に20万台以上，1999年に30万台以上のCKD（Complete Knock Down）生産を行ったとされる（General Statistical Office, 1996；**表8-2**）。多くの地場系企業がオートバイ産業に参入した要因は主に次の2点だった。

第1は，タイ車（注2を参照）の価格競争力と品質，ブランドに基づく大きな参入インセンティブだった。タイ車の販売価格は1900米ドルだったが，後述する外資系完成車企業の生産するオートバイ販売価格は2200ドルだった。つまり，タイ車は外資系完成車企業のオートバイよりも価格競争力があった。また

---

(2) 地場系企業に関して，ベトナムでのヒアリングおよび『日本工業新聞』1999年3月5日，同8月4日，『日経産業新聞』1994年12月28日，同1999年5月5日を参照。表8-3に示されているように，地場系組立企業は，1990年代はタイから，2000年以降は中国から部品一式を輸入して最終組立に特化した。そこで本章では，タイから輸入した部品一式を元に地場系組立企業が最終組立を行ったオートバイを「タイ車」，中国から輸入した部品一式を元に地場系組立企業が最終組立を行ったオートバイを「中国車」と呼ぶことにする。

表 8-1　ベトナム地場系組立企業の概要

	1990年代	2000年-2001年	2002年以降
企業数	約80社	51社	(2003年) 44社 (2004年) 約7社
企業形態	各中央省庁や地方自治体傘下の国有企業が大半	国有23社，私有18社，合弁4社	(2002年) 国有23社，私有18社，合弁3社
主要輸入先	タイ（ラオス経由）	中国	中国
主要輸入形態	日系企業の純正二輪車をばらしたCKD部品セット	中国企業のコピー車をばらしたほぼCKDである部品セット	KD部品セット
輸入政策への対応	禁止後も例外的に認められたラオスとのバーター貿易を悪用	現地調達率を不正報告しCKD部品セットではないとする	現地調達率の不正報告が通らなくなる
担当生産工程	CKD部品による完成車組立に特化	ほぼCKDである部品セットによる完成車組立に特化	完成車組立が大部分で一部部品を内製化
現地調達率	ゼロに近い	(2000年)38社が20%以下	(2002年)32社が40%以下
完成車ブランド	タイの日系企業の純正ブランド（正規ディーラー販売でない）	日系企業のコピー	日系企業のコピー（一部自社ブランド）

(出所) 1990年代は筆者調査および日経産業新聞（1994年12月28日；1999年5月5日），日本工業新聞（1999年3月5日；8月4日）より，2000年以降は筆者調査およびNEU-JICA（2003）より，筆者作成。

　ベトナムがタイから輸入したCKD部品セットの品質水準は総じて高かった。加えて，ベトナムには国内産よりも外国産を優先する消費志向が存在した。それゆえベトナム市場では地場系企業によるタイ車のほうが，外資系完成車企業が現地生産するオートバイよりブランドイメージに優れ，販売も好調だった。

　第2は，参入障壁の低さだった。地場系企業は，技術的困難の少ない完成車組立工程に特化したCKD生産という形態で新規参入した（表8-1）。なぜなら，政府は完成車・CKDセット輸入を1997年に禁止したが，ラオスとのバーター貿易は60%の関税を課すことで例外的にそれを認めたからであった（**表8-3**）。CKD生産は組立作業人員のみを必要とし，生産技術やノウハウ，巨額の設備投資を必要としないオートバイ産業への新規参入は容易だった。

　一方，本段階に参入した地場系サプライヤーの大半はタイヤなど重量物で補

第8章 ベトナムオートバイ産業の形成と発展

表8-2 ベトナムの国内市場販売台数と輸出台数の推移（1998年から2005年）

	販売台数								総販売台数	ホンダ輸出台数
	ホンダ	ヤマハ	スズキ	VMEP	完成車輸入	タイ車	中国車	その他		
1998	82,335	0	25,055	36,495	1,241	121,164	1,241	39,707	302,767	0
1999	91,491	3,100	21,842	18,442	11,843	204,588	67,111	44,412	468,791	0
2000	163,426	9,416	23,947	42,865	19,084	164,023	1,177,207	97,431	1,693,490	0
2001	171,053	22,958	28,289	71,725	33,962	66,187	1,512,388	95,847	1,994,817	0
2002	401,748	67,000	43,794	153,998	69,331	0	1,297,307	49,896	2,070,511	8,031
2003	429,341	99,171	51,439	175,132	47,771	0	432,694	55,474	1,291,015	26,110
2004	514,941	190,846	70,160	224,564	14,035	0	345,868	80,201	1,440,615	55,940
2005	608,773	217,292	67,413	124,164	44,872	0	513,833	74,775	1,651,123	91,600

(注) 外資系企業の販売台数は輸出がホンダ以外ほとんどないため、生産台数とほぼ等しい。また地場系企業の販売台数は、タイ車と中国車の合計台数によって表される。ただし、地場系企業の販売台数と生産台数の関係は販売不振で大量在庫が生じているため、実際の生産台数とはやや異なるが概要は示されている。

(出所) 総販売台数とホンダの輸出台数は、『世界二輪車概況』(2006)を参照。完成車輸入、タイ車、中国車、その他の販売台数、および2003年以降のヤマハ、スズキ、VMEPの販売台数は、ホンダベトナムの販売シェアに関する資料より筆者が総販売台数から計算したものである。そのため、各社合計販売台数と総販売台数は一致しないが、販売動向の概要は示している（タイ車・中国車について本章注2を参照）。

修需要のある部品を生産した[3]。納入先は主に補修市場で、地場系企業や外資系企業と取引関係を持つサプライヤーは少なかった。

(2) 外資系企業

外資系完成車企業はベトナム市場の拡大に伴い1994年以降に進出した（**表8-4**）[4]。各社ともプレス、機械加工、塗装、組立まで自社工場で行う一貫生産体制をとった（**表8-5**）。CKD生産よりコスト高になるにも関わらず外資系完成車企業が一貫生産体制をとった理由は、ベトナム進出にあたって、完成車組立だけでなく部品生産も政府により義務付けられたからであった。そしてその実行は、投資ライセンス申請時に外資系完成車企業が政府に提出したF/S（Feasibility Study）に則って厳しく管理された。それゆえ上述のような完成車の販売価格差が地場系組立企業との間に生じた。

---

[3] 販売店調査および地場系サプライヤーの訪問調査（2002年9月；2005年8月）より。
[4] 以下、本段落は各社訪問調査での聞き取りやホームページ、*Saigon Times*, October 29, 2001 に基づく。

表8-3 ベトナムオートバイ産業の主要政策概要

	政策内容		影響・帰結
1997年	完成車輸入禁止	外資	1994年の輸入禁止予定の公表を受け，組立企業が進出し，現地生産を開始
		地場	政策施行が不徹底だったため，不正にCKD組立生産を継続
2001年	現地調達率と連動した関税制度導入	外資	コスト削減のために現地調達化を促進（帰結①組立企業の内製能力拡充，②外資系サプライヤーの進出増加，③地場系サプライヤーの開拓・育成）
		地場	2001年まで現地調達率の虚偽報告ですり抜ける 2002年以降，不正が通らなくなり操業停止処分などを受けるようになる
2002年	部品輸入割当問題	外資	工場の操業停止や2万人超のレイオフ発生，未進出企業の進出計画の延期などマイナスの影響が甚大。
		地場	輸入枠は十分与えられたものの，市場での不人気や不正報告による操業停止処分で，輸入枠はあまり活用されず
2003年	完成車輸入自由化（関税率100%）		輸入完成車は激増せず（理由①市場での中国車の人気下落，②完成車輸入への高関税の適用，③完成車輸入代替の進展）
	部品輸入関税が一律50%に		何が何でも現地調達という外資の戦略が転換され，QCDトータルで輸入と現地調達を比較するようになる
	都市部での登録規制		登録台数が1人1台に制限され，需要が10%低減したという試算もあったが，登録逃れなどが横行し，有名無実化（2005年末撤廃）
2005年	F/Sに基づく生産枠撤廃		外資系企業は市場や戦略に応じて，生産台数，輸入台数，生産機種の選定がより柔軟に行えるようになる
	完成車・部品輸入CEPTから除外		部品の域内補完よりも現地生産が優先されるため，外資系サプライヤーのベトナム進出が加速

(出所) 各官庁（計画投資省・工業省）・企業調査および新聞報道により筆者作成。

　一方で上述の通り，1997年の政府による完成車輸入禁止措置の施行の不徹底により地場系企業のCKD生産によるタイ車の販売は減少しなかったため，外資系企業は製販台数を確保できず，低稼働率に悩まされた（表8-1；**表8-6**）。そのため，この時期は低稼働率の下でいかにQCD（Quality/Cost/Delivery）を改善していくか，という課題に各社取り組んだ。

　例えば，ヤマハは2人組で完成車組立工程の全てを担当させるベルトコンベアのない，セル生産方式を導入した。この方法はワーカーの品質向上や製品への意識を高めた。さらにその後鍛えたワーカーを要所に配置することでヤマハ

第8章 ベトナムオートバイ産業の形成と発展

表8-4 ベトナム進出の主要日系企業と主要台湾系企業（1994年から2005年）

総計	日系	台系	進出年	企業名	部品区分	主要生産部品	最大出資企業 日系とVMEPのみ	主要取引先
				Vietnam Manufacturing Export Processing (VMEP)	完成車企業		Chen Feng Group (SYMが技術供与)	
○	1	1		Broad Bright Industrial	Eg	マフラー		V/S/Y/L
○	2	2		K-Source Vietnam	Bd	ミラー		V/S/Y/H
	3	3		Kaifa Vietnam Industrial	Bd	ショックアブソーバー		V
○	4	4		Lam Vien Screw-of-pearl	Ot	ボルト		H/V/S/JS
	5	5	1994	See Well Investment	Bd	フレーム、ワイヤーハーネス		V
△	6	6		Shih Lin Vietnam Electromechanics	El	電子部品		V/JS
	7	7		Viet Chin Industrial	Bd	サドル		V
○	8	8		Vietnam Precision Industrial	Bd	フレーム、タンク、ホイール、リム		Y/S/H/V/L
△	9	9		Vision	Bd	ブレーキ、スタンド		V
				Vietnam Suzuki	完成車企業		スズキ35%	
△	10	10		VietShuenn Industrial	Ot	表面処理		S/H/V/T
	11	1	1995	Daiwa Vietnam	Bd	樹脂成形	大和合成100%	
○	12	2		Tsukuba Die-Casting (Vietnam)	Eg	カバー類、ハブ	ツクバダイキャスティング100%	H/Y/JS
	13	3		Yazaki EDS Vietnam	Bd	ワイヤーハーネス	矢崎総業100%	
○				Honda Vietnam	完成車企業		本田技研42%	
○	14	4		Machino Auto Parts	Eg/Dr/Bd	計器類、スイッチ類、クラッチなど	Asian Honda50%	H/Y/S
○	15	5	1996	Sumi-Hanel Wiring Systems	Bd	ワイヤーハーネス	住友電気工業35%	H
	16	6		Nissin Brake Vietnam	Bd	ブレーキシステム	日信工業55%	
	17	7		Vietnam Stanley Electric	El	ランプ類	スタンレー電気50%	H/S/Y
	18	8		NCI (Vietnam)	Ot	ステッカー	日本カーバイド工業90%	
	19	11		Kenda Rubber (Vietnam)	Bd	タイヤ、チューブ		V
○	20	9		Goshi-Thang Long Auto-Parts	Eg/Dr/Bd	マフラー、足回り部品	合志技研工業55%	H
○	21	10		Inoue Rubber Vietnam	Bd	タイヤ、チューブ	井上護謨工業55%	H/Y/V
○	22	11	1997	Yokohama Tyre Vietnam	Bd	タイヤ、チューブ	横浜ゴム56%	S/Y/V/L
○	23	12		DMC-Daiwa Plastics	Bd	樹脂成形	大和合成70%	H/Y
○	24	13		Vietnam Steel Products	Bd	メカニカル鋼管	住友金属工業60%	H/Y/JS
○	25	14		Mitsuba M-Tech Vietnam	El	モーター、スイッチ類	エムテック45%、ミツバ45%	H/Y/S
○				Yamaha Motor Vietnam	完成車企業		ヤマハ発動機46%	
	26	12		Tan Phat Processing (TAFACO)	El	計器類、ランプ類、ギアボックスなど		
	27	15	1998	Chiuyi-Leakless	Ot	ガスケット		
○	28	16		GS Battery Vietnam	El	バッテリー	ジーエス・ユアサ72.5%	H/Y/S/V/L
○	29	17		ASTI Electronics	Bd	ワイヤーハーネス	ASTI94.8%	Y/S
△	30	13	1999	Vietnam Accurate Casting Industrial	Bd	ショックアブソーバー		S/Y/T
△	31	14		Chinh Long Vietnam Industrial	Bd	ハンドルバー		Y/T
	32	15	2000	See Well	El	ランプ類		V
	33	16		KMC Chain (Vietnam)	Dr	チェーン		V
	34	18		Parker Processing VN	Ot	表面処理	日本パーカー	

(5) ヤマハベトナムでの聞き取り（2002年9月）より。

第Ⅱ部　東南アジアオートバイ産業の形成と発展

	35	17		Bao Viet Industrial	Bd	シート類		
△	36	18		C.Q.S May's Accurate Casting	Ot	アルミ鋳造		S/V
△	37	19		Eagle Industrial	Bd	ショックアブソーバー		T
△	38	20	2001	Thuy Thai Vietnam Electricity	El	スターターモーター		V
△	39	21		Zoeng Chang Vietnam Technological Science	Dr	クラッチ，変速装置		V
△	40	22		Geo-Gear Industrial	Ot	プレス加工，切断加工		V/T
○	41	19		Yazaki Haiphong Vietnam	Bd	ワイヤーハーネス	矢崎総業100%	
△	42	23		Yow Guan Electronics & Electricity	El	ワイヤーハーネス		V/T/S/Y
△	43	24		Yuoyi Vietnam	El/Bd	ブレーキ，スイッチ類		V/S
△	44	25		Tin Dung	El	スタビライザー		V
△	45	26		Chin Lan Shing Rubber Vietnam Industrial	Ot	ゴム製品		Y/S/V/H
	46	27		Golden Era Precision Industrial	Ot	非鉄部品		
	47	28		Thuy Lam Vietnam Electromechanics Stock	El	モーター		
	48	29		Yang Chin Enterprise Vietnam	Ot	スプリング		
△	49	30	2002	Asia Vietnam Electromechanics	El	ホーン		T
△	50	31		Hong Dat Industrial	Dr	シフトレバー スターターアクセル		V/Y
△	51	32		Luc Nhan Electromechanics	Dr	変速装置，スターター		H/V/S
△	52	33		Sentec Vietnam	Eg	フィルター類		V
△	53	34		Credit Up Industry Vietnam	Eg	鍛造部品		Y
	54	20		Moric Vietnam	El	電স制御	モリック100%	Y
	55	21		Hi-Lex Vietnam	Bd	コントロールケーブル	日本ケーブルシステム91%	
○	56	22		TOHO Vietnam	Ot	金型	TOHO	H/Y
	57	23		Kayaba Vietnam	Bd	フロントフォーク	KYB100%	Y
	58	24		Yasufuku Vietnam	Bd	ゴム製品・樹脂製品	安福ゴム工業100%	
○	59	25	2003	Vietnam Auto Parts	Eg/Bd /Ot	鋳造，プレス，シート ワイヤーハーネス	Asian Honda40%	H/JS
	60	26		Kyoei Manufacturing Vietnam	Bd	鉄部品関係	協栄製作所	Y/JS
	61	27		Showapla (Vietnam)	Ot	樹脂成形部品	タクミック・エスピー100%	H/Y
○				Hoa Lam Kymco	完成車企業		KYMCO30%	
	62	28	2004	Yamazaki Technical Vietnam	Bd	キッククランク，ペダル類	ヤマザキ	Y
○	63	(29		Broad Bright Sakura Industry Vietnam	Eg	マフラー	サクラ工業50%	Y
	64	30		Yamaha Motor Parts Manufacturing Vietnam	Eg/Dr	鋳造鍛造機械加工	ヤマハ発動機100%	Y
	65	31	2005	Atsumitech VN	Eg/Dr	シフトドラムなど	アツミテック	H
	66	32		FCC (Vietnam)	Dr	クラッチ	FCC70%	H
	67	33		FUJICO Vietnam	Bd	ディスクブレーキ	フジcorp	Y
	68	34		Asahi Denso Vietnam	El	スイッチ類，ロック類	朝日電装	Y

(注)　日系企業は日系という列に，台湾系企業は台系の列に，数字が示されているものである。総計は進出サプライヤー数を合計した数字で，組立企業は含まれていない。部品区分で，Eg はエンジン系部品を，Dr は駆動系部品を，El は電子系部品を，Bd は車体系部品を，Ot はその他の部品を表す。また主要取引先の，H はホンダ，Y はヤマハ，S はスズキ，V は VMEP，L は地場系企業，T は台湾系企業（VMEP 以外），JS は日系サプライヤーを表す。
(出所)　筆者作成。ただし○印がついたものは訪問調査，△印は電話調査（2006年8月8日—10日実施）に基づく。その他は東洋経済新報社（2006），各社・各工業団地ホームページを参照した。

第8章　ベトナムオートバイ産業の形成と発展

表8-5　ベトナムにおける日系企業の生産部品・工程の現地化過程

	ホンダベトナム	MAP
1999年以前	完成車組立 プレス・溶接・塗装 樹脂成形・機械加工	計器類の樹脂ケース クラッチ部品 アルミ加工（クッション）
2000年 2001年	鋳造（左右エンジンカバー） 鋳造（左右エンジンケース） 鋳造（シリンダー） 鋳造（シリンダーヘッド）	鋳造（クッション・クラッチ） アルミ加工（クラッチ） ランプコードの組付け リアクッションのダンパー加工
2002年以降	鋳造（クランクシャフト） 樹脂成形増強 機械加工増強	加工（パイプ，ステアリングステム） メッキ（メッキ） オイルポンプ・燃料ユニット部品 スプリング

（出所）　筆者調査に基づく。

表8-6　ベトナムの完成車・部品輸入額の推移

	完成車					部品					完成車・部品
	中国	台湾	日本	タイ	4カ国合計	中国	台湾	日本	タイ	4カ国合計	4カ国合計
1998	0.40	19.73	26.77	50.52	97.42	0.73	6.21	3.41	47.32	57.67	155.08
1999	45.40	7.40	18.74	43.80	115.33	2.20	7.97	2.94	49.61	62.73	178.06
2000	418.59	3.11	20.49	51.29	493.48	23.92	27.75	4.30	81.76	137.73	631.21
2001	425.95	2.68	13.98	10.54	453.15	84.97	28.23	10.80	59.40	183.40	636.55
2002	50.15	10.81	8.35	0.20	69.51	131.58	59.98	13.51	51.18	256.26	325.76
2003	6.10	5.64	14.08	0.00	25.82	58.97	48.62	7.22	40.35	155.15	180.97
2004	7.85	2.98	5.08	0.94	16.84	92.14	65.93	7.42	57.78	223.28	240.12
2005	31.55	1.37	3.88	0.02	36.82	62.12	38.55	7.27	74.37	182.31	219.13

（注）　単位は100万米ドル。輸出元とベトナムで完成車と部品セットの分類方法が異なる場合があることに注意が必要である。また部品とは，HSコード87141100，871419，840732を合計した数字である。
（出所）　各国通関統計（World Trade Atlas）より。

全体のQCDを向上させることにつながった。ホンダでも品質改善活動を導入した[6]。その結果，塗装工程のハンガーに吊る仕掛け品の密度を上げるという改善がベトナム人ワーカーを中心に進められ，約30％の生産性向上を実現した。

　組立企業の進出にあわせ，主に日系企業と台湾系企業からなる外資系サプライヤーも本段階からベトナム進出を開始した（表8-4）。多くの日系サプライヤ

---

[6] ホンダベトナムでの工場見学（2002年9月）より。

一にとって現地生産を開始するために最低限必要な生産規模である有効最小生産規模は20万台から30万台とされた。だが本段階は日系完成車企業3社の合計生産台数が20万台以下とそれに達しなかった（表8-2）。さらに為替や資本などの各種リスクも存在したことから，この時期サプライヤーの進出は約20社と少なかった。だが保有台数は1990年で2770万台と大きな規模だったため，補修市場で需要のあるバッテリー，タイヤなどのサプライヤーは，1990年代半ばに進出を開始した（表8-4）。

以上，ホンダの現地調達率は1997年に33％と低かったが，1998年44％，1999年51％と順次引き上げた。これに大きく貢献したのが1996年に進出したMachino Auto Parts（MAP）だった。タイのAsian Auto Parts（AAP）と同様，MAPは進出形態と生産品目の点で独特だった。進出形態は日本精機やショーワなど重要機能部品サプライヤーとホンダとによる共同出資で，これにより生産規模や稼働率など各種リスクを低減させた。生産品目は組立企業が自社工場で生産しない高付加価値高機能部品であり，それら部材の現地調達化も進めた（表8-5）。完成車企業との取引に占めるMAPの各生産部品の納入割合は，輸入を除くと約100％だった。

一方，台湾系サプライヤーもVMEPの進出に伴い約20社進出した（表8-4）。進出サプライヤーはバッテリーやタイヤに加え，エンジン部品企業も含まれた。VMEPは台湾でホンダと約40年技術提携していたが，台湾系企業は日系企業の段階的な進出形態とは異なり，一挙にフルセット型の進出を果たした。なぜなら，台湾国内市場の成熟により早急に海外への活路を見出す必要があり，VMEP側からサプライヤーに対する強い進出要請もあったからである。

(3) 小括

本段階でオートバイ（最終財）の輸入代替生産が本格化した。これは大量に

---

(7) 有効最小生産規模については，本書第5章注7，8を参照のこと。
(8) MAPでの聞き取り（2006年3月）より。
(9) タイのAAPについては，本書第4章を参照されたい。
(10) ベトナムにおける台湾系企業での聞き取り調査（2005年8月）より。
(11) ホンダとの関係はSYMのHP（http://www.sym.com.tw/；2006年1月10日閲覧）より。
(12) 日系企業と有効最小生産規模に違いが生じる要因に関しては今後の課題としたい。

新規参入した地場系組立企業とこの時期に進出した外資系完成車企業により担われた。だが地場系組立企業は，主にタイから輸入したCKD部品セットの組立生産に特化したことからサプライヤー群の形成をあまり促さなかった。一方で外資系企業による完成車の輸入代替生産は，重厚長大型部品や補修需要のある部品の日系サプライヤーと機能部品も含む台湾系サプライヤーの進出を伴った。それゆえこの時期は，サプライヤー群形成の萌芽期にもあたる。各外資系企業は，販売市場で地場系組立企業に対し価格競争力と市場訴求力で劣り苦戦したことから，生産規模を十分確保できなかった。だがタイ車のQCDにキャッチアップするため，外資系企業は規模の経済を確保できない中，改善活動やワーカーへの教育，段階的な現地調達という形での輸入代替を促進し，漸進的なQCDの向上に努めた。

(3) 中国車のバブル期（2000年，2001年）

2000年以降中国からのオートバイ部品セットの輸入が激増し，販売市場は前年比3.6倍と急拡大し，この時期に一気に150万台を突破した（表8-2；表8-6）。オートバイは一般に一人当たりGDPが1000ドルを超えると販売が急拡大するとされているが，ベトナムはこの時期400ドル程度であり，予想よりも早いモータリゼーションの到来であった（図8-1）。というのは，中国車（注2を参照）が約1000ドルとそれ以前の最廉価モデルの半分以下の価格で販売され，市場の大きな反響を呼んだからであった（*Vietnam Economic Times*, August 3, 2000）。地場系企業は，低価格を武器に販売シェアを伸ばし，市場規模そのものを急拡大させた。

(1) 地場系企業

中国車の組立生産主体である地場系組立企業は，2001年に50社以上存在し，100万台以上の生産を達成した（表8-2）[13]。この巨大な生産能力は，本段階にバブル的に構築されたが，基本は1990年代のタイ車の組立時代に培われたものだった。だが中国車は極めて低品質だった。地場系組立企業の中で能力的規模的

---

[13] 前掲ホンダ資料およびベトナム計画投資省での聞き取り調査（2003年7月）より。

に上位に位置するLisohakaやTien Locにおいても,生産管理の基本である5S（整理・整頓・清掃・清潔・躾）すら守られていないレベルだった。また従事するワーカーの配置や作業内容は標準化されず,工程間の平準化も行われていなかった。このような劣悪な操業環境で生産されるオートバイの品質に問題が生じることは当然の帰結だった。さらにベトナムでの操業環境の悪さに加え,輸入元である中国での設計品質にも問題があるとされた。

大部分の地場系組立企業は,前段階に引き続いて完成車組立工程に特化した（表8-1）。そのため地場系組立企業の現地調達率は概ね20％と低水準で,サプライヤー群の形成を促すことは少なかった（*Saigon Times*, February 8, 2001）。これに対しベトナム政府は2001年1月から新関税制度を導入し,現地調達率に応じて輸入関税を課すようになった（表8-3）。だが地場系組立企業は現地調達率を不正報告ですり抜けたため国産化はあまり進展しなかった（表8-6; *Vietnam News*, November 14, 2000; June 11, 2002）。さらに地場系組立企業はサプライヤーとスポット的な取引が大半で,サプライヤーは生産量変動のバッファー的な位置付けだった。それゆえ,サプライヤーのQCD向上のために地場系組立企業がサプライヤーの工場監査を行ったり,ワーカー教育を行うことはなかった。

(2) 日系企業

中国車の登場により,販売市場で最廉価オートバイはタイ車から2000年以降中国車へと変わった。ヤマハはブランド力の向上を図り上位セグメントに製品投入を集中させ,価格競争とは一線を画す差別化戦略を採った。一方,ホンダは後述するWaveαという廉価版オートバイの新規投入により中国車に対し価格で徹底的に対抗し,具体的には次の3点の方策を採った。第1に,設計開発段階からコスト低減を徹底することで,研究開発費そのものの削減と部材や生

---

(14) LisohakaおよびTien Locでの訪問調査（2004年9月；2005年8月）より。

(15) 地場系組立企業およびサプライヤーでの調査（2004年9月；2005年8月）より。

(16) ヤマハの戦略についてはヤマハベトナムおよびヤマハ本社での聞き取り（2002年 9月；2003年12月）に基づく。詳しくは,三嶋（2004a）を参照。

(17) 以下,本節最後までのホンダに関する内容は,ホンダベトナムでの調査（2002年9月；2003年7月；2004年9月）に基づく。

第8章　ベトナムオートバイ産業の形成と発展

産工程のコスト削減を実行した。Wave α の開発はホンダベトナムに加え，タイ，シンガポールの研究所，日本本社，というホンダ全社による取り組みで行われた。Wave α は ASEAN 地域での大ヒットモデルだった Wave の改良型であり，技術的に成熟し生産設備に関する減価償却も終了していた。それゆえ仕様・耐久テストを新たに行う必要はあまりなく，エンジンなど機能に直結する新技術もあまり採用されなかった。開発期間は，通常なら2，3年かかるところを約8ヶ月に大幅短縮した。以上のようにホンダは研究開発費を大幅削減した。またホンダは，開発段階から従来より約50％安価な価格設定の部品設計を行った。そのため，ホンダは部品のモデル間の共有や部品点数の削減，機能の簡素化による素材変更を進めた。

　第2に，現地調達率の向上を進めた。なぜなら，現地調達は輸入よりも短納期低輸送コストで QCD 管理も容易であり，コスト削減に結びつくからであった。加えて前述の2001年に導入された新関税制度により更に効果が見込めた。

　まずホンダは，2年間で年間生産能力を約16万台から57万台と3倍超に引き上げ，現地調達化の原動力である規模を確保した。この上でホンダはエンジン生産工程に15億円の投資を内製能力拡充のために行った（表8-5）。その結果，ホンダはエンジン部品1個あたりコストを各々25％から50％削減した。

　さらにホンダは現地調達促進のため，取引サプライヤーの開拓を進めた。Wave α を生産するための現地調達部品に関する取引先は31社であり，消耗部品が主な取引部品だった。このうち日系が18社，地場系及び台湾系がその残りの13社だった。この時期，日系完成車企業3社の合計生産台数が30万台未満で多くの機能部品の有効最小生産規模を満たさず，新規進出日系サプライヤーが少なかった（表8-4）。そのため Wave α の開発に際し，ホンダは2001年より6社取引相手を増加させたが，そのほとんどが地場系サプライヤーであった。地場系の中では，例えば FOMECO や FUTU1 などが日系完成車企業との取引を通じて能力構築を進展させ製品の QCD 水準を向上させた[18]。これら地場系サプライヤーは，5S など生産管理の基本の徹底からスタートした後，ホンダの定

---

[18]　両社への訪問調査（2005年8月）より。

271

期的ライン監査を受けたり，設計図面に基づいた作業標準書の作成方法を習って，そのもの造りの組織能力を構築した。

ただしホンダは現地調達推進よりも中国車と競争するためのコスト削減を最優先した。そのためホンダは，QCD 基準を満たす範囲で，現地調達するよりも低コストである部品については中国やタイからの輸入を並行して行った（表8-6）。例えば，この時期まで MAP から現地調達していた計器類は中国からの輸入に切り替えられた。こうしてホンダは中国から総部品点数の約4％（28点），タイから同約40％の部品輸入を行った。そのため現地調達率は2000年51％，2001年53％と前段階より飛躍的には向上しなかった。

第3は，調達部品の購入価格低減だった。ホンダは大部分の取引サプライヤーにコスト削減要請を行い，サプライヤー群全体の能力向上を促した。なぜなら既進出の日系サプライヤーはホンダのコスト削減要請にあわせて徹底的なコスト削減活動を行ったからである。例えば，電装部品企業であるミツバは，ホンダから Wave$a$ の8ヶ月程度という短い開発期間中に中国部品と同価格での納入かつ品質保証を求められたため，スペックからのコスト見直しが必要になり，日本本社やホンダの朝霞研究所と合同でコスト削減に取り組んだ。また MAP は現地調達を積極的に進めた（表8-5）。MAP はこうした現地調達化のため，ベトナム人ワーカーをタイやインドネシア，日本に100人程度研修に送った。だがサプライヤーのこうした努力にも関わらず，既述の計器類のほかフラッシャーリレー，スターターリレーは中国製部品に切り替えられた。

(3) 台湾系企業

VMEP は2000年に Sanyang Motor（SYM）が経営の前面に出るようになり，中国車の台頭への対抗姿勢をより鮮明にした。[19]そこで VMEP は，2001年にエンジン工場の操業を開始し，エンジン部品の現地調達化を進め廉価版モデルの市場投入を図った。

一方，主要台湾系サプライヤーは，この2年で8社進出し，クラッチやブレーキなどの機能部品企業のほか，鍛造や鋳造などを行う資本集約的なサプライ

---

[19] SYM の HP（http://www.sym.com.tw/；2006年1月10日閲覧）を参照。

ヤーも含まれた（表8-4）。さらに，ショックアブソーバーなど1994年に進出したサプライヤーと同様の部品を生産する企業も進出し，企業間競争は激化した。これは，重要機能部品については特定企業がほぼ独占的な供給を組立企業に行う日系企業の取引関係の特質とは異なることだった。

この時期の台湾系サプライヤーの進出要因は，第1にベトナム市場の急拡大，第2に中国進出先での業績不調，第3にVMEPの生産拡大，第4に台湾最大のオートバイ完成車企業であるKwang Yang Motor（KYMCO）のベトナム進出計画，であり，進出は2002年以降も続いた。[20] 日系完成車企業も充実した台湾系サプライヤー群を活用して，現地調達率の向上を図った（表8-4）。こうしてこの時期台湾系企業を中心とするサプライヤー群は，生産品目を増大させるとともに生産工程を拡大させた。

(4) 小括

以上本段階では，中国車が市場を席巻し，それを組立生産する地場系企業が大躍進した。地場系組立企業が価格競争力によって市場では優位に立った一方，外資系完成車企業は市場シェアを落とした。だが外資系企業は中国車の低コストに対抗するため，コスト削減を徹底した。このコスト削減過程において，完成車企業，サプライヤーは品質レベルを保ちつつ価格競争力を身につけた。そのため本段階では，外資系企業を中心に，オートバイという最終財に加えて部品という投入財の輸入代替生産が本格化した。QCD向上にかける外資系企業の必死の行動は，地場系企業が一時的な低価格に安住してもの造りの組織能力の構築や製品革新に格別努力を行わなかったこととは対照的だった。

(4) 外資系企業の主導による産業発展期へ（2002年以降）

この時期の販売市場は120万台から200万台と高水準の数字で推移した（表8-2）。だが前段階までにコスト削減に向けて各種対策を講じた外資系企業と価格優位性に依存した地場系組立企業の明暗がはっきり分かれたのが本段階だった。

---

[20] 台湾系企業での聞き取り（2005年8月）より。

また本段階では，政府の直接的な政策が企業環境に大きな影響を与えた（表8-3）。2002年9月，ベトナム政府は各企業の部品輸入割当（総量）を突如設定し，外資系企業は部品輸入割当を既に超えているとして，外資系企業の部品輸入申請に許可を与えなくなった。これにより，直接的には外資系企業が操業停止に追い込まれ，2万人を超すレイオフが発生した。間接的には進出予定のあった多くの外資系サプライヤーに対し進出を回避させ，完成車企業の追加投資による生産能力拡充を延期させた[21]。さらに2003年には現地調達率とリンクした関税の優遇措置が廃止された[22]。その結果，各企業は輸入したほうが低価格である部品はあえて現地調達しなくなったため，この時期以降部品輸入は増加傾向にある（表8-6）。

(1) 地場系企業

　2002年以降，地場系組立企業は500米ドル以下にオートバイ販売価格を引き下げたが，販売台数は伸び悩んだ（表8-2）[23]。最盛期に50社以上存在した地場系組立企業は2004年に約7社に減少した（『日経産業新聞』，2004年6月18日）。その要因は低品質や登録規制だった。これに対し地場系企業は品質改善のため中国からの技術者招聘や最新機械の導入を行った[24]。だが稼働率は低く，前述の通り5Sもいい加減な品質管理でありその効果は薄かった。

　地場系組立企業の地場系サプライヤーとの取引はスポット的でバッファー的関係が変わらず主流であり，信頼関係構築にまでは至らなかった。販売価格の引き下げも地場系組立企業のコスト削減努力の成果ではなく，地場系組立企業の利益率の圧縮や輸入元である中国企業間の競争激化に伴う部品セットの販売価格の下落を背景とした。以上から，長期戦略に欠けた地場系組立企業の前途は多難であると予想される（*Vietnam Economy*, July 6, 2006）。

　一方，地場系サプライヤーも総じてQCDに関するレベルは低く，外資系企業との取引は多くはない[25]。だが地場系サプライヤーのなかにはこの時期日系企

---

(21) 日系企業での調査（2002年9月；2003年7月；2006年3月）より。
(22) ヤマハ本社およびホンダ本社での聞き取りに基づく（2003年12月；2005年8月）。
(23) 2002年の販売価格は，販売店調査（2002年8月，植田・三嶋，2003）より。
(24) 以下，地場系組立企業およびサプライヤーでの調査（2004年9月；2005年8月）より。
(25) 日系企業の調査（2002年9月；2003年7月；2006年3月）より。

業との取引を本格化させるところが複数出てきた[26]。例えば，FUTU1は複数日系企業に対し，数種類のエンジン部品を納入している。またFOMECOは当初地場系組立企業とのみ取引を行っていたが，2002年以降日系完成車企業との取引も開始し，ベアリングを納入している。これら地場系企業の工場では5Sが徹底され，作業標準書が各工作機械に備えられ，生産管理の基本が実行されていた。またMAPも板金プレス，樹脂，ガラスなどについて現地調達を進めているが，その外注先はMAPが設備を与えたり，外注先ワーカーの研修を行ったり，資金援助を行って開拓したところだった[27]。こうした地場系サプライヤーの成長は，日系企業による定期的な支援の成果に加え，地場系サプライヤー自身が強い改善意欲のもとに行動したことの成果だった。以上，日系企業と取引を行う地場系サプライヤーの一部は，地場系組立企業よりも生産管理能力が高まっているといえる。

(2) 日系企業

2002年以降，日系完成車企業は販売台数を拡大させた（表8-2）。特にホンダは廉価版オートバイWaveαの人気により，販売需要に供給が追いつかないほどだった（*Vietnam Investment Review*, February 25, 2002）。そこでホンダは3直体制の下，生産能力を2002年に2倍超に拡大した[28]。あわせて増産でネックとなった樹脂成形，機械加工，鋳造の能力拡張を行った（表8-5）。加えてホンダは部品調達先の能力向上も図り，外資系及び地場系サプライヤーの育成を行った。こうしてホンダは現地調達率を2003年の72％から2004年の81％へと引き上げ，品質を維持しつつコストの削減を実現した。その結果，ホンダはベトナムオートバイ産業としては初めてフィリピンへのWaveαの完成車輸出を達成した（表8-2）。

日系完成車企業3社の合計生産台数が多くのサプライヤーにとって有効最小生産規模である30万台を実際に超えたのは2002年だった（表8-2）。それゆえ2003年以降，日系サプライヤーが大量に進出した（表8-4）。その後日系3社の

---

[26] 地場系サプライヤーでの調査（2005年8月）より。
[27] MAPでの聞き取り（2006年3月）より。
[28] 以下本段落はホンダベトナムの調査（2002年9月；2003年7月；2004年9月）より。

表8-7 ベトナムにおける日系完成車企業の内外製区分の概要（2003年）

部品類型			ホンダ Wave$a$	ヤマハ
部品類型	エンジン部品	シリンダブロック	◎	◎
		シリンダヘッド	◎	◎
		ピストン	−	△
		ピストンリング	△	△
		オイルポンプ	△	●
		キャブレター	−	△
		マフラー	●	●
	駆動部品	クラッチ	●	△
		トランスミッション	●	△
	電装部品	灯火類	●○	●
		計器類	●	●
		発電機	−	◎
	車体部品	車体	◎	◎
		サスペンション	●	●
		ガソリンタンク	−	◎
		ホイール	●	●
		タイヤ	●	●

(注) ◎内製　●外製・特注　○外製・汎用　△輸入
(出所) 調査に基づいて筆者作成。ただし類型化の考え方について, 松岡 (2002) を参照。

生産台数は順調に伸び, 2005年に鍛造など資本集約的な工程も含む部品の有効最小生産規模である100万台に達した（表8-2）。このためクランクシャフトなどのサプライヤーが進出し始めた（表8-4）。

日系完成車企業は, 新規進出サプライヤーが増大し, サプライヤー群の形成が進展するに従って, タイなどから輸入していた部品を現地調達へと切り替えていった（表8-7）。これら機能部品サプライヤーに対し, 日系完成車企業は基本的に当該部品のほぼ全量を同一サプライヤーに発注した[29]。さらにそうした日系完成車企業の発注は厳しいQCD管理に加え, 金型や生産設備の開発まで求めた。あわせて日系完成車企業は特定生産工程や部品で不良が発生した場合, 当該サプライヤーが責任を持って解決することも求めた。

一方, 厳しい日系完成車企業からの要求に対し, 日系サプライヤーは生産工程という現場レベルでの改善活動に傾注することで対応した。なぜなら, ベトナムオートバイ産業では貸与図による図面取引形態が主流であり, また研究開発機能も脆弱だったからである[30]。具体的には, 各サプライヤーは, 進出当初に生産管理の基礎である5S活動を徹底し, 続いてTQC（全社的品質管理）を本

[29] 日系企業の調査（2002年9月；2003年7月；2004年9月；2005年8月；2006年3月）を参照。
[30] 図面取引の詳細については, Mishima (2005) を参照。

格化させるというステップで能力向上を図った。またQCサークルや改善提案制度を導入するサプライヤーが多かった。さらに日本本社やタイ拠点と協力して，VA/VEを行うサプライヤーも現れ始めた[31]。これら努力の成果として，2004年以降，Wave α 開発当初にコスト競争で敗れ中国企業にさらわれたスターターモーター，フラッシャーリレーの受注を，ベトナム進出の日系企業が取り戻すことに成功したことが挙げられる。

(3) 台湾系企業

VMEPは本段階に生産台数をほぼ倍増させ（表8-2），2004年にR&Dセンターを設立し研究開発の現地化を進めた[32]。さらにVMEPは前段階のエンジン工場新設などの成果とあわせ，販売価格の引き下げに成功した。例えば，New Angel Hi というモデルの販売価格は，2000年の1241米ドルから，2002年の913米ドルまで2年間で30%引き下げられた[33]。こうしてVMEPは量的拡大と質的向上を同時に達成した。

一方，この時期台湾系サプライヤーは約11社進出し，1次サプライヤー群の形成がほぼ完了し，競争はさらに激化しつつある（表8-4）[34]。なぜなら，第1に2004年にKYMCOが合弁で進出したもののその販売数は予想よりも伸びなかったからであり，第2に日系サプライヤーの本格進出により日系完成車企業からの受注をめぐって厳しい競争が生じているからである。そこで日系企業が集中する北部に工場を新設したり，自動車企業との取引拡大を模索する台湾系サプライヤーも生じつつある。

(4) 小括

本段階で，中国車は一時期の勢いを失い，地場系組立企業の凋落は決定的となった。一方，前段階からQCD向上努力を継続して行ってきた外資系企業が製販台数を伸ばした。この伸びに伴い，外資系サプライヤーの進出も加速し，特に日系の機能部品サプライヤーの進出がみられ始めた。そのため日系サプラ

---

[31] VA/VEについては本書第2章注30を参照されたい。
[32] SYMのHP（http://www.sym.com.tw/；2006年1月10日閲覧）を参照。
[33] 2000年の価格についてNEU-JICA（2003），2002年の価格について筆者調査より。
[34] 台湾系企業での聞き取り（2005年8月）より。

イヤーと既に進出して日系完成車企業と取引のある台湾系サプライヤーとの競争が激化した。

こうして本段階では，外資系企業が産業発展を主導する傾向が顕著となった。つまり，外資系完成車企業に引っ張られる形で，サプライヤー群の形成とそのもの造りの組織能力の成長が促され，完成車（最終財）だけでなく部品（投入財）の輸入代替も進展した。さらに最近では輸出が伸張し，研究開発の現地化も一部進展している。

以上から，本段階では産業発展の担い手として地場系企業ではなく外資系企業が台頭することとなったが，産業の裾野拡大や輸出の伸張，研究開発の現地化という産業全体の発展が進みつつある，と結論できる。

2　ベトナムオートバイ産業の発展要因

（1）　国内外の競争圧力

第1のベトナムオートバイ産業の発展要因は，常時存在した国内外の大きな競争圧力である。国際的には後発であるベトナムオートバイ産業には，1990年代はタイ，2000年以降は中国という先発各国からの完成車輸出圧力が常に存在した。国内的には地場系企業と日系及び台湾系からなる外資系企業群という多様な競争主体間でのQCDをめぐる激烈な競争が常に生じていた。

こうした競争圧力の下，ベトナムへ進出した外資系企業は，先発の海外各国からの輸入や地場系企業が輸入組立したオートバイの存在により，完成車企業，サプライヤーとも，もの造りの組織能力の構築に励むよう常時強制された。その結果，外資系企業は次にみる企業行動と取引関係に代表される動態的な競争優位を自己に内部化するようになった。

一方，地場系企業はその時々の静態的な競争優位に依存し，自らのQCD改善努力を通じた能力構築によって競争優位を強めるような行動は特別とらなかった。そのため，地場系企業は外資系企業のキャッチアップによる静態的競争優位の低減とともに凋落した。

(2) 市場規模の拡大

　第2の発展要因は，市場規模の拡大である（表8-2）。販売台数は産業創始して間もない1995年に既に39万台に達し，1996年には47万台，中国車が市場に投入された2000年には169万台，ピーク時の2002年には207万台と順調に拡大した。ベトナムオートバイ産業における市場拡大は，所得の上昇に加え，各企業が魅力的な新モデルを投入し，需要を開拓してきた成果でもあった（図8-1）。

　従来，オートバイのモータリゼーションは一人当たりGDPが1000ドルを超えてから生じるものとされてきた。しかし，ベトナムの場合，400ドル程度であった2000年以降にモータリゼーションが急速に進んだ（図8-1；表8-2）。このことは従来よりも3分の1から2分の1ほどの価格でオートバイが販売されるようになったことが大きく作用していたと考えられる。またベトナムでは，オートバイの普及率（オートバイ1台あたりの人口）も1995年の22.35人/台から，1999年17.75人/台，2000年12.81人/台，2001年9.76人/台，2002年7.87人/台，2005年5.57人/台と急速に高まった[35]。

　地場系組立企業は1990年代に年間10万台から20万台程度生産した。部品セットをタイ製から中国製に切り替えて価格競争力を増大させた2000年には，100万台超の生産規模を確保した。なぜなら，販売対象から外れていた低所得者層を新規開拓し，市場創造に成功したからであった。だが次にみるような企業行動と取引関係だったため，地場系組立企業の成長はサプライヤー群の形成に結びつかなかった。

　一方外資系完成車企業は，1990年代の進出当初，輸入完成車や地場系組立企業との競争が激しく生産規模の確保に苦労した。だが2002年以降，中国車によって市場そのものを急拡大させた地場系企業との競争に勝ち抜くことで，外資系完成車企業は巨大な市場を得ることに成功し，生産規模を急拡大させた。こうして進出10年足らずで外資系完成車企業の合計生産台数は100万台に達し，早急な発展を成し遂げた。外資系完成車企業の量的拡大はサプライヤーの生産

---

[35] オートバイの普及台数は，『世界二輪車概況』（各年版）の保有台数に基づいて，筆者が計算した。ただし世界で最もオートバイ普及率の高い台湾は2人/台であり，ベトナム市場には成長余地がまだあるとされる。

規模の確保にもつながり、サプライヤー群の形成を促した。

(3) 企業行動と取引関係

　第3の発展要因は、各企業の行動と取引関係である。以下のような企業行動と取引関係の特質の違いから、厳しい競争や市場規模の拡大という同じ環境下にあっても、外資系企業と地場系企業の明暗が分かれた。

　地場系企業の大半は最終組立に一貫して特化し、ラオス経由でのタイから輸入や中国からの輸入、時期に応じて輸入元を変更した。地場系企業はまた、長期的な経営戦略に必ずしも基づいた行動ではなかったため、生産設備への大型投資は多くはなく、サプライヤーとはスポット取引が主流だった。そのため地場系組立企業が生産規模を拡大させても、質的向上を果たしたり、サプライヤー群の形成を促すことは少なかった。また地場系組立企業が取引サプライヤーに対しQCD向上のために支援を行うこともなかった。それゆえ外資系企業からの競争圧力に対し、他国の競争優位に便乗する形での価格対応が主流となり、自身のQCDを高める行動はあまりとらなかった。以上のような企業行動と取引関係だった地場系企業は、市場規模の拡大に伴い一時的に生産規模を拡大させたが、QCDを巡る競争が激化するにつれて生産台数は減少し、プレゼンスは小さくなった。

　一方、外資系企業、特に日系企業の企業間取引関係には、規模の確保と能力構築を促す特徴があった。そのため段階的にサプライヤー群を形成させ輸入代替を進展させ、もの造りの組織能力を向上させた（**表8-8**）。ここで規模の拡大を促す企業間取引関係とは、限定サプライヤーによる少品種大量生産に代表される。またもの造りの組織能力構築を促す企業間取引関係とは、組立企業によりサプライヤーに課される幅広い業務と重い責任に特徴的なことであり、両者は共同して改善活動も行う。

　ベトナムオートバイ産業では、規模の確保を促す日系完成車企業の取引関係が市場規模の拡大と相乗的に働いて、各サプライヤーは市場拡大を生産規模の拡大に結びつけることができた。それゆえ日系企業のベトナムへの進出が促進された。さらにこうした取引はおオートバイを構成する多様な部品のサプライ

第**8**章　ベトナムオートバイ産業の形成と発展

表8-8　ベトナムにおける各企業（群）の能力構築の内実

		外資系 完成車企業	外資系 サプライヤー（群）	地場系 サプライヤー（群）	地場系 完成車企業
表層の競争力	1990年代	輸入部品に依存した高品質・国産化規制への対応・低価格（台湾系）	重厚長大型部品と補修需要のある部品の供給（日系）・多様な部品の供給（台湾系）	低価格（補修市場）	タイの日系ブランド・高品質・低価格
	2000年から2001年	新市場の開拓（国内）・完成車販売価格の引き下げ・輸入部品を活用した低価格・政策への対応	納入部品価格の引き下げ・完成車企業の現地調達率向上・機能部品の供給	低コスト OEM供給の開始	圧倒的な低価格・日系のコピーブランド
	2002年以降	新市場の開拓（国内，海外）・完成車販売価格の引き下げ・政策への対応	機能部品の供給・品質保証能力・外資系完成車企業の現地調達率向上・自動車企業との取引開始・輸入中国製部品から現地調達部品への切り替え	低コスト	低価格・日系のコピーブランド・一部，ナショナルブランド
深層の競争力	1990年代	一貫生産体制・エンジン部品の現地調達化・品質改善活動の導入・セル生産方式によるリーダー育成・台湾系サプライヤーの活用	補修市場による規模の確保・共同出資によるリスク，コスト削減	不明	完成車組立に特化
	2000年から2001年	現地調達率の向上・生産規模の拡大・内製能力の拡充取引サプライヤー数の拡大・品質改善活動・安価な中国製部品の輸入，活用・外注部品の購入価格の引き下げ・本社の多大な支援・台湾系サプライヤーの活用（日系）	生産規模の拡大・現地調達化・ワーカーの日本への研修派遣・5Sの徹底	5Sの導入・図面から作業標準の作成ノウハウの学習・日系企業によるライン監査	完成車組立に特化・現地調達率20％程度・サプライヤーとのスポット的な取引による価格引下げ
	2002年以降	現地調達率の向上・生産規模の拡大・内製能力の拡充・研究開発機能の強化	生産規模の拡大・現地調達化・TQCの本格化・QCサークル活動・改善提案制度・VA/VE提案・金型生産	5Sの徹底・作業標準の徹底・日系企業によるライン監査・改善への強い意欲	大部分は完成車組立に特化・一部，重要機能部品の内製能力拡充・中国人技術者の招聘・最新機械の導入
もの造りの組織能力	1990年代	ルーチン的なもの造り能力，改善能力の構築に着手	ルーチン的なもの造り能力の構築に着手	ほとんど構築されず	ほとんど構築されず
	2000年から2001年	ルーチン的なもの造り能力，改善能力の構築	ルーチン的なもの造り能力，改善能力の構築に着手	ルーチン的なもの造り能力の構築に着手	ほとんど構築されず
	2002年以降	ルーチン的なもの造り能力，改善能力の構築・一部，能力構築能力の構築に着手	ルーチン的なもの造り能力，改善能力の構築	ルーチン的なもの造り能力の構築，改善能力の構築に着手	ほとんど構築されず

（出所）　筆者作成。

ヤーと完成車企業との間で行われたため，サプライヤー群の形成が促された。

また能力構築を常に要求する企業間取引関係によって，完成車企業とサプライヤーの両者の操業現場が近接していることが求められた。なぜなら，双方の生産現場におけるリアルタイムでの現状把握と問題意識の共有が必要だったからである。それゆえ，日系完成車企業が既にベトナムへ進出していたため，カウンターパートである日系サプライヤーのベトナム進出も順次促進され，ベトナムオートバイ産業にサプライヤー群が形成された。そして形成を促されたサプライヤー群は，上のような厳しい競争環境において，日系完成車企業との取引を通じて，もの造りの組織能力を段階的に向上させた（表8-8）。こうして各個別サプライヤーが日系完成車企業の厳しいQCD要求に対応し，さらに日系完成車企業と共同して改善活動に取り組むことで，ベトナムにおけるサプライヤー群の形成と成長が促された。もちろんこうした完成車企業やサプライヤーの能力構築は取引や競争という外からの圧力だけでなく，内発的な自社の戦略，意志によっても進められたことは言うまでもない。

以上のように，外資系企業の企業行動と取引関係により，ベトナムオートバイ産業の分業構造は水平的方向および垂直的方向に厚みを増した。さらに各企業は量的拡大と能力構築による質的向上を継続的に志向し実践したため，ベトナムオートバイ産業全体の発展が導かれることとなった（表8-8）。

（4） 政策の影響

第4の発展要因は，産業政策の影響である（表8-3）。ベトナム政府による輸入代替政策は色々問題があったものの，産業形成と発展に対し次の2点は一定の効果を有したと評価できる。

第1に，1990年代に完成車輸入禁止を決定したことである。この政策により，外資系完成車企業のベトナム進出が促され，ベトナムでのオートバイ生産が開始した。

第2に，2001年に導入された，部品・生産工程の現地化を目的とする現地調達率と連動した関税制度である。この国産化政策は，現地調達率の算定方法が度々変更するなど混乱はあったが，中国車との対抗上コスト削減に取り組んで

いた外資系企業に対し現地調達化を促進させる一定の効果を持った（表8-5）。一方，地場系組立企業に対しては，不正が蔓延したため，現地調達率の向上をそれほど強くは促さなかった。だが，政策施行を徹底した2002年以降，多くの不正が暴かれ，地場系組立企業による中国からの部品セットの輸入は減少に向かった（表8-6）。こうして国産化政策は，人気が下落した市場の影響とも重なって，CKD生産にのみ依存した地場系組立企業の凋落を促した。つまり，CKD生産からの脱却に国産化政策は一定の役割を果たした。

こうした政策の一方で，国際環境や企業の能力に適合しない政策内容，不徹底な政策の実施，外資系企業と地場系企業に対する政策施行の不平等，朝令暮改的な政策改変など，多くの点において合理性を欠いたことは事実である（表8-3）。そのため，各企業の操業環境を不安定で不透明なものにしたというマイナスの効果は否めない。

ただし，ベトナムオートバイ産業の発展プロセスにおいて，直接的な効果や意図した政策効果だけではなく，次のような政策の意図せざる帰結もあった。それは第1に，輸入禁止政策が徹底されなかったことにより，地場系組立企業がCKD生産という形態で産業に参入できたことである。この結果，多様な競争主体による厳しい競争環境がベトナムに生じ，国内市場保護による効率性低下の回避の一因となった。第2に，その結果，市場が急拡大し，市場の狭隘性を短期間に打破したことである。すなわち，政策施行の不備に端を発する市場拡大と競争に刺激され，外資系企業による製品革新と一部地場系サプライヤーを巻き込んだQCD向上が進んだこと，が政策の意図せざる帰結だったといえる。

3 グローバル化と輸入代替型産業

ベトナムオートバイ産業は輸入代替型としての発展プロセスを経た。大部分の地場系企業は最終組立に特化し，ベトナムオートバイ産業の後進性に起因する海外先発国の静態的競争優位を活用した。一方外資系企業は，市場の成長にあわせて段階的に輸入代替を進展させ，漸進的な能力構築活動を通じたもの造

りの組織能力という動態的競争優位を自己に内部化した。こうした地場系企業と外資系企業による行動は，QCD に優れたオートバイの市場への投入をもたらすこととなった。その結果，ベトナムオートバイ産業では市場創造が積極的に行われ，狭隘な国内市場という輸入代替の制約を乗り越えることができた。また，地場系企業と外資系企業の両者が競争優位を巡って厳しい競争を展開したことから，輸入代替の弊害とされる効率性の低下を免れることができた。そして，この競争は外資系企業が優位を占めるようになり，ベトナムオートバイ産業は量的拡大だけでなく能力構築を通じた質的向上を果たしつつある。

　ベトナムオートバイ産業において日系を中心とする外資系企業が産業発展の中核を担いつつあることは，1980 年代以降の先発 ASEAN 諸国のそれと同様である。一方，地場系企業の存在の大きさ，台湾系企業の台頭，中国からの輸出圧力の増大など状況は先発 ASEAN 諸国の場合とは異なっている。こうした企業間競争や国際環境のあり方の変化に対し，ベトナム政府は，産業形成の契機を掴み，発展の道筋を作ったことにおいて一定の役割を果たしたものの，必ずしも適切に対応できているわけではない。究極的には地場系企業が産業発展を主導するべきであるだろう。しかし，国際的な競争優位の確立やサプライヤー群の形成という点から，当面はそれに優れる外資系企業が産業発展を主導することはやむを得ないと考える。それゆえ，今後のベトナムオートバイ産業の課題は，外資系企業が核となっているサプライヤー群に，従来以上に地場系企業がどのように参画し，ともに発展していける関係をどのように築いていくのか，という点に集約されるだろう。

終 章
グローバル化時代における途上国産業の形成と発展
―― 東南アジアオートバイ産業の国際比較とインプリケーション ――

　本章では，1節で要旨を確認し本書の議論の総括を行う。続いて2節では，第Ⅰ部で検討した分析枠組みとそこで提示した実証的課題と先行研究の理論的問題を踏まえながら，第Ⅱ部で明らかにしたタイ・ベトナムオートバイ産業の形成・発展のあり方について比較検討していく。あわせて日本オートバイ産業との比較も行うことによって，タイ・ベトナムオートバイ産業の相対的後進性とその享受した後発性利益・不利益について考察していく。続いて，タイ・ベトナムオートバイ産業の相違点とその背景を明らかにする。

　以上を踏まえ，3節では本書全体の議論から，グローバル化時代における発展途上国産業の形成と発展のありようについて検討する。この議論から日系企業を主体とする発展途上国オートバイ産業の形成・発展の有効性が示されるが，国レベルのキャッチアップと企業レベルのキャッチアップのギャップと関連させながら，そのあり方について考察し，本書のまとめとしたい。最後に更なる研究の発展に向けて，残された課題について確認する。

1　本書の要旨

　第1章では，オートバイ産業の実証的課題と先行研究の動向を検討した。オートバイ産業は発展途上国が市場および生産拠点として重要性を高め，発展途上国の市場を巡って日系企業と地場系完成車（組立）企業との間で厳しい競争が行われていた。発展途上国で重要性の高まるオートバイ産業であるが，先行研究の蓄積は不十分であった。大部分の先行研究は実証的な考察に終始し，発展途上国産業の工業化という観点から行われたものは多くはなかった。ただし，

佐藤・大原編（2006）は東南アジアオートバイ産業に関する実証面を地場系企業へ焦点をおいた解明，企業の知的資産の蓄積と発展途上国の工業化を結びつけた考察，などから本書にも多くの示唆を与えるものであった。しかし，佐藤・大原編（2006）の議論は，知的資産の定義の曖昧さ，外資系企業と地場系企業で異なる設定時間軸，多国籍企業の優位性移転の固定的な方向，中国と東南アジア各国の初期条件の混同，といった問題をはらんでいた。

　第2章では，目的と分析枠組みを示した。本書の目的は，第1章で検討したオートバイ産業の実証的課題と理論的問題を踏まえて，第1に，国際的に後発である東南アジアオートバイ産業の形成・発展のプロセスと内実を企業行動から明らかにすること，第2に，企業行動の中でも外資系企業を含んだ各企業の能力構築行動と競争行動，企業間分業関係を明らかにすること，第3に，東南アジアオートバイ産業に関する考察に基づいて，外資系企業を主体とする発展途上国産業の形成と発展のあり方を示すこと，の3つとした。

　本書の分析枠組みは大きく分けて次の2つの視角に基づいていた。第1に，発展途上である東南アジアオートバイ産業の形成と発展のあり方に関する分析視角として，相対的後進性仮説と製品・工程ライフサイクル説に関する議論を取り上げた。あわせてその鍵概念であるイノベーションについて検討し，その定義を漸進的なものと急進的なものの両者を含めた多様で動態的なものに設定した。製品・工程ライフサイクル説からみると，第1に，発展途上国産業の相対的後進性とは既存の製品のドミナント・デザインに従うこと，第2に，発展途上国産業の後発性の利益とは標準化され効率的な生産工程に特化することによる発展期間の圧縮であること，第3に，相対的後進性仮説において後発性利益を享受するためのひとつの要件は工業化の社会的能力であったが，製品・工程ライフサイクルからみた後発性利益の享受の要件は，企業の組織能力，競争行動，企業間関係であることが指摘できた。これを踏まえ，本書は第2の視角として，イノベーションの源泉の解明のため，動態的能力アプローチ，対話としての競争概念，企業間分業論の3つを取り上げた。

　第3章では，日本，中国オートバイ産業の発展プロセスを概観し，オートバイ産業全体の製品・工程ライフサイクルを確認した。これを踏まえタイ・ベト

終章　グローバル化時代における途上国産業の形成と発展

ナムオートバイ産業は外部からの既成ドミナント・デザインの導入という点で共通するが，ドミナント・デザインを実現する製品アーキテクチャ・生産システムの多様性さ，産業形成の開始時期の違いに起因する相対的後進性の大きさと内実，相対的後進性の克服に向けた政府の政策環境，という点で異なることを指摘した。

　第4章では，1964年から1985年におけるタイオートバイ産業の勃興について考察した。この時期のタイオートバイ産業における日系企業は，規模の制約，産業基盤の欠落，強硬な保護育成政策を克服しなくてはならなかった。しかし，日系企業は漸進的な能力構築行動に励み，その結果，保護育成政策と市場拡大がタイオートバイ産業の勃興に対して有効に作用した。

　第5章では，経済ブームに突入した1986年から1997年におけるタイオートバイ産業の形成のありようを明らかにした。この時期，市場拡大が各企業の生産能力の拡充を促し，完成車および主要機能部品の輸入代替が進展した。この背景には，差別化競争と同質的競争の繰り返しパターンに伴う市場拡大を引き起こす原動力となった日系企業の能力構築行動が一貫して存在した。

　第6章では，アジア通貨危機を契機として変動期に入った1990年代後半のタイオートバイ産業を検討した。この時期の特徴は，販売市場の縮小とニーズの転換，保護育成政策の解除であった。このように量的拡大が一時停止した時期にも日系企業は撤退というネガティブな行動ではなく，能力構築を進めた。すなわち，日系企業のタイオートバイ産業への長期的視野の行動と粘着性が明らかになった。

　第7章では，2000年から2008年のタイオートバイ産業の発展動向を検討した。この時期のタイオートバイ産業は，研究開発機能の強化などサプライヤー群も巻き込んで能力構築を進めた日系完成車企業の主導により，国際的な競争優位を確立した。これは，タイに進出した日系企業が元来備えていた競争優位にのみ由来するものではなかった。こうした国際的競争優位の確立は，進出先であるタイにおける厳しい企業間競争と日系企業を主体としたタイにおける漸進的な能力構築行動が結実したものであった。

　第8章では，ベトナムオートバイ産業の形成と発展のありようについて検討

した。ベトナムオートバイ産業は保護育成期間が短期であったため、産業形成の初期段階から中国車が大量流入した。しかし、中国車により市場拡大が、中国車との競争により外資系企業の能力構築が促進されたことから、圧縮された形成・発展のプロセスを辿った。また多くの地場系完成車（組立）企業が新規参入するというタイと異なる特徴が見られたが、大部分の地場系企業は最終組立に特化した。そのため、地場系企業はベトナムオートバイ産業の後進性に起因する海外先発国の静態的競争優位に依拠するに過ぎず、能力構築が不十分であった。

2　タイ・ベトナムオートバイ産業の形成と発展に関する国際比較

(1)　タイ・ベトナムオートバイ産業の共通点
(1)　外資である日系企業を主体とした段階的な産業形成

　第1に、市場規模が拡大したかあるいは拡大が見込めた場合、日系企業の主導による段階的で着実な産業形成が行われたことである。一般に部品や生産工程には各々有効最小生産規模が定まっていて、日系完成車企業は市場規模がそれを満たしたものから順次現地化していった（表9-1）。また日系完成車企業が外製する部品については当該サプライヤーの進出を促した。そのため、日系企業は当初から一貫生産体制で進出したのではなく、10年以上という中長期にわたって段階的に生産工程を拡充した。またサプライヤー群もある一時点にフルセットで進出したのではなく、有効最小生産規模を満たした部品や工程のサプライヤーから個別に順次進出し、段階的に裾野産業の形成が進展した。もちろん、日系サプライヤーではなく地場系サプライヤーからの調達が行われたこともあったが、重要機能部品の大部分は日系サプライヤーから調達された。

　こうしたタイ・ベトナムオートバイ産業の段階的な産業形成は後発性の利益の享受という点からどのように評価できるのだろうか。そこで以下、日本オートバイ産業のそれと比較しながら考察していく。

　日本のオートバイ産業は第2次大戦後に本格的に勃興した後、1960年代半ばまでにドミナント・デザインを確立するとともに世界第1位の生産・輸出国と

表9-1 タイ・ベトナムオートバイ産業の形成の諸段階

段階	時期		主要現地化製品・工程	有効最小生産規模	完成車販売市場規模	日系企業の能力構築行動	
	タイ	ベトナム				完成車企業	サプライヤー
1st	1960年代後半以降	1990年代	完成車組立、補修需要を有する部品	数万台	10万台	ルーチン的なもの造りの組織能力(特にもの造り能力)の構築	ルーチン的なもの造りの組織能力(特にもの造り能力)の構築
2nd	1989年以降	2000年以降	溶接・プレス・機械加工工程などを要するOEM部品	20万台から30万台程度	50万台	ルーチン的なもの造りの組織能力の構築。一部能力構築能力に着手	ルーチン的なもの造りの組織能力(もの造り能力が主体で一部改善能力)の構築
3rd	1993年以降2000年まで	2004年以降	鋳造・鍛造工程を要するOEM部品やOEM電装部品	50万台から100万台程度	100万台以上	ルーチン的な組織能力の確立。一部、能力構築能力に着手	ルーチン的なもの造りの組織能力(特に改善能力)の構築

(注) 有効最小生産規模は本表中同行の当該製品・工程の年間生産規模を完成車を単位として換算した数字である。またタイ、ベトナムの時期とは各ホンダの完成車の年間生産台数が各々の有効最小生産規模を初めて満たした年を示している。
(出所) 筆者調査に基づく。

なった。それゆえ、日本は先発欧米オートバイ産業の生産・輸出規模に関するキャッチアップに要した期間は約20年と短いものであったといえるだろう。しかし、内生的であった日本オートバイ産業の形成と発展において、本書第2章で確認した工業化の社会的能力のひとつである多種多様な企業群からなる産業基盤はその能力レベルの如何を問わなければ産業形成の初期から一通り存在した。なぜなら、日本オートバイ産業では戦前から盛んであった繊維縫製産業や楽器産業、戦時中の軍需産業を経た多くの企業が、第2次大戦後になってオートバイ事業に参入したからであった。これを考慮するならば、日本のオートバイ産業の源流は明治に入って近代化政策が採られた1860年代であるとも考えられる。それゆえ、日本のオートバイ産業にはその基盤として約80年にわたる工業化の歴史があり、それを利用することで20年という短期のキャッチアップを果たすことができたと捉えることもできるだろう。

一方、タイオートバイ産業は勃興してから輸出を本格化させるまでに約30年

を要した。このことから，タイオートバイ産業は後発性の利益を享受した，すなわち，日本よりも圧縮した発展を達成した，と安易に結論することはできないかもしれない。しかし，日本オートバイ産業は既存の産業基盤に基づいて形成，発展を実現したことに対して，タイオートバイ産業は工業化の歴史がほとんどない脆弱な産業基盤からスタートして約30年で生産・輸出規模やもの造りの組織能力についてキャッチアップをほぼ果たした。それゆえ，日本では圧縮した工業化の原動力となった裾野産業そのものの形成を進めながらキャッチアップを果たしたという点に着目するならば，タイオートバイ産業のキャッチアップの期間は先発の日本に比べ圧縮したものであったといえるだろう。

また，ベトナムオートバイ産業は本格的な形成から10年という短期間で輸出拠点へと成長しつつあった。ただし，現在のところ，もの造りの組織能力や深層・表層の競争力の各要素において，ベトナムオートバイ産業は先発国へのキャッチアップを完全には果たしてはいなかった（表8-8）。しかし，販売市場規模が100万台以上に達しほとんどの部品を現地調達できるようになったこと（表9-1の3rdレベルに相当）を基準とするならば，タイはそこに到達するまでに約30年を要したが，ベトナムはその3分の1の約10年で到達した。ベトナムオートバイ産業はタイと同様に産業基盤が欠落した中で形成が進展したことを踏まえると，これは驚くべき速度であったといえるだろう。

以上のように，タイ・ベトナムオートバイ産業はそもそも産業基盤が欠落した状態から勃興し，それを補うために外資系企業主導の産業発展を志向した。それゆえ，タイ・ベトナムオートバイ産業は，産業基盤そのものの形成に一定の期間を必要としたという後発性の不利益を抱えながらも，日系主導による質的向上を伴いながら量的拡大と質的向上を段階的に果たすことによって，短期間で先発国にキャッチアップを遂げるという所期の目的を達成した，と考えるほうが自然であるだろう。

(2) 国内市場を巡る企業間競争

第2のタイ・ベトナムオートバイ産業の共通点は，両国国内市場において厳しい企業間競争が行われたことである。両国では，競争に触発された日系を中心とする各完成車企業が魅力的な新モデルを積極的に投入して需要拡大に努め

終章　グローバル化時代における途上国産業の形成と発展

た。両国における市場競争は販売規模が50万台程度に到達し，日系完成車企業の現地調達化がある程度進んだ後（表9-1の2nd以降）に顕著になった。なぜなら，市場の拡大によって規模の経済性を確保できた完成車企業は現地調達化を進展させることができたため，QCDの水準を高めること，さらには各市場の独自ニーズを汲んだオリジナルモデルを投入すること，が可能になったからである。積極的な新モデルの投入は，販売市場における差別化競争と同質的競争という各競争フェーズが熾烈なものであったことの表れでもあった。

これに対し日本オートバイ産業では，産業の勃興期からドミナント・デザインの確立を巡って多様な新モデルの投入が活発に行われ，それによる需要開拓に基づく市場拡大は著しいものであった。これを踏まえると，タイ・ベトナムオートバイ産業における，完成車販売市場の規模が50万台に達成するまで市場ニーズを汲んだ新モデルの投入は不活発であった，という点もまた後発性の不利益のひとつが顕在化したものといえるかもしれない。この背景には市場制約の大きい産業形成の初期において，段階的な産業形成を進める日系企業は能力的に市場ニーズを汲んだ新モデルを投入できなかったことが挙げられる。しかしこうした日系企業の需要開拓行動の停滞は，タイでは政策による産業形成の強制，ベトナムでは中国車による低所得者層の新規開拓により克服された。

(3) 日系企業を主体とした能力構築行動

第3に，タイ・ベトナムオートバイ産業では，日系完成車企業を主体とした各企業が常態的な能力構築競争を通じて，漸進的で段階的な能力構築を行ったことである。表9-1に示されるように，両国オートバイ産業における日系を主体とした各企業は，生産の規模や工程，業務の拡大深化に対応しながら，もの造り能力から改善能力，そして能力構築能力へ，ともの造りの組織能力を段階的に構築し重層化させた。また日系企業と取引のあった地場系企業も能力構築を進めた（表4-5；表5-4；表8-8）。これらの組織能力に基づくことによって，各企業は通常的革新を果たすことができた。この結果，タイ・ベトナムオートバイ産業は，製品の品質向上や販売価格の引き下げという質的向上と生産台数や輸出の拡大という量的拡大を遂げることができた。

一方，日本オートバイ産業では，ドミナント・デザインの確立までに幾多の

企業が退出を余儀なくされたり，既存の能力構築行動とその成果が無意味なものとなったりした。さらにドミナント・デザインの成立と同時に大量一貫生産体制が新たに確立されたが，それらは最初から短期間で一足とびに確立されたものではなかった。それゆえ日本オートバイ産業における各企業は，新たな生産体制のもとで時間をかけながら漸進的な改善活動や試行錯誤を行うことにより，ルーチン的な能力構築を進展させ，組織能力の構築を果たした。

これに対して，タイ・ベトナムオートバイ産業は日系を中心とする外資系企業の導入によって，既に日本などで確立されていたドミナント・デザイン，生産システム，製品アーキテクチャ，能力構築方法を利用することが可能であったため，効率的に能力構築を果たすことができた。この結果，日系を主体とする各企業の能力構築行動は，タイ・ベトナムオートバイ産業の形成と発展につながった。

このようにタイ・ベトナムオートバイ産業では日本など国外の各種経験とその成果を踏まえた各企業によって，厳しい市場競争が繰り広げられるとともに能力構築が進められていった。こうしてタイ・ベトナムオートバイ産業において，量的拡大が質的向上を伴うものとなり，さらに質的向上が量的拡大を呼び込む，という正のスパイラルが生じることとなった。すなわち，タイ・ベトナムオートバイ産業では企業の競争と革新によって産業形成と発展のダイナミズムが発現することとなった，と結論できる。

(4) 企業間分業関係を通じた裾野の拡大と能力構築

タイ・ベトナムオートバイ産業における第4の共通点は，完成車企業とサプライヤーとの企業間分業関係を通じた，能力構築を伴った裾野の拡大である。こうした企業間分業関係は，市場規模や現地調達化部品，現地化工程と関連していることから，表9-1と対照させながら考察していく。

まず，産業形成の開始当初（表9-1でいう1st（第1段階）），タイ・ベトナムオートバイ産業に進出した日系完成車企業は両国の産業基盤が脆弱であったことから外部市場がほとんど活用できなかった。そのため，日系完成車企業はKDセットの輸入や内製拡大という内部組織の活用により代替した。この第1段階における日系完成車企業の外製部品は，汎用性の高い承認図部品であった

り，オートバイの機能や品質を左右する工程は日本で済まされた輸入部材を活用したものであった。それゆえ，タイにおける管理ポイントは多くはなかったため，完成車企業とサプライヤーの取引の密度は低かった。

しかし，市場規模がある程度拡大する時期（表9-1でいう2nd（第2段階））になると，日系を主体とする外資系サプライヤーの進出が本格化した。そのため，日系完成車企業は外部市場の活用，すなわち外製がある程度可能になった。このとき，完成車企業とサプライヤーとの取引は量の拡大だけでなくその密度も徐々に高まっていった。なぜなら，サプライヤーの現地調達化や生産工程の現地化により，完成車企業のサプライヤーに対する管理と支援，共同作業が必要になったからであった。

第3段階（表9-1でいう3rd）になると市場は大きく成長しサプライヤーの進出も本格化した。特にこの段階では，完成車全体の機能や品質を左右するような重要部品の生産やその工程の有効最小生産規模が満たされ，それらの現地化も進んだ。その結果，完成車企業は自社の戦略や政策環境に従いながら外部市場を活用するようになった。そのため，この時期，完成車企業によるサプライヤーへのQCDへの管理やその能力構築のための支援が本格化した。また両者はVA/VEなど共同してQCDの向上に取り組むようになった。こうして完成車企業とサプライヤーとの取引の密度はより一層高まり，連動性も増した。

このように，タイ・ベトナムオートバイ産業では市場の拡大を伴いながら，裾野が広がりサプライヤー群が形成されていった。さらに市場が拡大し現地生産品目や工程が増大するに従い，完成車企業とサプライヤー（群）との取引の密度や連動性が高まった。その結果，タイ・ベトナムオートバイ産業は企業群全体がひとつの総体となって能力構築行動に励むようになった。こうして先に見た各企業の能力構築行動と競争行動による発展のダイナミズムは，日系完成車企業とサプライヤーとの上記のような特徴を有する企業間取引関係によって，産業全体に発現することとなった。

(5) グローバル化と製品・工程ライフサイクルの変動に伴う地場系完成車企業の新規参入

タイ・ベトナムオートバイ産業の第5の共通点は，経済のグローバル化が本

格化し，製品・工程ライフサイクルに変動が生じたことに伴って，地場系完成車企業が新規参入を果たすようになったことである。タイ・ベトナムオートバイ産業では地場系完成車企業が1990年代以降になってから新規参入を果たし，2000年以降，その参入は本格化した。この要因として，1980年代まで地場系完成車企業に対する高い参入障壁が存在したこと，1990年代以降，国際的な環境の変化とオートバイの製品・工程ライフサイクルの変化により新たな参入の経路が発生したこと，という2点を指摘することができる。すなわち，タイ・ベトナムにおける地場系完成車企業の参入は，自身の組織能力構築に伴う成果というよりも，外生的な環境変化の結果であったといえるだろう。

完成車企業がオートバイ産業へ参入を果たすには，本書第3章で検討したように，独自にアーキテクチャ的革新を起こして新たな製品アーキテクチャや生産システムを確立し，ドミナントな地位を得るか，もしくは既存の生産システムに従うか，のいずれかを選択する必要があると考えられた。1990年代に入るまで，世界のオートバイ産業における小型オートバイに関する既存の製品ドミナント・デザインは日本完成車企業が確立したものがほとんど唯一の存在であった。これに基づいて日本企業が確立した生産システムに従う完成車企業には，完成車企業自身がもの造りの組織能力を備え構築できること，完成車企業がオートバイの製品開発や全体品質の主導的地位を担い，サプライヤーと共同しながら漸進的改善を進められること，といったことが求められた。これらは地場系完成車企業にはハードルの高い参入障壁となった。

日本企業で主流の生産システム，すなわち日本型生産システムの確立の困難さは，タイにおける1960年代からの30年に及ぶ生産システムを構築するための日系企業の行動や1990年代後半の需要の変動に伴う生産システムの転換に対するSYの取り組み，ベトナムにおける1990年代の日系完成車企業の生産システムの確立に向けた行動として顕在化しているとおりである。ノウハウや経験を有する日系完成車企業でも試行錯誤を繰り返す必要のあった技術の導入や生産システムの確立を，地場系完成車企業は独力で達成する必要があった。しかし，地場系完成車企業は確立に際して生じた困難の克服を果たすことができなかった。同時に本書の第3章や第Ⅱ部各論で確認したように，地場系完成車企業が

アーキテクチャ的革新を起こすこともなかった。そのため，1990年代になるまで地場系完成車企業の参入はみられなかった。このように1980年代までのタイ，ベトナムにおける地場系完成車企業は，標準化された製品・工程に依拠しながら通常的革新に特化する，という製品・工程ライフサイクルの観点からみた後発性の利益を享受することはできなかった。

しかし1990年代以降になると，中国オートバイ産業が急成長を果たし，中国企業は日本とは異なる製品アーキテクチャ，生産システムを確立した。本書第3章で確認したように，中国企業が確立した生産システム，すなわち中国型生産システムは汎用部品を多用することによって，より大きな規模の経済性を得るとともに，全体のすり合わせ作業という完成車企業の管理項目を大幅に軽減した。そのため，中国型生産システムに従う完成車企業は限定的な組織能力であっても，価格競争力を有することができた。タイ，ベトナムの地場系完成車企業はこれらの部品セットを輸入し最終組立工程にほとんど特化するという生産体制を築いた。そのため，タイ，ベトナムの地場系完成車企業はより限定された自身の組織能力や脆弱な産業基盤という制約にあっても，価格競争力を維持することができた。そしてタイ，ベトナムの地場系完成車企業は，参入当初からオートバイ販売価格が日系企業よりも安価であるほどの強力な価格競争力に基づいて販売台数を一時期拡大させた。これは2001年前後のベトナムで特に顕著であった。

タイ，ベトナムの地場系完成車企業がある一時点で一挙に価格競争力を獲得したことは，地場系完成車企業が後発性の利益を享受したことの表れのようにも思われた。しかし，次に詳しく見るように，タイ，ベトナムの地場系完成車企業はその競争優位を持続，発展させることができず，またサプライヤー群の形成を促進することもほとんどなく，低迷することとなった。

(6) 地場系完成車企業の参入後の低迷

タイ・ベトナムオートバイ産業の第6の共通点は，地場系完成車企業の低迷である。両国地場系完成車企業はオートバイ産業への参入後，一時期を除いて，生産，販売台数という量的なレベルでもものづくりの組織能力という質的なレベルでも日系完成車企業に比べて低迷した（図7-1；表7-13；表8-2；表8-8）。地

場系完成車企業が低迷した主な要因は,中国型生産システムへの依拠に起因する要因と日系完成車企業との関係に起因する要因の2つを指摘することができる。

なお,上述の(5)が地場系完成車企業の発生に関する考察であり,この(6)は発生した地場系企業の存続に関する考察といえる。また以下に地場系企業の存続要因について検討していくが,こうした議論は中国型生産システムそのものの問題点ではなく,本書の第Ⅱ部各論の検討から示された,中国型生産システムに依拠したタイ・ベトナムの地場系完成車企業の問題点に関するものである,という注意を喚起しておく。また本書が低迷したと以下に指摘する対象は地場系企業の中でも地場系完成車企業に限定され,地場系サプライヤーは含んでいないことにも注意されたい。

まず,中国型生産システムに依拠することに起因する,地場系完成車企業が低迷することとなった主な要因として,次の3つを挙げることができる。第1に,中国型生産システムの競争優位の源泉である規模の経済性と多種多様で分厚い企業群からなる産業基盤に比べ,タイ,ベトナムのそれらは圧倒的に劣る水準であったからである。それゆえ,タイ,ベトナムの地場系完成車企業がコスト引き下げを図ろうとしても,中国からの輸入部品の価格競争力に対抗することは困難であった。このことは,地場系完成車企業の内製化や現地調達化に向けた能力構築行動をとろうとするインセンティブを減じさせたと考えられる。その結果,地場系完成車企業は能力構築行動を積極的にとることはなく,質的向上を大きく果たすことができなかった。さらに,地場系完成車企業は輸入に長らく依存しがちであり,現地調達化は段階的にもほとんど進まなかった。

こうしたタイ,ベトナムの規模や産業基盤に起因する制約は日系完成車企業にも強く作用した。というのは,日本型生産システムも規模の経済性をひとつの競争優位の源泉としたからである。ただし,日本型生産システムが確立したときの国内販売市場規模は100万台程度であったのに対し,中国型生産システムの確立時のそれは500万台から1000万台と日本の数倍から10倍程度の大きさであった。日本型生産システムが要求する規模の経済性はタイ,ベトナムでも達成可能な水準であったのに対して,中国型生産システムのそれはタイ,ベト

ナムでは達成不可能な水準のように思われる。また日本型生産システムも多種多様なサプライヤー群という裾野産業を基盤として確立したものであった。これについてはすぐ後の企業間関係とあわせて検討するが，日系完成車企業はこうした2つの制約に対しては段階的な組織能力の構築とサプライヤー群の形成によって対応することができた。

　第2に，地場系完成車企業が担当する生産品目や工程が限定的であり部分的であったため，完成車企業のみの能力構築行動だけではオートバイの品質やコストに関する大幅な改善を果たすことができなかったからである。地場系完成車企業にとって，中国型生産システムにおける完成車企業の生産品目や工程に関する限定性は参入を容易なものにしたというメリットがあった。

　こうしたことからタイ，ベトナムの地場系完成車企業がQCD向上を目的に最終組立工程の改善を行い，またそれに向けた能力構築を果たしても，完成車オートバイ全体の品質向上や価格引下げへの効果は限定的であり大きなものではなかった。これは，日系完成車企業が最終組立工程からスタートしたものの，段階的に部品の現地生産化や工程の現地化を進展させ，それに伴い製品全体の品質向上やコスト削減を果たしたこととは対照的であっただろう。本来，モジュール化のメリットは，各モジュールは独自にイノベーションを生じさせられるようになること，なおかつ共通化されたインターフェースを通じて製品全体でその成果を共有できるようになること，とされる（Baldwin & Clark, 2000）。しかし，東南アジアオートバイ産業でみられたことはこの逆であり，事後的で擬似的なモジュール化であるがゆえのイノベーションの停滞であった。

　さらに汎用性の高い部品を多用し，すりあわせ作業をほとんど必要としない中国型生産システムは完成車企業に対して高い組織能力を要件としなかった。それゆえ，地場系完成車企業は組織能力の有無に関わらず新規参入を果たすことができたが，その一方でサプライヤーの能力構築を大きく促進することもなかった。そのため，地場系完成車企業の担う生産品目・工程は限定的であったが，それを外部市場からの調達によって代替しようとしても，主体的に外部市場の形成を促進することはできなかった。これは日系完成車企業が産業形成の初期に真っ先に進出し，その後，日系サプライヤーを呼び寄せ，地場系サプラ

イヤーも含めて能力構築の促進を図り，外注先を自社の生産システムに適合させながら主体的に形成したこととは対照的であるだろう。

以上の2点から，中国型生産システムに依拠するタイ，ベトナムの地場系完成車企業は価格競争力を一層強化したり，オートバイの品質を大幅に改善することができなかったと考えられる。その結果，外資系完成車企業との市場競争を優位に進めることはできず，販売台数を伸ばすことができなかった。

さらに地場系完成車企業が低迷した要因として，中国型生産システムに起因する問題に加えて，日系完成車企業との関わりから次の2つのことが指摘できる。ひとつは，地場系完成車企業は日系完成車企業による管理された競争の対象ではなかったため，日系完成車企業によるQCDの向上に向けた管理や支援を受けられないことであった。また日系企業が地場系完成車企業と取引を行うことはほとんどなく，日系企業が地場系完成車企業に対して能力構築のための学習の機会を与えることは少なかった。そのため，日系企業が取引を通じて地場系完成車企業の組織能力の構築を促すこともなかった。それゆえ，地場系完成車企業には独自の発展経路とメカニズムを模索しなければならないという制約が課されることとなった。

もうひとつは，地場系完成車企業は日系企業と対話としての競争を繰り広げることが不可能であったことである。これはなぜなら，地場系完成車企業は日系企業の表層の競争力を的確にベンチマークすることができなかったからであり，競争を通じて情報を創出することができたとしてもそうした情報を能力構築に的確に反映することはできなかったからであった。この結果，地場系完成車企業は，適切な能力構築に伴う品質向上や製品差別化が困難となり，能力構築を伴わない表面的な価格競争に陥ることとなった。

(7) 地場系サプライヤーのOEM市場における質的向上と補修市場における量的拡大

タイ，ベトナムオートバイ産業における第7の共通点は，産業形成に伴い地場系サプライヤーが勃興し，OEM市場において質的向上を果たし，補修市場において量的拡大を果たしたことである（表4-5；表5-3；表7-13；表8-8）。タイ，ベトナムにおける地場系サプライヤーは，OEM市場において日系完成車

企業による管理されたサプライヤー間の競争主体になることによって，日系企業から能力構築のための指導と支援を得ることができた。さらに，タイ，ベトナムにおける地場系サプライヤーは，補修市場においては価格競争力を武器に大きな市場シェアを得た。

こうしたオートバイ産業やその補修市場で規模の確保や能力構築を果たした地場系サプライヤーは，日本でもみられたように，自動車産業や家電産業のサプライヤーとしての役割を担いつつもあった。その意味では，タイ，ベトナムの地場系サプライヤー群は両国の裾野産業として機能するという産業の枠を超えた発展の萌芽が示されつつあったといえるだろう。ただし，地場系サプライヤーは品質保証能力が不十分であったためOEM市場において機能部品サプライヤーになることは少なかった。また，現在までのところ，補修市場で大きな市場シェアを得ている地場系サプライヤーは，日系完成車企業のOEM市場に新規参入を果たすほど質的向上を遂げてはいない。

(2) タイ・ベトナムオートバイ産業の相違点

(1) 国際競争への参入猶予期間

タイ・ベトナムオートバイ産業の第1の相違点は，政府によるオートバイ産業に対する直接的な保護育成政策の施行期間，すなわち，国際競争への参入猶予期間が異なったことである。タイオートバイ産業は本格的な国際競争参入までの猶予期間が長く，1960年代から1990年代半ばまで政府の保護下にあった。その間，タイオートバイ産業は1次サプライヤー群の形成を完了し，各日系企業もルーチン的なもの造りの組織能力の構築を果たし，産業形成を完了させることができた。そして2000年以降，タイオートバイ産業は次のステップとして製品開発機能を強化しながら能力構築能力の構築に着手し，国際競争に本格参入した。

一方，ベトナムオートバイ産業には国際競争へ参入するための猶予期間はほとんどなく，産業が勃興した1990年代から地場系完成車企業を通じて国際的な競争圧力にさらされた。それはなぜなら，地場系組立企業が1990年代はタイより，2000年以降は中国より部品セットを輸入して最終組立に特化したからであ

った。そのため，日系企業は能力構築やサプライヤー群の形成が不十分な初期段階から海外の品質やコスト面で優れたオートバイと競合した。こうして，ベトナムオートバイ産業は国際競争に巻き込まれながら産業形成を果たした。

(2) 企業間競争の主体と焦点

第2の違いは，企業間競争の主体と焦点である。本書第3章で確認したように，タイとベトナムでは産業の形成期（表9-1に示されている時期）におけるドミナント・デザイン実現のための製品アーキテクチャや生産システムに関するオプション数が異なった。オプションが日本型に限られたタイでは日系完成車企業による寡占的な競争が繰り広げられた。しかし，オプションに中国型も加わったベトナムでは地場系完成車企業50社以上，日系3社，台湾系数社という多数の主体による競争が繰り広げられた。

タイオートバイ産業における競争の焦点は，エンジン方式や外観に関する差別化であり，性能要件や価格は基本的に共通していた。それゆえ，タイにおける各企業は競争優位の確立を目指して通常的革新に注力した。ここで各企業の課題となったのは，対話としての競争と能力構築競争を通じて，自社の組織能力を素早く，安定的に，効率よく構築することであり，そのための生産システムをサプライヤーと共同しながら築くことであった。

一方，ベトナムオートバイ産業における競争の最大の焦点は価格であった。各企業のオートバイの品質に関するばらつきは大きかったが，市場が急成長した数年は品質よりも価格の安さが消費者に最優先された。2000年前後のベトナム国内市場における中国型生産システムに依拠する地場系完成車企業のオートバイの販売価格は，日本型生産システムに依拠する外資系企業のそれよりも2分の1から3分の1程度と大幅に安かった。この価格差は外資系企業が通常的革新を続けても埋め合わせることができないように思われた。こうしたことから，ベトナムオートバイ産業では，日本型と中国型という異なる生産システムが互いに生産システムの優劣を競い合うという様相を示しているかのようであった。そして，この価格を巡る競争に関しては一時期中国型生産システムのほうが優れているように思われた。しかし，徐々に外資系企業は価格競争力を備えるようになり，数年後には外資系企業の優勢という競争の帰結が明らかにな

終章　グローバル化時代における途上国産業の形成と発展

った。外資系企業は後に詳しく見るトランスナショナル化などの進化を遂げつつも，製品アーキテクチャや生産システムの抜本的転換は起こさなかった。外資系企業の競争優位の源泉は，先に確認したタイ・ベトナムで共通した漸進的な能力構築であり，通常的革新にあった。これに対して地場系完成車企業は海外先発国の競争優位に依存したままで，積極的に能力構築を図らなかった。

こうしたベトナムオートバイ産業の事例は，日本型生産システムの弱点と思われた価格競争力についても，いまだ改善余地があり，今後も高めていくことのできる可能性を示唆しているだろう。また，タイオートバイ産業のように絶対的なドミナント・デザインの下での競争だけでなく，ベトナムのように不確実性の高い競争においても，企業の漸進的な能力構築行動とそれに向けた競争行動は競争優位の源泉となりうることを示してもいるだろう。

(3)　初期段階における国内市場の拡大ペース

第3の違いは，初期段階における国内完成車販売市場の拡大ペースが異なったことである。タイオートバイ産業では，国内販売市場の規模が50万台に到達するまで20年近くを要した（表9-1）。これに対してベトナムオートバイ産業における国内販売市場は，産業創始してから10年未満であった2000年に50万台に達した。というのは，1990年代から産業形成が本格化したベトナムオートバイ産業ではほぼ一貫して国際的な厳しい競争圧力の下，1990年代はタイ，2000年以降は中国から表層の競争力に優れた製品が流入し，短期間で需要が積極的に開拓されたからであった。ただし，こうした国内市場の拡大ペースに関する両国の違いは50万台以下の初期段階に限定されたことであり，50万台以上の拡大ペースは両国でほぼ共通したものであった。

しかしここで国際競争への参入時期，国内市場の拡大ペースとの間における因果関係に関してはこれと異なる解釈も可能であるかもしれない。それは，タイは政府の関与の期間が長かったために国内市場の成長が遅くなり，ベトナムは政府の関与が短期であったために市場形成が進んだという解釈である。けれども，1960年代から1980年代前半にかけてタイ経済全体の成長速度が1990年代以降に比べて緩やかであったこと，市場の狭隘性という制約下においてタイ政府の国産化強制策は日系企業の能力構築を促進したこと，ベトナムの市場拡大

は圧倒的な低価格であった中国車の流入が大きな要因であったこと，などからタイ，ベトナムオートバイ産業における市場形成は産業政策のみによってリジットに規定されるものではなかったといえる。それゆえ，この解釈はタイ，ベトナムオートバイ産業における保護育成政策の施行期間，国際競争への参入時期，国内市場の拡大ペースの相関関係について適切なものではないと考える。

(4) 日系完成車企業の能力構築ペースとトランスナショナル化

第4の違いは，日系完成車企業の能力構築のペースである。具体的には，タイではルーチン的なもの造りの組織能力構築に30年近く費やしたことに対し，ベトナムではそれを10年ほどで達成しつつあったということである（表4-5；表5-4；表7-13；表8-8；表9-1）。

本書第3章で確認したように，形成開始時期の違いから，タイ・ベトナムオートバイ産業では製品・工程ライフサイクルからみた相対的後進性が異なった。タイに比べてベトナムオートバイ産業のほうが，先発である日本に対する技術や組織能力に関するギャップは大きかった。しかし，ベトナムオートバイ産業は，製品・工程ライフサイクルが成熟してから勃興したため，標準化された能力構築方法の利用が可能であった。実際，ベトナムオートバイ産業における日系完成車企業は，初期段階における国内市場の拡大ペースが速まったことに対応して，自身の能力構築ペースを速めることができた。というのは，国内市場の拡大ペースが急速になり，それゆえ，各企業が早期に国内市場の狭隘性という規模の制約を解消することができたからであった。ただし，これは経済の自由化により国内市場を巡る市場競争が激化し，それに伴い企業間の能力構築競争が激化した帰結でもあった。

能力構築ペースの迅速化の実現には，標準化された能力構築方法の利用のほかにも，日系完成車企業のトランスナショナル化（Bartlett & Ghoshal, 1989）が大きく影響した。日系完成車企業にはトランスナショナル化のほか，従来の生産システムや製品のアーキテクチャを転換させるという選択肢が存在した。けれども，日系企業はこうした組織能力の構築を巡る急進的なイノベーションは選択しなかった。そうではなく，日系企業は従来のように日本本社にすべての機能を集中させてきたことを転換し，トランスナショナルな多国籍企業として，

海外拠点の能力構築，そしてそうした能力構築を果たした海外拠点間のネットワークの活用を図るようになった。

すなわち，ベトナムオートバイ産業で顕在化したのは，研究開発や生産ラインの立ち上げ，操業の支援拠点としての日本本社を中心とした単線的で一方向な連携だけではなく，能力構築行動を進める在ベトナムの日系企業と部材の供給拠点としての在タイの日系企業，中国オートバイ産業のベンチマークのための在中国の日系企業という本社以外の海外拠点も含めた企業内での複線的で双方向の連携であった。そして，各拠点での高い現地調達率が示しているように，こうした連携は部材の国際的な分業体制の構築という即物的でハードなものの活用というよりもむしろ，各拠点間でのノウハウや情報，深層の競争力の共有という企業の組織能力の活用や構築に大きな力を発揮した。先に，タイやベトナムという一国内で企業群全体がひとつの総体として能力構築行動をとるようになったことを指摘した。ベトナムオートバイ産業の場合，グローバルに展開する日系完成車企業を介在させることによって，一国を区切りとした総体という枠組みを超えて多国籍に活動する企業群全体がひとつのシステムのように機能して組織能力の構築を進展させた，といえる。

なお，こうしたトランスナショナル化という日系完成車企業の進化は，イノベーションの種類に着目しても読み取ることができる。日系企業がトランスナショナル化する以前，タイ国内市場ではエンジン方式を焦点とした差別化競争が行われていた。市場ニーズは1980年代には2ストが主流であったが，1990年代半ば以降4ストへとシフトした。エンジン方式の転換は，各完成車企業に対して新たな技術や生産体制を要求した。しかし，オートバイ産業全体からみると，これは後発企業の先発企業への同質化という追随であり，既存技術に基づいてファミリースポーツという新たな市場セグメントを拡大するというニッチ市場的革新と位置付けられるだろう。そしてこうしたタイの日系企業のニッチ市場的革新は，タイで構築したルーチン的な組織能力とその成果である通常的革新に基づきながらも，日本本社から多くの支援を受けることによって成し遂げられたものであった。

一方，日系企業がトランスナショナル化した後の画期的なイノベーションは，

中国車に対して価格で対抗したWave α と中国車と差別化を図ったATモデルであった。Wave α は，従来の日系企業がターゲットとしなかった低所得者層を新規開拓したこと，トランスナショナル化という企業組織の進化によって低価格を実現したこと，基本的メカニズムは従来モデルから継承したものの開発段階から多くの設計変更がなされたこと，などからアーキテクチャ的革新と位置付けられる。同様に，ATモデルは，新たな市場セグメントを開発したこと，トランスナショナル化という企業組織の進化によって開発生産を行ったこと，エンジン機構に大きな変更はなかったものの駆動方式や外観で新技術を採用したこと，などからアーキテクチャ的革新であったといえるだろう。両モデルともタイやベトナムという各国拠点や日本本社の独自のイノベーションというよりもトランスナショナル化した日系企業が各国拠点の相互作用を活発化させることによって果たしたイノベーションであった。

　ただし，タイとベトナムは段階的な能力構築を遂げたことで共通したからも明らかなように，ニッチ市場的革新であれ，アーキテクチャ的革新であれ，それは通常的革新に特化した段階を経た後の段階になって生じたものであった。すなわち，日本型生産システムやアーキテクチャに基づく新市場を開拓するようなイノベーションは，その区分によらずルーチン的なもの造りの組織能力の構築を要件としたといえる。

3　途上国産業の新たな理解をめざして

（1）　グローバル化時代における発展途上国オートバイ産業の形成と発展

　タイオートバイ産業のケースが示しているように，従来の発展途上国産業は政府の保護のもと，通常的革新に特化しながら産業形成・発展を果たした。製品・工程ライフサイクル説からみると，通常的革新への特化は，途上国産業が相対的後進性を克服して後発性の利益を享受するためのひとつの有効な方法であると考えられた。グローバル化が本格化する1990年代以前に限定するならば，通常的革新への特化は発展途上国産業のキャッチアップ方法として最適解であったともいえる。ただし，オートバイ産業の場合，サプライヤー群も含んだ産

業全体の質的向上というメリットの一方で，組織能力がルーチン的で限定的でありなおかつ時間を20年から30年ほど要すというデメリットがあった。

しかし，ベトナムオートバイ産業のケースが示しているように，グローバル化のもとで産業形成を開始する現在の発展途上国は通常的革新への特化が工業化の最適解では必ずしもなくなった。なぜなら，通常的革新が基礎とする製品アーキテクチャや生産システムが唯一絶対のものではなくなり，多様化したからである。またなぜなら，かつてのように時間を要してもその間政府の保護により国際競争圧力から遮断されるという猶予も，貿易・投資の自由化で許さなくなりつつあるからである。

すなわち，グローバル化は発展途上国産業の形成にあたって，様々なオプションを提供したが，同時にその活用は国際競争下でなされることを強制した。途上国産業に与えられたオプションのひとつは，従来から存在する日本型生産システムに基づく産業形成であった。日本型生産システムは段階的な能力構築という点は変わらないが，能力構築のテンポを速めつつあった。というのは，日本企業がトランスナショナル化したからである。さらにトランスナショナル化によって，途上国に進出した日系企業は企業横断的なイノベーションの成果を享受できるようになった。ただし，これは無条件に享受できるのではなく，途上国に進出した日系企業のルーチン的な組織能力の構築が要件であった。

一方，グローバル化時代になってから途上国に新たに与えられたもうひとつのオプションは，中国で主流の製品アーキテクチャや生産システムへの依拠であった。中国型製品アーキテクチャや生産システムは垂直分裂（丸川，2007）という特徴を有するため，製品・工程が限定的であり参入障壁が低く，地場系完成車企業の参入を促進した。さらに，参入を果たすと同時に，ルーチン的組織能力に基づいた通常的革新を果たす前に，当初から価格競争力を有することができた。その結果，途上国産業の底辺を拡大し，規模の制約を早期に打破することに貢献した。しかし，事後的で擬似的なモジュール化のため，最終組立工程に特化した企業がイノベーションを果たし，リプライヤーのイノベーションを促進することは困難であった。そのため，新規参入した完成車企業が主体的に能力構築を果たすことはほとんどなかった。また，新規参入した完成車企

業がサプライヤー群の形成やその能力構築を促進することも少なかった。

　以上から，本書で検討したタイ・ベトナムオートバイ産業のケースが示唆するグローバル化時代における発展途上国オートバイ産業のありようは次の３点に集約することができる。第１に，発展途上国オートバイ産業の形成と発展に欠かせないことは，もの造りの組織能力の構築を刺激するような競争と主体の確保である。発展途上国産業は，価格競争を契機にイノベーションを生起させ，同時に能力構築競争と企業間分業関係を通じてイノベーションの効果を産業全体へ普及させることによって，初めて持続的で裾野の広い産業形成を望めるようになる。すなわち，競争とイノベーションの相互作用に基づくことによって，発展途上国産業は形成と発展を遂げていくことができる。日本の自動車産業で特徴的にみられたように（伊丹・加護野・小林・榊原・伊藤，1988），競争とイノベーションが産業形成と発展を促す，という点は当たり前のように思うかもしれない。しかし，価格競争によりイノベーションが阻害されるというロックインの現象が中国で生じているように（葛・藤本，2005），競争とイノベーションが必ずしも結びつかない事例もまた多い。つまり，競争とイノベーションは常に同時に生じるわけではなく，競争のみでは産業の質的向上は果たされないのである。それゆえ，競争をイノベーションへと結びつけるような製品アーキテクチャ，生産システムが発展途上国産業の形成と発展には重要なことである，と本書は改めて強調したい。

　第２に，発展途上国の市場拡大とそれに伴う産業形成は，ただ企業行動のみによって果たされるのではない，ということである。タイオートバイ産業では政府の主導による輸入代替化の達成とその進展度の点から産業形成にプラスに作用したと評価できた。また，ベトナムでは，結果的には市場拡大と産業形成の圧縮に成功したものの，これは日系企業の能力構築行動や競争行動，政府の政策にのみよるものではなかった。そうではなく，ベトナムオートバイ産業では，政策施行の不備により安価な中国製品が国内に流入し地場系組立企業が参入を果たしたため，政府の意図せざる需要開拓と競争促進がなされ，その結果，市場拡大と産業形成を早期に果たすことができたのであった。すなわち，発展途上国における市場の拡大は多くの要素が複雑に絡み合って初めて達成される

終章　グローバル化時代における途上国産業の形成と発展

ものと考えられる。東南アジアオートバイ産業では，このように拡大した市場という果実を巡って，外資である日系企業や地場系企業が競争を展開したのであった。そして，東南アジアオートバイ産業の場合，漸進的な能力構築行動に注力しながら，創発的な戦略的行動をとった日系企業がこの果実を得ることとなった。

　第3に，発展途上国オートバイ産業は，複数存在するようになった後発性利益享受に向けたオプションを併用して，それぞれが得意とする分野の成果を活用し，相互連関させることによって，形成がなされ，発展していく，ということである。いわば，日本型生産システムは供給側の確立，中国型生産システムは需要側の開拓，に強みがあったといえる。日系企業は，量的拡大と質的向上を着実に果たし，産業全体の形成・発展を促進した。けれども，日系企業のみでは規模の制約を10年以内の短期で打破することはできないために産業形成が本格化するまでに一定の時間を要すという問題があった。それゆえ，時間的猶予の少ないグローバル化時代における発展途上国オートバイ産業の形成に際しては，もうひとつのオプションである中国型生産システムに依拠した地場系企業の参入とその価格競争力による市場の活性化，底辺の早期拡大が求められるようになった。

（2）　政策的インプリケーション

　本書は企業行動に焦点を当て，政策については企業行動に影響を与える環境要因のひとつとして考察してきた。その一方で，本書は市場拡大や産業形成における政府の果たす役割の重要性についてもあわせて指摘した。しかしながら，本章で考察したような特徴を有するグローバル時代の発展途上国産業の形成と発展に対して，発展途上国政府が主体的なコントロールを行うことは極めて困難なことであると思われる。また，グローバル化の今日，発展途上国政府が主体的に進出企業を選ぶことは不可能であるだろう。というのも，発展途上国間での直接投資の誘致競争というような状況が生じているため，どのような企業であっても投資を歓迎するようになっているからである。こうした政府の役割の大きさとその限界を踏まえた上で，以下，グローバル化時代における発展途

上国政府がオートバイ産業の形成と発展に際して取り得るスタンスについて言及しておきたい。

　グローバル化時代における発展途上国政府は，何よりもまず，どのようなアーキテクチャや生産システムに依拠する企業であれ，その行動や分業関係が競争を促進するのかどうか，競争においてイノベーションを生起させるのかどうか，という点に注視していかなくてはならないだろう。それゆえ，こうした政府に対して本書の議論が示唆できることのひとつは，企業行動と企業間分業関係に強く作用する，表9-1に示された産業形成の諸段階であるだろう。政府はこの表をひとつの羅針盤として，産業形成の状況や進展段階を認識することにより，時期毎の企業行動と分業関係に適切な法制度や企業の競争環境，産業インフラを整備していく必要があると考える。さらに企業行動や分業関係に加え，国際的な経済環境やその国独自の商習慣や需要特性など多岐に渡る需要拡大の要因についても途上国政府は注意深く対応していく必要があるといえる。

（3）　産業のキャッチアップ達成と地場系企業の低迷というギャップの意味するもの

　最後に，本書の冒頭に提示した問題のひとつを検討したい。それは，近年のグローバル化に伴い，後発性の利益を各発展途上国が享受する一方で後発性の不利益を東南アジア各国の地場系企業が被る，という国レベルと個別企業レベルの乖離が顕在化しつつあるという指摘（末廣，2000，p.198）であった。この乖離について検討しながら，グローバル化時代における発展途上国オートバイ産業と日系企業，地場系企業の関係を明らかにしたい。

　東南アジアオートバイ産業でみられた国レベルと企業レベルの乖離とは，タイ・ベトナムオートバイ産業は企業の能力構築行動と競争行動，企業間関係に基づくイノベーションをひとつの主要因としてキャッチアップを果たし後発性の利益を享受したが，その一方で両国の地場系完成車企業は量的にも質的にもキャッチアップはままならず，後発性の不利益を被ることとなったことであった。タイ・ベトナムオートバイ産業ではさらに同様の乖離が国レベルと企業レベルだけでなく，地場系完成車企業と地場系サプライヤーとの間にも生じた。

終章　グローバル化時代における途上国産業の形成と発展

地場系サプライヤーの多くは外資系企業が管理する見える手による競争に参入することによって，後発性の利益を享受することができたからである。

こうした乖離によって生じる問題点として次の2つを指摘できる。第1に，産業全体が量的拡大と質的向上を果たしてもナショナル・ブランドがほとんど確立しないことである。しかし，タイオートバイ産業ではナショナル・ブランドであることを消費者にアピールしたタイガーの販売は低迷し（第7章），ベトナムオートバイ産業ではナショナル・ブランドである地場系組立企業のオートバイを販売店において違法に日系ブランドのコピーにすり替えて販売していた（第8章）。こうしたことから，需要側は必ずしもナショナル・ブランドを求めていないように思われる。

また日系企業のオートバイはナショナル・ブランドではないもののタイでは95％超，ベトナムでは80％超が自国で生産された部品によって構成されていた。こうした現地調達化を進めるために日系企業は生産機能だけでなく，調達機能や開発機能を順次現地化した。その意味では，日系企業のオートバイはブランド以外についてはMade in Thailand, Made in Vietnamを体現したものであったといえる。その一方で，地場系完成車企業のオートバイはナショナル・ブランドを冠しているものの現地調達率は低く，主要機能部品は海外からの輸入に依存したものであった。このように地場系完成車企業のオートバイはブランドについてはMade in Thailand, Made in Vietnamであったが，その構成部品をみるとほとんど海外製であった。このようにタイ・ベトナムオートバイ産業では，ブランドと現地調達率についてねじれが生じている。そのため，単純に，ナショナル・ブランドを冠されているから当該国を代表するオートバイであり，ナショナル・ブランドを冠されていないから当該国を代表するオートバイではない，とは断言できないことに注意が必要である。

以上から，ナショナル・ブランドの不在はナショナリズムに由来する感情的な問題を生じさせる可能性はあるものの，オートバイ産業形成に関する実際問題として，その不在により途上国産業に不利益を大きく被らせる事態にまではなっていないといえるのではないだろうか。

国レベルと企業レベルとで乖離が生じることでもたらされる可能性のある第

2の問題点は，産業を主導する主体が日系を中心とした外資系企業であるため，企業戦略の変更や市場環境の変化によって産業の安定性が損なわれる可能性が考えられることである。これは究極的には，発展途上国のオートバイ産業全体が外資系企業の撤退によって凋落することまで考えられるだろう。

　タイ，ベトナムにおける日系企業の生産拠点が縮小し撤退することが予想される企業戦略として，自由貿易の進展に伴う関税などの輸入コストの減少を活用することによって，多国籍化した日系企業がタイやベトナムよりも生産規模の大きい中国やインドなどに生産拠点を集約することが考えられる。この目的は規模の経済性を活用してコスト競争力を高めることであり，中国企業の競争優位に対応するひとつの日系企業の戦略となりうるだろう。実際，グローバル化の進展によって生産拠点の集約という選択肢が日系企業に与えられることとなり，本書第7章で確認したヤマハの行動に表れているように，一部企業は一時期それを実行した。しかし，結局各国市場における現地生産の重視という従来どおりの行動に回帰した。これはなぜなら，タイ，ベトナムなど各国市場が十分な市場規模に達しているからであり，日系企業が需要あるところで生産を行うという戦略を極めて重視しているからであった。すなわち，グローバル化や中国企業の成長に対応するために企業戦略の変更を日系企業は行ってきたが，それはタイ，ベトナムにおける現地調達部品に基づく現地生産を重視するという枠内の中での変更であったといえる。それゆえ，日系企業はタイ・ベトナムオートバイ産業の安定性を損なうような戦略を選択してきたことはほとんどなかったと結論できる。これらの点は，日系企業がトランスナショナル化を果たしていることからも強調することができるだろう。

　さらにタイオートバイ産業が研究開発機能を高めるとともに輸出拠点化へと変貌しつつあることから，将来的にもタイにおける生産活動は日系企業にとって重要であることが分かる。またベトナムオートバイ産業についても，機能部品を生産する日系サプライヤーが進出し，現地生産体制が着々と形成されていることから，その生産活動の将来的な重要性を否定することは難しいだろう。

　一方，タイ，ベトナムにおける日系企業の生産拠点の縮小や撤退を促す国内市場環境の変化として，市場の飽和や経済の悪化による市場縮小が挙げられる。

終章　グローバル化時代における途上国産業の形成と発展

しかし，従来から日系企業は市場の狭隘性という規模の制約と向き合いながら産業形成を進めてきた（第4章）。さらに，狭隘な国内市場に対して日系企業は完全な受身ではなく，積極的に需要の開拓を図ってきた。なぜなら，輸出志向型である多くの電機・電子産業と異なり，オートバイ産業は輸入代替型であり国内市場を最大の市場としてきたからである。例えば，国内市場が小さく規模の制約が強く働いた1960年代から1980年代半ばまでのタイオートバイ産業において，日系完成車企業は一部進出形態の変更は行ったものの完全に退出することはなかった。さらに，1990年代後半のアジア通貨危機によって国内市場が急激に縮小した際も日系企業は安易にタイから撤退することはなく，漸進的な能力構築行動をとり続けた。それゆえ，国内市場が縮小することで日系企業がタイ，ベトナムオートバイ産業から即刻退出するとは考えにくい。

また，タイ，ベトナムの国内市場は経済成長に伴う所得の増大効果に加えて，競争に刺激された各企業によって積極的に投入された魅力的な新モデルによる需要開拓効果もあって，拡大を続け，現在まで飽和状態に至っていない。さらにオートバイへの需要は世界的に拡大している。それゆえ，2000年以降，中国オートバイ産業は輸出を激増させ，日系企業が主導するタイオートバイ産業もまた輸出拠点となって年々輸出を増加させている。以上から，タイ，ベトナムだけでなく，今後，オートバイ産業の形成を目指す発展途上国に対しても十分市場は確保されていると考える。というのは，ベトナムで日系企業が中国車によって拡大された市場を奪取することに成功したように，現在中国が輸出している世界各国の市場でも同様のことが期待できるからである。

加えてオートバイに対する国内需要が飽和に達した場合においても，産業全体に必ずしもマイナスの影響を及ぼすとはいえないだろう。なぜなら，オートバイへの需要が飽和に達することは，一般的には所得向上の証であり，その結果，自動車への国内需要増大に伴う自動車産業の形成が考えられるからである。このとき，オートバイ産業の裾野産業は自動車産業へとシフトし，その裾野産業の役割をも果たすようになっていることだろう。この背景には，オートバイに関する技術の汎用性の高さを指摘することができる。このようにオートバイ産業のサプライヤーが自動車部品サプライヤーにもなりうることは，1970年代

の日本のオートバイ産業（第3章）やアジア通貨危機以降のタイオートバイ産業（第6章）の事例が示していたことである。

　以上，ナショナル・ブランドの欠落や企業戦略を取り巻く企業の経営方針，競争環境の内実をより深く検討すると，外資系企業，特に日系企業が主体であることによってタイ・ベトナムオートバイ産業の安定性が損なわれることはほとんどなかったと考えられる。それゆえ，タイ・ベトナムオートバイ産業の量的拡大と質的向上は本書の議論から明らかであることから，日系企業が産業の主体であることは，タイ・ベトナムオートバイ産業にとってはメリットのほうが強く作用したといえるだろう。すなわち，国レベルのキャッチアップと企業レベルのキャッチアップの乖離がもたらす当該国の産業形成・発展への影響は，タイ・ベトナムオートバイ産業の場合，必ずしも深刻なものではなかったと考えられる。

　本書が示したタイ・ベトナムオートバイ産業のキャッチアップの形態は外資系企業が主導したという点で，先行した日本オートバイ産業とは主体が異なる独自のものであった。先行研究によってはこれを途上国産業の主たるキャッチアップの形態とは捉えなかった。しかし，経済の自由化や中国の成長など発展途上国を取り巻く環境が大きく変化する中で，途上国産業がキャッチアップを果たし後発性の利益を享受するための方法もまた変化していく必要があるだろう。タイ・ベトナムオートバイ産業は，企業の能力構築行動と競争行動，企業間分業関係に基づいたイノベーションを通じて，こうした国際的な競争環境下で量的拡大と質的向上を比較的短期に成し遂げた。この実績を評価するならば，タイ・ベトナムオートバイ産業でみられた，外資である日系企業に主導されたキャッチアップの形態を発展途上国産業のひとつの主体的な発展パターンとして新たに認めることができるだろう。このことはすなわち，途上国オートバイ産業の形成と発展を担う主体として日系企業を中心とする外資系企業を含めた本書の分析枠組みの適切さを示唆してもいるだろう。

（4）　今後の課題

　本書は，企業行動と企業間分業関係に着目しながら，タイ・ベトナムオート

終章　グローバル化時代における途上国産業の形成と発展

バイ産業の形成と発展のありようについて考察した。今後，グローバル化時代における発展途上国のオートバイ産業形成・発展について考察を深めることに向けて，本書では十分検討されず残された課題として次の3点を挙げる。ただし，これら3点については本書第2章における研究範囲でも言及しているため，ここでは簡潔に述べる。

　第1に，本書は分析単位として組織に着目したが，より一歩進めて個人レベルについても着目する必要がある。個人に着目することにより，外資系企業における各国各拠点の従業員がどの程度重要な意志決定に参加し，能力構築行動に寄与しているのか，といった点が明らかになるだろう。また，企業者行動について検討することにより，企業間分業関係における外資系企業からのスピン・オフの有無とそれによる裾野産業の形成について一層詳細に検討できるようになるだろう。こうした点を踏まえると，国レベルと企業レベルの乖離について個人が両者をつなぐ重要な役割を果たしているようにも思われる。

　第2に，本書は組織能力を中心に考察したが，今後は組織構造（形態）についても考察しなくてはならない。本書でみたように日系企業はトランスナショナル化という進化を遂げた。こうした企業進化の考察には，本書で注目した企業行動と企業間分業関係が組織構造とどのような関係にあるのか，という点に着目することでより多くの示唆を得られると考えられる。

　第3に，考察エリアの拡大である。本書は考察地域の対象として，東南アジアの中でも成功事例としてのタイとベトナムを取り上げた。今後，東南アジアオートバイ産業をより多角的に考察するために，東南アジア最大規模でありタイと類似の発展を遂げたインドネシア，タイとほぼ同じ時期に勃興しながら形成が遅れているフィリピン，ベトナムより遅れて産業形成を開始したカンボジアといった国々を今後検討していく必要がある。また，外資系企業が発展途上国産業の形成・発展を主導するという点について考察を深めるため，地場系企業が健闘し日系企業と厳しい競争を繰り広げているインド，中国車と日系企業が激しい価格競争を繰り広げているアフリカ諸国といった新興国の実態解明と分析に取り組まなくてはならない。

参考文献一覧

（日本語）

青木昌彦・伊丹敬之（1985）『企業の経済学』岩波書店。
青木昌彦・奥野正寛編著（1996）『経済システムの比較制度分析』東京大学出版会。
青島矢一・加藤俊彦（2003）『競争戦略論』東洋経済新報社。
青山茂樹（1988）「静岡県西部地域の二輪車産業におけるME化の進展と雇用問題」上原信博編著『先端技術産業と地域開発 ―地域経済の空洞化と浜松テクノポリス―』御茶の水書房，第Ⅲ章6，pp. 341-367。
明石工場史編纂委員会（1990）『明石工場50年史』川崎重工業。
明石芳彦（2002）『漸進的改良型イノベーションの背景』有斐閣。
赤松要（1965）『世界経済論』国元書房。
浅沼萬里（菊谷達弥編）（1997）『日本の企業組織 革新的適応のメカニズム』東洋経済新報社。
淺羽茂（1988）「日本企業の同質的行動：化学産業における設備投資のバンドワゴン効果」『学習院大学 経済論集』第35巻第1号，pp. 1-23。
アジア経済研究所編（1970-2003）『アジア動向年報』アジア経済研究所。
アジア経済研究所編（1980）『発展途上国の自動車産業』アジア経済研究所。
アジア経済研究所編（1981）『発展途上国の電機・電子産業』アジア経済研究所。
足立文彦・小野桂之介・尾高煌之助（1980）「経済開発過程における国産化計画の意義と役割」『経済研究』Vol. 31, No. 1, pp. 51-71。
安部悦生（1995）「革新の概念と経営史」由井常彦・橋本寿朗編『革新の経営史 戦前・戦後における日本企業の革新行動』有斐閣，第11章，pp. 214-236。
池田潔・松岡憲司・郝躍英（2001）「重慶市二輪車部品製造業実態調査」『龍谷大学経済学論集』第41巻第1号，pp. 167-182。
池部亮（2001）「ベトナム ―中国の対ASEAN前線輸出基地」丸尾豊二郎・石川幸一編著『メイド・イン・チャイナの衝撃』日本貿易振興会，pp. 107-124。
石川滋（1990）『開発経済学の基本問題』岩波書店。
石川滋（2006）『国際開発政策研究』東洋経済新報社。

石川滋・原洋之介(1999)『ヴィエトナムの市場経済化』東洋経済新報社。
石田暁恵・五島文雄編(2004)『国際経済参入期のベトナム』アジア経済研究所。
石原武政・石井淳蔵編(1996)『製販統合 変わる日本の商システム』日本経済新聞社。
板垣博編著(1997)『日本的経営・生産システムと東アジア 台湾・韓国・中国におけるハイブリッド工場』ミネルヴァ書房。
伊丹敬之(1988)「見える手による競争:部品供給体制の効率性」伊丹ほか,第6章,pp.144-172。
伊丹敬之・加護野忠男・小林孝雄・榊原清則・伊藤元重(1988)『競争と革新 自動車産業の企業成長』東洋経済新報社。
伊藤元重・清野一治・奥野正寛・鈴村興太郎(1988)『産業政策の経済分析』東京大学出版会。
井上隆一郎(1991)『タイ 産業立国へのダイナミズム』筑摩書房。
今岡日出紀・大野幸一・横山久編(1985)『中進国の工業発展 複線型成長の論理と実証』アジア経済研究所。
植草益(1995)「日本の産業組織」植草益編『日本の産業組織 理論と実証のフロンティア』有斐閣。
植田浩史(1995)「自動車部品メーカーと開発システム」明石芳彦・植田浩史編『日本企業の研究開発システム』東京大学出版会,pp.83-112。
植田浩史(2000a)「サプライヤ論に関する一考察 浅沼萬里氏の研究を中心に」『季刊経済研究』大阪市立大学,第23巻第2号,pp.1-22。
植田浩史(2000b)「現地生産・開発とサプライヤ・システム」大阪市立大学経済研究所森澤恵子・植田浩史編『グローバル競争とローカライゼーション』東京大学出版会。
植田浩史(2001)「高度成長期初期の自動車産業とサプライヤ・システム」『季刊経済研究』大阪市立大学,第24巻第2号,pp.1-54。
植田浩史(2003)「二輪車産業」大野・川端編著,補章,pp.219-232。
植田浩史(2005)「統合型生産システムと分散型生産システム オートバイ産業における生産システム間競争」坂本清編著『日本企業の生産システム革新』ミネルヴァ書房,第2章,pp.33-54。
植田浩史・三嶋恒平(2003)『日本・中国・ベトナムのオートバイ産業に関する実

態調査報告書』大阪市立大学経済研究所ワーキングペーパー No. 304。

宇沢弘文（2000）『ヴェブレン』岩波書店。

宇治芳雄（1983）「ダブル・ノックアウト ホンダ・ヤマハ戦争」『中央公論』中央公論新社，98（14），pp. 247-256。

宇田川勝・新宅純二郎（2000）「なぜ，いま企業間競争なのか」宇田川・橘川・新宅編，序章，pp. 1-21。

宇田川勝・橘川武郎・新宅純二郎編（2000）『日本の企業間競争』有斐閣。

絵所秀紀（1997）『開発の政治経済学』日本評論社。

江橋正彦編著（1998）『21世紀のベトナム 離陸への条件』日本貿易振興会。

遠藤元（1998）「近代流通産業 流通形態の変化と企業間競争」末廣編著，第8章，pp. 191-212。

太田辰幸（2003）『アジア経済発展の軌跡 政治制度と産業政策の役割』文眞堂。

太田原準（2000a）「日本二輪産業における構造変化と競争 ―1945～1965―」『経営史学』経営史学会，第34巻第4号，pp. 1-28。

太田原準（2000b）「二輪産業の国際競争関係とアメリカン・ホンダ・モーターの設立」『経済論叢』京都大学，第166巻第5・6号，pp. 53-73。

太田原準（2006）「日本の二輪車部品サプライヤー 分業構造と取引関係」佐藤・大原編，第3章，pp. 95-130。

大野健一（1996）『市場移行戦略』有斐閣。

大野健一（2003a）「経済協力とベトナム産業研究」大野・川端編著，第1章，pp. 13-32。

大野健一（2003b）「国際統合に挑むベトナム」大野・川端編著，pp. 33-66。

大野健一・桜井宏二郎（1997）『東アジアの開発経済学』有斐閣アルマ。

大野健一・川端望編著（2003）『ベトナムの工業化戦略 グローバル化時代の途上国産業支援』日本評論社。

大原盛樹（2001）「中国オートバイ産業のサプライヤー・システム リスク管理と能力向上促進メカニズムから見た日中比較」『アジア経済』4月号，pp. 2-38。

大原盛樹（2005a）「中国の二輪車産業 巨大ローエンド市場がもたらした地場企業中心の発展」佐藤・大原編，第4章，pp. 61-77。

大原盛樹（2005b）「オープンな改造競争 中国オートバイ産業の特質とその背景」藤本・新宅編著，第3章，pp. 57-80。

大原盛樹（2006a）「二輪車産業からみたアジアの産業発展　知的資産アプローチから」佐藤・大原編，第1章，pp.13-52。

大原盛樹（2006b）「日本の二輪完成車企業　圧倒的優位の形成と海外進出」佐藤・大原編，第2章，pp.53-94。

大原盛樹（2006c）「中国の二輪車産業　開発能力の向上と企業間分業関係の規律化」佐藤・大原編，第5章，pp.163-204。

大原盛樹・田豊倫・林泓（2003）「中国企業の海外進出―海爾の米国展開と重慶二輪車メーカーのベトナム投資」大原盛樹編『中国の台頭とアジア諸国の機械産業　―新たなビジネスチャンスと分業再編への対応―』アジア経済研究所，pp.53-87。

岡崎哲二（1997）『20世紀の日本5　工業化の軌跡　経済大国前史』読売新聞社。

岡本博公（1995）『現代企業の生・販統合　自動車・鉄鋼・半導体企業』新評論。

岡本由美子（2004）「電子・電機産業　直接投資誘致の課題」大野・川端編著，第4章，pp.99-124。

小田切宏之・後藤晃（河又貴洋・絹川真哉・安田英土訳）（1998）『日本の企業進化　革新と競争のダイナミック・プロセス』東洋経済新報社。

『オートバイ』（1958），モーターマガジン社，昭和33年7月号，pp.191-196。

小関和夫（2002）『国産二輪車物語』三樹書房。

加護野忠男（1988）「企業家精神と企業家的革新」伊丹ほか，第3章，p.55-78。

片山三男（2003）「日本二輪車産業の現況と歴史的概観」『国民経済雑誌』神戸大学経済学会，第188巻第6号，pp.89-104。

葛東昇・藤本隆宏（2005）「擬似オープン・アーキテクチャと技術的ロックイン　中国オートバイ産業の事例から」藤本隆宏・新宅純二郎編著，第4章，pp.81-116。

神谷忠監修（2005）『図解雑学　バイクのしくみ』ナツメ社。

加茂紀子子（2006）『東アジアと日本の自動車産業』唯学書房。

『カヤバ工業50年史』（1986）カヤバ工業。

川端望（2005）『東アジア鉄鋼業の構造とダイナミズム』ミネルヴァ書房。

菊澤研宗（2006）『組織の経済学入門』有斐閣。

北村かよ子（1995）「東アジアの工業化と外国投資の役割」北村かよ子編『アジアの工業化と日本産業の新国際化戦略』アジア経済研究所，第Ⅰ部第1章，pp.

5-38。

橘川武郎（1995）「中間組織の変容と競争的寡占構造の形成」山崎広明・橘川武郎編『日本経営史4 「日本的」経営の連続と断絶』岩波書店，6章，pp. 233-273。

木村福成（2002）「グローバリゼーション下の発展途上国の開発戦略 ―新たな開発モデルを提示する東南アジア」高阪章・大野幸一編『新たな開発戦略を求めて』アジア経済研究所，pp. 65-96。

清川雪彦（1995）『日本の経済発展と技術普及』東洋経済新報社。

金良姫（1998）「韓国自動車部品企業の技術形成と日本企業の技術移転　部品企業の「複線型技術形成メカニズム」」法政大学産業情報センター・岡本義行編『日本企業の技術移転　アジア諸国への定着』日本経済評論社，第5章，pp. 133-168。

楠木建・チェスブロウ，H. W.（2001）「製品アーキテクチャのダイナミック・シフト　バーチャル組織の落とし穴」藤本・武石・青島編，第13章，pp. 263-285。

桑嶋健一（2000）「対話としての競争」高橋伸夫編『超企業・組織論　企業を超える組織のダイナミズム』有斐閣，第6章，pp. 67-76。

国際協力事業団（1993）『タイ王国工業分野振興開発計画（裾野産業）事前調査報告書』。

国際協力事業団（1995）『タイ王国工業分野振興開発計画（裾野産業）調査報告書』。

コグット，ブルース（1998）「学習，慣性の重要性：カントリー・インプリンティングと国際競争」ゴシャール＝ウェストニー編著，第6章，pp. 168-192。

小島清（1998）「東アジアの雁行型経済発展」『世界経済評論』11月号，pp. 8-18。

酒井弘之（2005）「タイにおける自動車部品製造業の集積」小林英夫・竹野忠弘編著『東アジア自動車部品産業のグローバル連携』文眞堂，第6章，pp. 137-169。

榊原清則（2005）『イノベーションの収益化　技術経営の課題と分析』有斐閣。

佐藤正明（2000）『ホンダ神話　教祖のなき後で』文春文庫。

佐藤幸人（1999）「台湾のオートバイ産業　――保護政策と産業発展――」『アジア経済』第40巻第4号，pp. 2-22。

佐藤幸人（2006）「台湾の二輪車産業　自立，挫折，新しい軌道への転身」佐藤・大原編，第4章，pp. 131-162。

佐藤幸人（2007）『台湾ハイテク産業の生成と発展』岩波書店。

佐藤百合（2006a）「インドネシアの二輪車産業　地場企業の能力形成と産業基盤の拡大」佐藤・大原編，第8章，pp. 281-322。

佐藤百合（2006b）「序論」佐藤・大原編，pp. 3-12。

佐藤百合・大原盛樹編（2005）『アジアの二輪車産業　基礎情報と企業一覧』アジア経済研究所。

佐藤百合・大原盛樹編（2006）『アジアの二輪車産業　地場企業の勃興と産業発展のダイナミズム』アジア経済研究所。

塩沢由典（1982）「タイ自動車工業にみる日本の部品企業展開」宮崎義一編『多国籍企業の研究』筑摩書房，第5章，pp. 172-241。

塩沢由典（1990）「社会の技術的能力　静的概念と動的概念」中岡哲郎編著『技術経営の国際比較　工業化の社会的能力』筑摩書房，終章，pp. 333-361。

塩沢由典（2000）「方法としての進化・解説」進化経済学会・塩沢由典編『方法としての進化』シュプリンガー・フェアクラーク東京，序章，pp. 1-26。

塩野谷祐一（1995）『シュンペーター的思考　総合的社会科学の構想』東洋経済新報社。

静岡県中小企業総合指導センター（1976）『浜松地区オートバイ部品製造業産地診断』静岡県中小企業総合指導センター。

『週刊東洋経済臨時増刊　海外進出企業総覧（国別編）』（各年版）東洋経済新報社。

シュンペーター，J.A（清成忠男編訳）（1998）『企業家とは何か』東洋経済新報社。

進化経済学会編（2006）『進化経済学ハンドブック』共立出版。

新宅純二郎（1994）『日本企業の競争戦略　成熟産業の技術転換と企業行動』有斐閣。

新宅純二郎・網倉久永（2001）「戦略スキーマの相互作用　組織の独自能力構築プロセス」新宅純二郎・淺羽茂編『競争戦略のダイナミズム』日本経済新聞社，第2章，pp. 27-64。

新宅純二郎（2006）「技術革新にもとづく競争戦略の展開　機能向上とコスト低下による製品進歩のプロセス」伊丹敬之・藤本隆宏・岡崎哲二・伊藤秀史・沼上幹編『日本の企業システム　第Ⅱ期第3巻　戦略とイノベーション』有斐閣，第4章，pp. 96-126。

末廣昭（1993）『タイ　開発と民主主義』岩波新書。

末廣昭（1998）「経済の拡大とバブル経済化」末廣編著，第1章，pp. 13-46。
末廣昭（1999）「タイの経済危機と金融・産業の自由化」一橋大学経済研究所編『経済研究』第50巻第2号，pp. 120-132。
末廣昭（2000）『キャッチアップ型工業化論　―アジア経済の軌跡と展望』名古屋大学出版会。
末廣昭（2003）『進化する多国籍企業　―いま，アジアでなにが起きているのか？』岩波書店。
末廣昭（2004）「工業化政策の新動向」北原淳・西澤信善編著『アジア経済論』ミネルヴァ書房，第2章，pp. 41-62。
末廣昭（2005）「東南アジアの自動車産業と日本の多国籍企業　産業政策，企業間競争，地域戦略」工藤章・橘川武郎・グレン・D. フック編『現代日本企業2 企業体制　下　秩序変容のダイナミクス』有斐閣，第15章，pp. 47-77。
末廣昭編著（1998）『タイ国情報（別冊）タイ　経済ブーム・経済危機・構造調整』日本タイ協会。
末廣昭編（2002）『タイの制度改革と企業再編　危機から再建へ』アジア経済研究所。
末廣昭・南原真（1991）『タイの財閥　ファミリービジネスと経営改革』同文館。
末廣昭・東茂樹（2000）「タイ研究の新潮流と経済政策論」末廣昭，東茂樹編『タイの経済政策　―制度・組織・アクター―』アジア経済研究所，第1章，pp. 3-57。
末廣昭・安田靖編（1987）『タイの工業化　NAICへの挑戦』アジア経済研究所。
椙山泰生・太田原準（2002）「中国企業の競争力と製品アーキテクチャ」『赤門マネジメント・レビュー』第1巻第8号，pp. 625-632。
鈴木自動車工業社史編集委員会（1970）『50年史』鈴木自動車工業株式会社。
スタンレー電気（1997）『スタンレー電気75年史』（1997）スタンレー電気。
『住友電装70年史』（1987）住友電装。
清晌一郎（1990）「曖昧な発注，無限の要求による品質・技術水準の向上」中央大学経済研究所『自動車産業の国際化と生産システム』中央大学出版部。
世界銀行（白鳥正喜監訳）（1994）『東アジアの奇跡　経済成長と政府の役割』東洋経済新報社。
世界銀行（海外経済協力基金開発問題研究会訳）（1997）『世界開発報告1997　開発

における国家の役割』東洋経済新報社。

『世界二輪車概況』各年版（1984-2004），本田技研工業。

関口末夫，トラン・ヴァン・トゥ編（1992）『現代ベトナム経済 刷新（ドイモイ）と経済建設』勁草書房。

関満博（1991）『地域中小企業の構造調整 —大都市工業と地方工業—』新評論。

関満博（1993）『フルセット型産業構造を超えて』中公新書。

関満博・長崎利幸編（2004）『ベトナム／市場経済化と日本企業』新評論。

園部哲史・大塚啓二郎（2004）『産業発展のルーツと戦略 —日中台の経験に学ぶ』知泉書館。

高林二郎（2006）『東アジアの工業化と技術形成 日中アセアンの経験に学ぶ』ミネルヴァ書房。

竹内郁雄（1994）「「規制された市場メカニズム」への移行 ドイモイ下の国営セクター改革の過程・現状・課題」五島文雄・竹内郁雄編『社会主義ベトナムとドイモイ』アジア経済研究所，第3章，pp.65-151。

竹内順子（1999）「エレクトロニクス産業のアジア展開」さくら総合研究所・環太平洋研究センター編，『アジアの経済発展と中小企業 再生の担い手になりうるか』日本評論社，第8章，pp.175-204。

田中隆雄（1977）「静岡県における輸送用機械（二輪車）産業の実態」上原信博編著『地域開発と産業構造』御茶の水書房，第7章，pp.229-248。

谷浦孝雄編（1989）『アジアの工業化と直接投資』アジア経済研究所。

谷口和弘，（2006）『企業の境界と組織アーキテクチャ 企業制度論序説』NTT出版。

中小企業庁（1986）『中小企業白書』中小企業庁。

曺斗燮・尹鐘彦（2005）『三星（サムスン）の技術能力構築戦略：グローバル企業への技術学習プロセス』有斐閣。

つじ・つかさ（1999）『バイクのメカ入門』グランプリ出版。

鶴田俊正・伊藤元重（2001）『日本産業構造論』NTT出版。

出水力（2002）『オートバイ・乗用車産業経営史 —ホンダにみる企業発展のダイナミズム』日本経済評論社。

出水力編著（2007）『中国におけるホンダの二輪・四輪生産と日系部品企業 ホンダおよび関連企業の経営と技術の移転』日本経済評論社。

『デンソー50年史』（2000）デンソー。
徳永重良・野村正實・平本厚（1991）『日本企業・世界戦略と実践　電子産業のグローバル化と「日本的経営」』同文館。
富塚清（2001）『日本のオートバイの歴史（新訂版）』三樹書房。
トラン・ヴァン・トゥ（1996）『ベトナム経済の新展開　工業化時代の始動』日本経済新聞社。
中岡哲郎（1990）「技術形成の国際比較のために」中岡哲郎編著，第 1 章，pp. 4-32。
中岡哲郎（2006）『日本近代技術の形成』朝日選書。
長山宗広（2004）「浜松地域の産業集積の変化　―輸送用機械を中心に―」浜松信用金庫・信金中央金庫総合研究所編『産業クラスターと地域活性化　地域・中小企業・金融のイノベーション』同友館， 3 章，pp. 91-127。
西田稔（1987）『日本の技術進歩と産業組織　習熟効果による寡占市場の分析』名古屋大学出版。
日本機械工業連合会（1958）『海外市場調査報告書　―小型自動車を中心として』昭和32年度機械工業基礎調査報告書，N 第 6 集。
日本機械工業連合会（1959）『小型自動車海外情報』（昭和33年度機械工業基礎調査報告書，33-N131。
日刊工業新聞社・工場管理編集部編（1980）『ホンダの小集団活動』にっかん書房。
日本自動車工業会編（各年版）『自動車統計年報』日本自動車工業会。
日本自動車工業会編（1995）『モーターサイクルの日本史』山海堂。
『日本特殊陶業株式会社　40年史』（1977）日本特殊陶業。
『日本電池100年　日本電池株式会社創業100年史　1895-1995』（1995）日本電池。
沼上幹（1999）『液晶ディスプレイの技術革新史　行為連鎖システムとしての技術』白桃書房。
沼上幹・淺羽茂・新宅純二郎・網倉久永（1993）「対話としての競争　電卓産業における競争行動の再解釈」伊丹敬之・加護野忠男・伊藤元重編『リーディングス日本の企業システム　第 2 巻組織と戦略』有斐閣，第 1 章，pp. 24-60。
野中郁次郎（1990）『知識創造の経営　日本企業のエピステモロジー』日本経済新聞社。
野中郁次郎・竹内弘高（梅本勝博訳）（1996）『知識創造企業』東洋経済新報社。

延岡健太郎（2006）『MOT［技術経営］入門』日本経済新聞出版社。
ハイマー，ステファン（宮崎義一編訳）（1979）『多国籍企業論』岩波書店。
橋本寿朗（1991）『日本経済論　二十世紀システムと日本経済』ミネルヴァ書房。
橋本寿朗（1996）「長期相対取引形成の歴史と論理」橋本寿郎編『日本企業システムの戦後史』東京大学出版会，第4章，pp.205-248。
橋本寿朗（2000）『現代日本経済史』岩波書店。
橋本寿朗・大杉由香（2000）『近代日本経済史』岩波書店。
服部民夫・佐藤幸人編（1996）『韓国・台湾の発展メカニズム』アジア経済研究所。
速水佑次郎（2000）『新版　開発経済学　諸国民の貧困と富』創文社。
原洋之介（1985）『クリフォード・ギアツの経済学　アジア研究と経済理論の間で』リブロポート。
原洋之介（1992）『アジア経済論の構図　新古典派開発経済学をこえて』リブロポート。
原洋之介（1994）『東南アジア諸国の経済発展　開発主義的体系と社会の反応』リブロポート。
原洋之介（2002）『開発経済論　第2版』岩波書店。
原洋之介編（2001）『アジア経済論　新版』NTT出版。
東茂樹（2000）「産業政策　―経済構造の変化と政府・企業間関係―」末廣・東編，第3章，pp.115-178。
東茂樹（2006）「タイの二輪車産業　日本ブランド寡占体制における地場企業の対応と対抗」佐藤・大原編，第7章，pp.243-280。
平本厚（1994）『日本のテレビ産業　競争優位の構造』ミネルヴァ書房。
弘岡正明（2003）『技術革新と経済発展　非線形ダイナミズムの解明』日本経済新聞社。
藤田麻衣（2005）「ベトナムの二輪車産業　中国車の氾濫，製作の混乱を経て新たな発展段階へ」佐藤・大原編，第7章，pp.113-130。
藤田麻衣（2006）「ベトナムの二輪車産業　新興市場における地場企業の参入と産業発展」佐藤・大原編，第9章，pp.323-365。
藤田麻衣編（2006）『移行期ベトナムの産業変容　地場企業主導による発展の諸相』アジア経済研究所。
藤本隆宏（1997）『生産システムの進化論　トヨタ自動車にみる組織能力と創発プ

ロセス』有斐閣。
藤本隆宏（2001a）『生産マネジメント入門Ⅰ　生産システム編』日本経済新聞社。
藤本隆宏（2001b）『生産マネジメント入門Ⅱ　生産資源・技術管理編』日本経済新聞社。
藤本隆宏（2003）『能力構築競争』中公新書。
藤本隆宏（2004）『日本のもの造り哲学』日本経済新聞社。
藤本隆宏（2005）「アーキテクチャ的発想で中国製造業を考える」藤本・新宅編著，第1章，pp.1-22．
藤本隆宏・西口敏宏・伊藤秀史編（1998）『リーディングス　サプライヤー・システム　新しい企業間関係を創る』有斐閣。
藤本隆宏・武石彰・青島矢一編著（2001）『ビジネス・アーキテクチャ　製品・組織・プロセスの戦略的設計』有斐閣。
藤本隆宏・新宅純二郎編著（2005）『中国製造業のアーキテクチャ分析』東洋経済新報社。
洞口治夫（2002）『グローバリズムと日本企業　組織としての多国籍企業』東京大学出版会。
本台進（1992）『大企業と中小企業の同時成長　企業間分業の分析』同文館。
『ホンダの歩み』（1975）本田技研工業。
ホンダの歩み委員会編（1984）『ホンダの歩み：1973～1983』本田技研工業。
『ホンダスーパーカブファイル』（2002）スタジオタッククリエイティブ。
松岡憲司（2002）「中国オートバイメーカーの部品取引関係　―所有制による比較を中心として」『龍谷大学経済学論集』第42巻1号，pp.63-83．
松岡憲司・池田潔・郝躍英（2001）「重慶のオートバイ産業」『龍谷大学経済学論集』第40巻第3・4号，pp.67-89．
丸川知雄（2003）「ベトナムの機械関連産業と中国」大原盛樹編『中国の台頭とアジア諸国の機械産業　新たなビジネスチャンスと分業再編への対応』アジア経済研究所，pp.289-304．
丸川知雄（2007）『現代の中国産業　勃興する中国企業の強さと脆さ』中公新書。
丸山恵也編（1991）『アジアの自動車産業』亜紀書房。
三嶋恒平（2004a）「タイのオートバイ産業およびヤマハ発動機の東南アジア戦略に関する実態調査報告書」『研究調査シリーズ』東北大学大学院経済学研究科工

業経済学研究室　No.10。
三嶋恒平（2004b）「タイ・インドネシアのオートバイ産業に関する実態調査報告書」『東北大学大学院経済学研究科ディスカッションペーパー』No.180。
三嶋恒平（2005）「書評　産業発展のルーツと戦略」『アジア研究』アジア政経学会，第51巻第2号，pp.114-119。
三嶋恒平（2007）「ベトナムの二輪車産業　グローバル化時代の輸入代替型産業の発展」『比較経済研究』比較経済体制学会，Vol.44, No.1, pp.61-75。
『三ツ葉電機製作所五十年史』（1996）三ツ葉電機製作所。
南亮進（牧野文夫協力）（2002）『日本の経済発展　第3版』東洋経済新報社。
三平則夫・佐藤百合編（1992）『インドネシアの工業化　フルセット主義工業化の行方』アジア経済研究所。
宮城和宏（2003）『経済発展と技術軌道　台湾経済の進化過程とイノベーション』創成社。
宮本又郎（1999）『日本の近代11　企業家たちの挑戦』中央公論新社。
宮本光晴（2004）『企業システムの経済学』新世社。
森美奈子（1999）「日系自動車産業のアジア展開　タイにおける部品メーカーの事例から」さくら総合研究所環太平洋研究センター，『アジアの経済発展と中小企業』日本評論社，第6章，pp.121-146。
森澤恵子（2004）『岐路にたつフィリピン電機産業』勁草書房。
安平明彦（2006）「アセアンにおける，若者のコミューター事情」自動車技術会『MotorRing』，No.22。
山縣裕（1998）『現代の錬金術　エンジン用材料の科学と技術』山海堂。
山口隆英（2006）『多国籍企業の組織能力　日本のマザー工場システム』白桃書房。
山崎広明（1991）「日本企業史序説　大企業ランキングの安定と変動」東京大学社会科学研究所編『現代日本社会　第5巻　構造』東京大学出版会，第1章，pp.29-80。
山澤逸平（1993）『国際経済学　第2版』東洋経済新報社。
山下協子（2003）「インドネシアの自動車産業と二輪車産業　中国の影響と分業再編の展望」大原編，第13章，pp.333-347。
山田製作所社史編纂委員会（2001）『21世紀への記憶　山田製作所55年史』山田製作所。

ヤマハ発動機株式会社モータサイクル編集委員会編著 (1991)『モータサイクル』山海堂。

ヤマハ発動機 (2002)『新中期経営計画』ヤマハ発動機株式会社。

ヤマハ発動機50周年記念事業推進プロジェクト (2005)『Times of YAMAHA　挑戦と感動の軌跡　ヤマハ発動機50周年記念誌』ヤマハ発動機株式会社 (本文中ではヤマ発プロ，2005と略す)。

山村英司・申寅容 (2005)「中国内陸部産業の生産効率の変化と輸出拡大過程　重慶のオートバイ産業の事例1995～2001年」『アジア経済』，No. 46，Vol 7，pp. 34-53。

横井克典 (2007)「二輪部品サプライヤーの現局面と協力関係の変容　本田技研熊本製作所に焦点を当てて」『産業学会年報』産業学会，No. 23，pp. 117-128

横山光紀 (2003)「タイの二輪車産業　好調な国内市場と中国の影響」大原編，pp. 249-264。

吉原英樹 (1993)「海外子会社の活性化と企業家精神」伊丹・加護野・伊藤編，第9章，pp. 314-338。

吉原英樹 (2001)『国際経営　新版』有斐閣アルマ。

ユニコインターナショナル (1999)『タイ王国工業分野振興開発計画 (裾野産業) フォローアップ調査最終報告書』国際協力事業団。

『リケン30年史』(1980) リケン。

ロドリック，D. (錦見浩司訳) (2000)「新世紀の開発戦略」大野幸一・錦見浩司編『開発戦略の再検討　課題と展望』アジア経済研究所，第1章，pp. 5-39。

鷲尾宏明 (1987)「タイにおける「現地化」政策の推移と国民経済形成」藤森英男編『アジア諸国の現地化政策　展開と課題』アジア経済研究所，8章，pp. 179-198。

渡辺利夫 (1985)『成長のアジア　停滞のアジア』東洋経済新報社。

渡辺利夫 (1996)『開発経済学　第2版　経済学と現代アジア』日本評論社。

(英語)

Abernathy, W. J. (1978) *Productivity Dilemma*, Baltimore: Johns Hopkins University Press.

Abernathy, W. J. & Utterback, J. M. (1978) "Patterns of Industrial Innovation," *Technology Review*, vol. 80, no. 7, pp. 40-47.

Abernathy, W. J. & Clark, K. B. (1985), "Innovation: Mapping the Winds of Creative Destruction," *Research Policy*, Vol. 14, pp. 3-22.

Abernathy, W. J., Clark, K. B. & Kantrow, A. M. (1983) *Industrial Renaissance*, New York: Basic Books, Inc. (望月嘉幸監訳『インダストリアル・ルネッサンス』TBSブリタニカ,1984年。)

Aldrich, H. E. (1999) *Organizations Evolving*, London: Sage. (若林直樹・高瀬武典・岸田民樹・坂野友昭・稲垣京輔訳『組織進化論 企業のライフサイクルを探る』東洋経済新報社,2007年。)

Amsden, A. H. (1989) *Asia's Next Giant: South Korea and Late Industrialization*. New York: Oxford University Press.

Amsden, A. H. (2001) *The Rise of "The Rest": Challenge to the West from Late-Industrializing Economies*, New York: Oxford University Press.

Aoki, M. (2003), *Towards a Comparative Institutional Analysis*. MA: MIT Press. (青木昌彦(瀧澤弘和・谷口和弘訳)『比較制度分析に向けて 新装版』NTT出版。)

Argyris, C., & Schon, D. A. (1978) *Organizational Learning: A Theory of Action Perspective*, Reading, MA: Addison-Wesley.

Bain, J. S. (1956) *Barriers to New Competition*, Cambridge: Harvard University Press.

Bain, J. S. (1959) *Industrial Organization*, New York: John Wiley & Sons.

Baldwin, C. Y. & Clark, K. B. (2000) *Design Rules: The Power of Modularity*, Vol. 1, Cambridge, Mass.: MIT Press. (安藤晴彦訳『デザイン・ルール モジュール化パワー』東洋経済新報社,2004年。)

Balassa, B. (1989) *Comparative Advantage, Trade Policy and Economic Development*, New York: Harvester Wheatsheaf.

Barney, J. B. (1991) "Firm Resources and Sustained Competitive Advantage." *Journal of Management*, 17, pp. 99-120.

Barney, J. B. (2001) "Is the resource based 'view' a useful perspective for strategic management research? Yes.," *Academy of Management Review*, Vol. 26, No. 1, pp. 41-56.

Bartlett, C. A. & Ghoshal, S. (1989) *Managing Across Borders: The Transnational Solution*, Cambridge MA: Harvard Business School Press.（吉原英樹監訳『地球市場時代の企業戦略：トランスナショナル・マネジメントの構築』日本経済新聞社，1990年。）

Borrus, M., Dieter, E. & Haggard, S. (2000) *International Production Networks in Asia: Rivalry or Riches ?*, Routledge Advances in Asia-Pacific Business.

Brooker Group PLC (Ed.), (2003) *The Business Groups: A Unique Guide to Who Owns What 5th Edition*, Bangkok: The Brooker Group PLC.

Buckley, P. J. & Casson, M. C. (2002) *The Future of The Multinational Enterprise 25th Anniversary Edition*, New York: Palgrave MacMillan.

Caves, R. E. (1982) *Multinational Enterprise and Economic Analysis*, Cambridge, Cambridge University Press.（岡本康雄，周佐喜和，長瀬勝彦，姉川知史，白石弘幸訳『R. E. ケイビス　多国籍企業と経済分析』千倉書房，1992年。）

Central Institute for Economic Management (2002) *VIET NAM'S ECONOMY IN 2002*, Hanoi: National Political Publishers.

Chandler, A. D. Jr. (1962) *Strategy and Structure*, Cambridge, Mass.: The MIT Press.（有賀裕子訳『組織は戦略に従う』ダイヤモンド社，2004年。）

Chandler, A. D. Jr. (1992) "Organizational Capabilities and the Theory of the Firm," *Journal of Economic Perspectives*, 6, pp. 79-100.

Christensen, C. M. (1997) *The Innovator's Dilemma*, Boston: Harvard Business School Press.（玉田俊平太監修，伊豆原弓訳『イノベーションのジレンマ　増補改訂版』翔泳社，2001年。）

Clark, K. B. & Fujimoto, T. (1990) "The Power of Product Integrity," *Harvard Business Review*, November-December, pp. 107-118.

Coase, R. H. (1988) *The Firm, The Market, and The Law*, Illinois: University of Chicago.（宮沢健一・後藤晃・藤垣芳文訳『企業・市場・法』東洋経済新報社，1992年。）

Cohen, W. M.& Levinthal, D. A. (1990) "Absorptive Capacity: A New Perspective on Learning and Innovation," *Administrative Science Quarterly*, Vol. 35, pp. 128-152.

Collins, J. C. & Porras, J. I. (1994) *Built to Last: Successful Habits of Visionary Organization,*. New York: Harper Business. (山岡洋一訳『ビジョナリーカンパニー　時代を超える生存の原則』日経BP出版センター, 1995年。)

Demizu, T. (2003) *Honda: Its Technology and Management,* Osaka: Union Press.

DiMaggio, P. & Powell, W. (1983), "The Iron Cage Revisited: Institutional Isomorphism and Collective Rationality in Organizational Fields," *American Sociological Review,* 48, pp. 147-160.

Doner, R. F. (1991) *Driving a Bargain: Automobile Industrialization and Japanese Firms in Southeast Asia,* Oxford: University of California Press.

Dunning, J. H. (1988) *Explaining International Production,* London: Unwin Hyman Ltd.

Fine, C. H. (1998) *Clockspeed: Winning Industry Control in the Age of Temporary Advantage,* Reading, MA: Peruseus Books.

Fiol, C. M. & Lyles, M. A. (1985) "Organizational Learning," *Academy of Management Review,* Vol. 17, No. 1 (March), pp. 191-211.

Florida, R. & Kenney, M. (1991), "Transplanted Organizations: The Transfer of Japanese Industrial Organization to the U. S. A.," *American Sociological Review,* 56, pp. 381-398.

Gallagher, K. P (Ed.) (2005) *Putting Development First: The Importance of Policy Space in the WTO and IFIs,* London and New York: Zed books.

General Statistical Office (1996) *Trade In the Open Door Time,* Hanoi: Statistical Publishing House.

General Statistical Office (1998-2005) *International Merchandise Trade Vietnam.* Hanoi: Statistical Publishing House.

General Statistical Office (2001) *Statistical Year Book-2000,* Hanoi: Statistical Publishing House.

General Statistical Office (2002) *Socio-Economic Statistical Data of 61 Provinces and Cities in Vietnam,* Hanoi: Statistical Publishing House.

Gerschenkron, A. (1962) *Economic Backwardness in Historical Perspective: A Book of Essays,* Cambridge, MA: The Belknap Press of Harvard University. (絵所秀紀・雨宮昭彦・峯陽一・鈴木義一訳『後発工業国の経済史　キャッチアップ型

工業化論』ミネルヴァ書房。)
Gerschenkron, A. (1968) *Continuity in History and Other Essays*, Cambridge, MA: The Belknap Press of Harvard University. (絵所秀紀・雨宮昭彦・峯陽一・鈴木義一訳, 同上書。)
Ghoshal, S. & Westney, E. (1993) *Organization Theory and The Multinational Corporation*, London: Macmillan Publishers Ltd. (江夏健一監訳・IBI 国際ビジネス研究センター訳『組織理論と多国籍企業』文眞堂, 1998年。)
Gill, I. (1980) "Siam Motors Leans on Japan," *Insight*, March, pp. 32-35.
Grant, R. M. (1991) "The Resource-based Theory of Competitive Advantage: Implications for Strategy Formulation," *California Management Review*, Spring, pp. 114-135.
Grant, R. M. (1998) *Contemporary Strategy Analysis : Concepts, Techniques, Applications*, 3rd Edition, Malden, MA: Blackwell Publisher Inc.
Hagel, J. Ⅲ & Brown, J. S. (2005) *The Only Sustainable Edge: Why Business Strategy Depends on Productive Friction and Dynamic Specialization*, Boston: Harvard Business School Press.
Hamel, G. & Prahalad, C. K. (1985) "Do You Really Have a Global Strategy ?" *Harvard Business Review*, 62, March-April, pp. 139-148.
Hedlind, G. (1986) "The Hypormodern MNC: A Heterarchy?" *Human Resource Management*, Vol. 25, pp. 9-35.
Helper, S. (1991) "Strategy and Irreversibility in Supplier Relations," *Business History Review*, winter, 65 (4), pp. 781-824.
Hippel, E. V. (1988), *The Sources of Innovation*, New York. Oxford University Press.
Hippel, E. V. (2006) *Democratizing Innovation*, Cambridge MA: The MIT Press.
Hirschman, A. O. (1958) The Strategy of Economic Development, New Heaven: Yale University Press. (麻田四郎訳『経済発展の戦略』厳松堂, 1961年。)
Hobday, M. (1995) *Innovation in East Asia: The Challenge to Japan*, Chelteham: Edward Elgar.
Hodgson, G. M. (1988), *Economics and Institutions: A Manifesto for a Modern Institutional Economics*. (ホジソン, G. M. (八木紀一郎, 橋本昭一, 家本博一,

中矢俊博訳）（1997）『現代制度派経済学宣言』名古屋大学出版会。）
Hopwood, B. (1998) *Whatever Happened to the British Motorcycle Industry?*, Somerset: Haynes Publishing.
Hounshell, D. A. (1984) *From the American System to Mass Production 1800-1932: The Development of Manufacturing Technology in the U. S.*, Baltimore: Johns Hopkins University Press.（和田一夫・金井光太朗・藤原道夫訳『アメリカン・システムから大量生産へ　1800〜1932』名古屋大学出版会，1998年。）
Hyek, F. A. (1945) "The Use of Knowledge in Society," *American Economic Review*, Vol. 17, No. 4, pp. 519-530.（田中真晴・田中秀夫編訳『市場・知識・自由　自由主義の経済思想』ミネルヴァ書房，第2章，1986年。）
Jones, B. M. (1983) *The Story of Panther Motorcycles*, Cambridge; Patrick Stephens Limited.
Jones, G. (1995) *The Evolution of International Business: An Introduction*, International Thomson Business Press.（桑原哲也・安室憲一・川辺信雄・榎本悟・梅野巨利訳『国際ビジネスの進化』有斐閣，1998年。）
Kim, J. I. & Lau, L. J. (1994), "The Sources of Economic Growth in the East Asian Newly Industrialized Countries," *Journal of Japanese and International Economies*, 8, pp. 235-271.
Kim, L. (1997) *Imitation to Innovation: The Dynamics of Korea's Technological Learning*, Boston: Harvard Business School Press.
Kim, L. (1999) *Learning and Innovation in Economic Development*, Chelteham: Edward Elgar Publishing.
Kimura, S. (2007) *The Challenges of Late Industrialization: The Global Economy and the Japanese Commercial Aircraft Industry*, New York: Palgrave Macmillan.
Kogut, B. & Zander, U. (1993) "Knowledge of the Firm and the Evolutionary Theory of the Multinational Corporation," *Journal of International Business Studies*, forth-quarter, pp. 626-645.
Krugman, P. R. (1994), "The Myth of Asia's Miracle," *Foreign Affairs*, December, pp. 62-78.
Langlois, R. N. & Robertson, P. L. (1995), *Firms, Markets and Economic Change: A*

Dynamic Theory of Business Institutions, Routledge.(ラングロワ,R., ロバートソン,P.(谷口和弘訳)(2004)『企業制度の理論 ケイパビリティ・取引費用・組織境界』NTT出版。)

Lewis, A. (1954) "Economic Development with Unlimited Supply of Labor," *Manchester School of Economics and Social Studies*, Vol. 22, pp. 139-191.

Lieberman, M. B. & Montgomery, D. B. (1988) "First-Mover Advantages," *Strategic Management Journal*, 9, pp. 41-58.

Loasby, B. (1998), "The Organization of Capabilities," *Journal of Economic Behavior and Organization*, 35, pp. 139-160.

Marshall, A. (1890) *Principles of Economics*, London and New York: Macmililan and Co.

Milgrom, P & Roberts, J. (1992) *Economics, Organization, and Management*, New Jersey: Prentice-Hall International.(奥野正寛・伊藤秀史・今井晴雄・八木甫訳『組織の経済学』NTT出版, 1997年。)

Mintzberg, H. & Waters, J. A. (1985) "Of Strategies, Deliberate and Emergent," *Strategic Management Journal*, Vol. 6, No. 3, pp. 257-272.

Mintzberg, H., Ahlstrand, B. & Lampel, J. (1998) *Strategy Safari: A Guided Tour Through The Wilds of Strategic Management*, New York: The Free Press.(齋藤嘉則監訳『戦略サファリ 戦略マネジメント・ガイドブック』東洋経済新報社, 1999年。)

Mishima, K. (2005) "The Supplier System of the Motorcycle Industry in Vietnam, Thailand and Indonesia: Localization, Procurement and Cost Reduction Processes" In Ohno, K. & Thuong, N. V. (Eds.), *Improving IndustrialPolicy Formulation.* (pp. 219-242),. Hanoi: The Publishing House of Political Theory.

Morgan, G. (1986) *Images of Organization*, Beverly Hills, CA: Sage.

Muscat, R. J. (1994) *The Fifth Tiger: A Study of Thai Development Policy*, United Nations University Press.

Nattapol, R. (2002) "Thailand" In Trade and Investment Division (Ed.), *Development of the Automotive Sector in Selected Countries of the ESCAP Region.* (pp. 107-126). Bangkok: United Nations Economic and Social Commission for Asia and The Pacific.

Nelson, R. R. (1981), "Research on Productivity Growth and Productivity Differences: Dead Ends and New Departures", *Journal of Economic Literature*.

Nelson R. R. & Winter, S. G. (1982) *An Evolutionary Theory of Economic Change*, Harvard University Press.

Nelson, R. R & Pack, H. (1999), "The Asian Miracle and Modern Growth Theory," *Economic Journal*, 109, pp. 416-436.

NEU-JICA Cooperative Project Team research of Vietnam motorcycle industry. (2003) "Development Capacity of Manufacturing Motorcycles and Their Accessories in Vietnam", *Report of Investigation*, Hanoi: NEU-JICA Cooperative Project.

North., D. C. (1990) *Institutions, Institutional Change and Economic Performance*, Cambridge: Cambridge University Press.（竹下公視訳『制度・制度変化・経済成果』晃洋書房，1994年。）

Odaka, K. (Eds.), (1983) *The Motor Vehicle Industry in Asia A Study of Ancillary Firm Development*, Singapore: Singapore University Press.

Ohara, M. (2006) *Interfirm Relations under Late Industrialization in China: The supplier System in the Motorcycle Industry*, Chiba: Institute of Developing Economies Japan External Trade Organization.

Pasuk, P. & Baker, C. (2002) *Thailand Economy and Politcs*, 2nd Edition, New York: Oxford University Press.（北原淳・野崎明監訳日タイセミナー訳『タイ国　近現代の経済と政治』刀水書房。）

Piore, M. J. & Sabel, C. F. (1984) *The Second Industrial Divide: Possibilities for Prosperity*, New York: The Basic Books.（山之内靖・永易浩一・石田あつみ訳『第二の産業分水嶺』筑摩書房，1993年。）

Patarapong I. & Fujita, M. (2006) "China's Threat and Opportunity for Thai and Vietnamese Motorcycle Industries: A Sectoral Innovation System Analysis," *A Paper to be presented at GLOBELICS India 2006: Innovation Systems for Competitiveness and Shared Prosperity in Developing Countries*, Trivandrum, 4-7.

Penrose, E. T. (1959) *The Theory of the Growth of the Firm*, Oxford: Basil Blackwell.

Polanyi, M. (1958) *The Tacit Dimension*, London: Routledge & Kegan Paul (高橋勇夫訳『暗黙知の次元』ちくま学芸文庫, 2003年。)

Porter, M. E. (1980) *Competitive Strategy*, New York: The Free Press. (土岐坤・中辻萬治・服部照夫訳『新訂　競争の戦略』ダイヤモンド社, 1995年。)

Porter, M. E. (1985) *Competitive Advantage*, New York: The Free Press. (土岐坤・中辻萬治・小野寺武夫訳『競争優位の戦略　いかに高業績を持続させるか』ダイヤモンド社, 1985年。)

Porter, M. E. (1990) *The Competitive Advantage of Nations*, New York: The Free Press. (土岐坤・中辻萬治・小野寺武夫・戸成富美子訳『国の競争優位（上）（下）』ダイヤモンド社, 1992年。)

Prahalad, C. K. & Bettis, R. A. (1986) "The Dominant Logic", *Strategic Management Journal*, Vol. 7, No. 6, pp. 485-501.

Prahalad, C. K. & Doz, Y. L. (1987) *The Multinational Mission: Balancing Local Demands and Global Vision*, New York: The Free Press.

Prahalad, C. K. & Hamel, G. (1990) "The Core Competence of the Corporation," *Harvard Business Review*, May-June, pp. 79-91.

Priem, R. L. & Butler, J. E. (2001) "Is the resource based 'view' a useful perspective for strategic management research?," *Academy of Management Review*, Vol. 26, No. 1, pp. 22-40.

Research Institute for Asia and the Pacific (2000), *The Challenge in 1999: Rebuilding Institutions in Asia for the 21st Century*, Sydney: University of Shydney.

Ridwan, G. (2002) *The Short Analysis of Motorcycle's Market and Industries in Indonesian for the year 2000 and 2001*, Jakarta: The Indonesian Motorcycle Industries Association.

Romer, P. M. (1986), "Increasing Returns and Long-run Growth," *Journal of Political Economy*, Vol. 94 No. 5, pp. 1002-1037.

Romer, D. (1996), *Advanced Macroeconomics*, McGrraw-Hill. (堀雅博・岩成博夫・南條隆訳『上級マクロ経済学』日本評論社, 1998年。)

Rosenberg, N. (1982) *Inside the Black Box: Technology and Economics*. New York: Cambridge University Press.

Rumelt, R. P. (1984) "Towards a Strategic Theory of the firm" In Lamb, R. B. (Ed.), *Competitive Strategic Management*, Englewood Cliffs, New Jersey: Prentice-Hall Inc.; pp. 566-570.

Sako, M. (1992), *Price, Quality and Trust*, New York: Cambridge University Press.

Siriboon, N. (1983) "Ancillary Firm Development in the Thai Automobile Industry" In Odaka K. (Ed), *The Motor Vehicle Industry in Asia: A Study of Ancillary Firm Development*, Singapore, Singapore University Press, pp. 180-227.

Schumpeter, J. A. (1934) *The Theory of Economic Development: An inquiry into Profits, Capital, Credit, Interest, and the Business Cycle*, Cambridge, MA: Harvard University Press.

Solow, R. M. (1956), "A Contribution to the Theory of Economic Growth," *Quarterly Journal of Economics*, February, pp. 65-94.

Stalk, G., Evans, P. & Shulman, L. E. (1992) "Competing on Capabilities: The New Rules of Corporate Strategy," *Harvard Business Review*, March-April, pp. 57-69.

Suehiro, A. (1989) *Capital Accumulation in Thailand 1855-1985*, Tokyo: UNESCO Centre for East Asian Cultural Studies.

Teece, D. J., Pisano, G. & Shuen, A. (1997) "Dynamic Capabilities and Strategic Management," *Strategic Management Journal*, Vol. 18 (7), pp. 509-533.

Thai Customs Department (1955-1997) *Foreign Trade Statistics of Thailand*, Thailand: Customs Public Relations Sub Division Office of the Secretary.

Tidd, J., Bessant, J. & Pavitt, K. (2005), *Managing Innovation: Integrating Technological, Market and Organizational Change*, Third Edition, John Wiley and Sons.（後藤晃・鈴木潤監訳『イノベーションの経営学』NTT 出版, 2004 年。）

Ulrich, K. T. (1995) "The role of product architecture in the manufacturing firm" *Research Policy*, Vol. 24, pp. 419-440.

Ulrich, K. T. & Eppinger, S. D. (2003) *Product Design and Development*, New York: McGraw-Hill.

Utterback, J. M. (1994) *Mastering the Dynamics of Innovation*, Boston: Harvard

Business School Press. (大津正和・小川進監訳『イノベーション・ダイナミクス 事例から学ぶ技術戦略』有斐閣, 1998年。)

Vernon, R. (1966) "International Investment and International Trade in the Product Cycle," *Quarterly Journal of Economics*, 80, pp. 190-207.

Vietnam Development Forum (2006) "VDF Report: Supporting Industries in Vietnam from the Perspective of Japanese Manufacturing Firms," *Vietnam Development Forum Policy Note*, No. 2 (E),, Hanoi, Vietnam Development Forum.

Wang, N. T. (Ed.), (1992) *Taiwan's Enterprises in Global Perspective*, An East Gate Book.

Wernerfelt, B. (1984) "A Resource-based View of the Firm," *Strategic Management Journal*, Vol. 5, pp. 171-180.

Williamson, O. E. (1975) *The Economic Institution of Capitalism: Firms, Markets, Relational Contracting*, New York: Free Press.

Womack, J. P., Jones, D. T. & Roos, D. (1990), *The Machine that Changed the World*, New York: Rawson Associates. (沢田博訳(1990)『リーン生産方式が世界の自動車産業をこう変える：最強の日本車メーカーが欧米を追い越す日』経済界。)

Wright, D. K. (2002) *The Harley-Davidson Motor Company, A 100 — Year History*, Motorbooks International

(中国語)

中国汽車工業史編輯部 (1996)『中国汽車工業専業史 1901-1990』人民交通出版社。

中国汽車技術研究中心・中国汽車工業協会 (各年版)『中国汽車工業年鑑』機械工業出版社。

あとがき

　発展途上国の人々に経済学を通じた何らかの貢献をしたいという思いから私は研究を開始した。しかしながら，思い起こしてみると，私が思い悩んでいるときにむしろ彼らが私を励まし勇気づけてくれた。何より本書は彼らから学んだことの集大成でもある。それゆえ，私の研究動機の達成にはいまだほど遠い。

　また，本書の背景には現場で働く人々から提起された問題意識が貫かれている。本書はそうした現場の問題をどのように理解したらよいのか，悩み続けた軌跡でもある。現場をみて歩き多くの人々と対話することで始まった私の研究であったが，気付いてみれば，文献や資料に覆い尽くされた自室に一人こもり，何とか現時点での結論を絞り出したに過ぎない。当然，課題もまだ数多く残されている。

　しかし，本書の考察から発展途上国産業のひとつの可能性を示すことができたとすれば，私にとって望外の喜びである。そして，そうした研究成果を得られたとすれば，それは多くの人々のご教示によるところである。私の研究に関係した全ての皆様に心より感謝を申し上げ，本書の締めくくりとしたい。

　何よりもまず，大学院で指導教員を担当してくださった川端望先生に心よりお礼と感謝を申し上げなくてはならない。川端先生は私を工業経済学ゼミナール（現，産業発展ゼミナール）に受け入れてくださり，研究者として進むべき道を常に照らしてくださった。体力や途上国への適応能力しか身についていなかった問題学生の私に対して，川端先生は産業研究のありようから後発国の産業発展や企業に関する諸理論まで大変多くのことをたたき込んでくださった。厳しくも知的刺激に満ちたご指導により，私は実態調査に基づく産業研究の魅力に引き込まれていった。調査後の記録作成や論文執筆に際しても一言一句詳細にご指導いただき，実証研究における厳密さや調査に際しての正確性を常に心がけるようになった。このことは実態調査に基づく研究者の姿勢として他の何にも代え難いことであった。また川端先生の指導教官であった故金田重喜先生

以来，長い歴史のある現代産業研究会には大学教員である先輩方だけでなく企業や省庁で活躍する先輩方も参加され，報告の機会を２度いただいた私も大いに勉強させていただいた。

　大学院では平本厚先生にもご指導いただき，修士論文と博士学位論文の副査をしていただいた。平本先生は問題意識の設定や結論に至るまでの論理構成，個別事実が含意する事象に関する理解の仕方について大変厳しくご教示くださった。またイノベーション・システムや経営史的な視角に関しても示唆をくださった。

　さらに大学院のときには現代企業社会特別演習に参加した。この演習には川端先生，平本先生のほか，野村正實先生，谷口明丈先生（現，中央大学），西澤昭夫先生が主な参加者であった。野村先生には調査や研究の基本的姿勢，テーマの設定と論旨の関係について厳しくご教示いただいた。谷口先生からはオートバイ産業における競争の構図の捉え方に関するご教示をいただき，それを踏まえ本書の骨格を描くことができた。西澤先生からは「結局，タイのオートバイ産業は日本企業が圧倒的多数を占め，地場企業が十分参入できていない。それゆえ，タイの産業形成にとってオートバイ産業は失敗事例なのではないか」という重大な示唆をいただいた。これは途上国にとって外資である日本企業の多様な捉え方のきっかけになると同時に，私の研究において不可避のテーマとなった。

　青木國彦先生には東北大学経済学部のときの比較経済体制論ゼミに所属して以降，大学院でもお世話になった。特に国際比較を行う際の考え方や経済計算論争の理論的背景，ベトナムという社会主義経済の捉え方について多くのご教示をいただき，本書の基礎となった。また青木先生のゼミの先輩である中村靖先生（横浜国立大学），日置史郎先生にも学会や研究会でご助言いただいた。

　小田中直樹先生には，学部のときには社会思想史ゼミに特別に参加させていただき，大学院のときには経済学史のティーチングアシスタントをやらせていただきながら，歴史学的なものの見方から経済学史まで色々なことを教えていただいた。そもそも，学部卒業間際の春休みにインドに出てしまい，大学院での研究展望を描けていなかった私に川端先生をご紹介してくださったのは小田

あとがき

中先生であった。

　このように東北大学大学院経済学研究科の研究環境は恵まれていた。さらに私にとって幸運だったことは，研究を続けていくうちに学外の多くの方々にも親切にご教示いただけたことである。

　私の研究はベトナムのオートバイ産業という極めて具体的な事例に触れることで開始した。これは川端先生からご紹介いただいた植田浩史先生（当時，大阪市立大学。現，慶応大学）にベトナムでの調査に何度も同行させていただいたことにより，初めて実現した。植田先生には，オートバイ関連企業やベトナム政府関連機関を対象とした調査の方法といったスキル面から，調査の着眼点，調査結果を踏まえての考察，論文への展開まで多くのことを勉強させていただいた。さらに植田先生には私が博士課程前期のときに集中講義「サプライヤー・システム論」担当として東北大学にお越しいただき，本書でも分析枠組みの鍵となっている企業間関係や日本の自動車産業，中小企業の諸理論に関してご教示をいただいた。

　こうしたベトナムでの研究はNEU（国民経済大学）-JICA（当時，国際協力事業団。現，独立行政法人国際協力機構）共同研究，NEU-GRIPS（政策研究大学院大学）共同研究のひとつでもあった。これら共同研究は大野健一先生（GRIPS）をリーダーとし，ベトナム産業の実態に即しながら具体的で現実的な政策提言を行うことを目的としていた。大野先生のもとでの調査，研究を通じて，学術的な研究成果を政府や国際機関に展開するという貴重な経験をさせていただいた。またベトナムの共同研究ではPham Truong Hoang先生（当時，横浜国立大学院生。現，NEU），森純一氏（当時，Tufts University院生。現，Hanoi University of Industry）とは調査と議論を繰り返し，考察を深めることができた。また，NEU-GRIPS共同研究拠点であるベトナム開発フォーラム（VDF）では口頭報告や論文発表の機会をいただくとともに，多くのベトナム人研究者やスタッフから支援をいただいた。

　このように2002年以降，私はベトナムのオートバイ産業を主たる対象としながら，実態調査に基づいた産業研究を行うようになった。さらに，その後東南アジアにおける先発国としてのタイの果たす役割の大きさに気付き，調査を開

始した。また，本書では十分に取り上げることはできなかったが，インドネシアについても規模の大きさや国際分業上重要性を高めていたことから，調査研究の対象とした。こうした研究の広がりに際しても多くの人との出会いが私を助けてくれた。

　2004年10月，アジア政経学会全国大会が東北大学で開催された際，当時学会長であった末廣昭先生（東京大学社会科学研究所）の仙台のご案内役をさせていただいたことがきっかけでご教示をいただくようになった。末廣先生はタイの政治経済から財閥や日本企業の実態，地域研究や調査の方法，研究者としての生き方まで非常に多くのことを熱意一杯にご教示くださり，研究成果を出せないときには叱咤激励してくださった。末廣先生の教えから，私はオートバイという特定産業に焦点を当てる場合であっても，地域の歴史や社会について学ぶことの重要性を痛感した。

　太田原準先生（当時，東邦学園大学。現，同志社大学）には私の初めての調査記録に対するコメントをいただいて以降，大変お世話になっている。太田原先生からは生産工場の見方やオートバイ産業の歴史的な成り立ち，アーキテクチャ的理解について特にご教示いただいた。

　さらに2004年4月，アジア経済研究所で「アジアの二輪車産業」研究会が立ち上がり，中兼和津次先生（青山学院大学），太田原先生に無理をいって紹介していただき，1年間ほど参加させていただいた（同研究会は2年間継続）。同研究会は，太田原先生のほかは佐藤百合先生，大原盛樹先生，佐藤幸人先生，東茂樹先生（当時。現，西南学院大学），藤田麻衣先生，島根良枝先生というアジア経済研究所の研究員から成り，アジアの産業発展のダイナミズムを各国二輪車産業の地場系企業に焦点を当てながら明らかにすることが目的であった。同研究会で，オートバイ産業研究のパイオニアである大原先生と太田原先生から直に学び，共に調査し，議論できたことは素直に嬉しく，刺激的であった。さらに同研究会ではオートバイ産業のみならず，アジア各国の社会経済について非常に多くのことを勉強させていただいた。同時に，私は地域研究者の各国に関する理解の深さに感嘆するとともに，オートバイ産業を軸に各国横断的に研究する無謀さというか，難しさを改めて実感することになった。

アジア経済研究所の研究会に参加するまで，オートバイ産業の事例を扱った先行研究が必ずしも多くはなかったことから，私の研究は実態調査から明らかになった個別の具体的事実の新規性や稀少性に頼ることも少なからずあったように思う。しかし，この研究会に参加して以降，明らかになった実態がいかなる学問的意義を有しているのか，という問題について大変遅まきながら熟考するようになった。事例に対するこうした姿勢の変化はある学会報告で佐藤幸人先生に「オートバイ産業のことはよく分かった。しかし，それらが経済学・経営学の諸理論や先行研究とどのような関係にあるのかが判然としない。それゆえ，（私の報告には）社会科学的深みを感じない」という誠に厳しいご意見をいただいたことで決定的になった（急いで補足しておくが，私はこのエピソードを自身の研究をプラスの方向に転じさせることになった分岐点として積極的に捉えている。また，佐藤幸人先生には日頃からご丁寧なご指導をいただいており，大変感謝している）。

　正直，ここから研究の厳しさ，怖さに直面することとなった。実態調査は続けていたものの，改めて先行研究のサーベイを行い，競争戦略論やイノベーション論，組織論，多国籍企業論といった理論の理解に傾注するようになった。そして，こうした諸理論を踏まえながら調査結果に関する考察を進めたが，自信をもって導き出せる結論を出すには至らなかった。先にあげた現代企業社会特別演習での報告には厳しいコメントが並び，「炎上」とでもいうべき状況に度々陥った。当然のことながら，学会誌に投稿した論文もなかなか査読をクリアできなかった。

　そうした中，2006年9月にアジア経済研究所の研究会により，佐藤・大原編著（2006）『アジアの二輪車産業』（アジア経済研究所）が出版された。2006年11月末が博士学位論文の提出〆切であったが，この文献を検討し，それに伴って内容を改訂する作業は膨大であった。結局3ヶ月では間に合わず，博士学位論文の提出は1年遅れた。ただ，私にとって全くの想定外であったこの1年は，今から思い返すと大変貴重であり，まさに研究一色の日々であった。当初提出予定の学位論文は5章構成であったが，本書の第8章を除くとこの1年で全面的に刷新され，新たに多くの論考が加わった。

佐藤・大原編著（2006）から私は実に多くのことを学んだ。最初にこの文献にあたったとき，東南アジアのオートバイ産業について私が新たに論じることはなくなったように思われ，頭を抱えた。しかし，この文献を検討していくうちに外資系企業の捉え方が私と全く異なることに気付いた。それは，誤解を恐れずに単純化するならば，外資系企業主導の工業化は当該途上国にとってプラスなのかマイナスなのかという点である。図らずもこの問いは，西澤先生に指摘されて以降，私がかねてから悩んでいたテーマと同一であった。この点について意識しながら佐藤・大原編著（2006）を読み込んでいくと，分析視角にこそ，こうした認識の違いが生じる理由を求めることができた。それゆえ，本書の第1章にみられるとおり，知的資産ベースのアプローチに対する批判的検討を行った。これは私にとって，佐藤・大原編著（2006）を踏まえながら，東南アジアのオートバイ産業を事例とした発展途上国産業に関する考察をもう一歩進めるために必要不可欠なプロセスであった。さらに，独自の分析枠組みを提示する必要が生じ，それは本書の第2章で示したとおりである。

　博士学位論文提出後すぐの2007年12月，塩地洋先生（京都大学）にお声がけいただき，日本自動車販売協会連合会の方々とタイ・ベトナムの自動車市場・流通に関する調査に同行させていただいた。塩地先生は，生産面だけでなく販売や流通面も含めた産業理解の重要性をご教示くださり，さらにはオートバイ産業だけでなく自動車産業へと研究対象を広げるきっかけをくださった。

　そして，2008年3月に大学院を修了した後，幸運にも2008年4月より熊本学園大学商学部経営学科に中小企業論担当の専任講師として着任した。幸田亮一先生，古田龍輔先生，中野裕治先生，出家健治先生，今村寛治先生，池上恭子先生，伊東維年先生，荒井勝彦先生を初めとした多くの先生方と産業経営研究所を初めとする事務スタッフの皆様にお礼を申し上げたい。

　産業発展論ゼミの先輩である氏川恵次氏（横浜国立大学），榊原雄一郎氏（関西大学），菊池慶彦氏，同ゼミの後輩である Mohammed Ziaul Haider 氏（バングラデシュ・Khulna University），Le Linh Huong 氏，Tran Thi Kieu Minh 氏（ベトナム・Foreign Trade University），趙洋氏，大学院の同期である陳俊甫氏（産業技術大学院大学），伴正隆氏（目白大学），鄭恩伊氏（韓国・全北大学校），

緒方勇氏（山形大学）には公私にわたりお世話になっている。

　タイやベトナム，インドネシア，日本，中国におけるオートバイ完成車企業やサプライヤーの方々，業界団体の方々，政策担当者の方々，販売店・修理店関係の方々にも心からお礼を申し上げたい。一面識もない私が突如訪問をお願いし，インタビューや工場見学をお願いしても，多くの場合，快く迎え入れてくださった。普段の生活ではご教示いただく機会が得られないような専門家である皆様からの貴重なご教示により，何とか研究をまとめ，本書を完成させることができた。こうした皆様のご支援，ご厚意に対しては，本来であればお一人ずつお名前を挙げてお礼を申し上げるのが筋であるだろう。しかしながら，個人名等の公表を差し控えるという条件に基づいて調査にご協力いただいた関係上，個人名を控えさせていただくことをお許しいただきたい。刻一刻と変わる厳しい状況の中で日々努力されている皆様の今後のご活躍を祈るとともに，微力ながら本書が皆様にとって何らかの一助となることを願ってやまない。

　このように大変多くの方々からご教示をいただいたことで本書は何とか完成に至った。同時に本書は，私にとって初めての単著の研究書であり，東北大学大学院経済学研究科に2007年11月に提出した博士学位論文「東南アジアオートバイ産業の形成と発展」（2008年3月学位授与，同時に東北大学総長賞受賞：2009年10月第3回比較経済体制学会研究奨励賞受賞）に基づいて作成されたものである。その後，この博士学位論文には追加的な調査や研究を踏まえ大幅に加筆修正を行った。特に以下の章については，学会報告，学術雑誌への投稿とその査読というプロセスを通じて，更に考察を深めることができた（ただし，以下のうち第1章の原論文については査読はなされていない。また，第2章については学会での口頭発表を踏まえたものであるが，第4章〜第8章の原論文の分析視角であったことから各々の原論文が査読を受ける際にあわせて有益な示唆・コメントをいただくことができ，それらに基づいて改訂を行っている）。

第1章：「東南アジアオートバイ産業に関する実証的課題と理論的問題」熊本学園大学付属海外事情研究所『海外事情研究』第36巻第1号，2008年9月，pp.29-59。

第2章：（口頭発表）「日本企業による途上国産業の形成に向けた分析視角　相

対的後進性，製品・工程ライフサイクル，企業行動・企業間分業関係」アジア経営学会第15回全国大会，2008年9月（『報告要旨』pp. 113-116）。

第4章：「タイオートバイ産業の勃興（1964年から1985年）」東北大学経済学会『研究年報経済学』Vol. 70 No. 2，2009年7月，pp. 67-87。

第5章：「タイオートバイ産業の形成（1986年から1997年）　途上国産業の量的拡大と企業の組織能力構築の相互関係」熊本学園大学商学会『熊本学園商学論集』第15巻第3号，2009年5月，pp. 1-17。

第6章：「1990年代後半のタイオートバイ産業」アジア経営学会『アジア経営研究』No. 14，2008年6月，pp. 121-134。

第7章（完成車企業に関する考察に関して）：「タイオートバイ産業の発展　日系完成車企業の主導による途上国産業の競争優位確立」『赤門マネジメント・レビュー』8巻11号，2009年11月，pp. 635-674。

第8章：「ベトナムの二輪車産業　グローバル化時代における輸入代替型産業の発展」比較経済体制学会『比較経済研究』Vol. 44 No. 1，2007年1月，pp. 61-75（2007年3月財団法人経和会優秀論文賞受賞）。

　本書の研究を進めていくにあたっては，2006年から2008年にかけて日本学術振興会による科学研究費補助金（特別研究員DC2：研究課題名「東南アジアにおけるオートバイ産業の発展」）の助成を受けた。また本書の出版に際しては，熊本学園大学付属産業経営研究所より出版助成をいただいた。記して感謝の意を表したい。

　ミネルヴァ書房編集部の東寿浩氏には，原稿の完成が当初予定よりも大幅に遅れてしまったにもかかわらず，最後まで出版に向けた共同作業にお付き合いいただいた。その丁寧なご対応にお礼を申し上げたい。

　最後に，研究者としての人生を歩むことに同意し，常に十全な支援をしてくれた家族，特に父建次と母陽子に心から感謝したい。

2010年3月

三嶋恒平

人名索引

【ア行】

青木昌彦　77
青島矢一　54,55,73,81
青山茂樹　15,101
明石芳彦　47
赤松要　70
浅沼萬里　69
足立文彦　19
安部悦生　44,46
網倉久永　62
池田潔　18,110
池部亮　19
石井淳蔵　80
石川滋　36
石田暁恵　39
石原武政　80
板垣博　49
伊丹敬之　44,76,77,199,306
伊藤元重　38,39,306
井上隆一郎　155
植田浩史　16,19,20,72,87,98,135
宇沢弘文　43
宇治芳雄　100,158
宇田川勝　63,65,66,67,82
絵所秀紀　37,43
江橋正彦　39
遠藤元　189
大杉由香　38
太田辰幸　39
太田原準　12,15,17,18,93-97,100,107,108
大塚啓二郎　48,82,111
大野健一　19,37-40,87
大原盛樹　16-19,21-23,26,27,29-33,40,61,112,116-118,125,208,286
岡崎哲二　38

岡本博公　80
岡本由美子　19
奥野正寛　39
尾高煌之助　19
小野桂之介　19

【カ行】

郝躍英　18,110
加護野忠男　306
片山三男　15,94,109
葛東昇　18,111-113,306
加藤俊彦　54,55,81
神谷忠　11
加茂紀子子　19
川端望　39,87,238
菊澤研宗　77
北村かよ子　38
橘川武郎　66,68
木村福成　31,40
清川雪彦　38
清野一治　39
楠木建　73
コグット, B.　41
小島清　38,40,70
五島文雄　39
小林孝雄　306

【サ行】

榊原清則　306
桜井宏二郎　38
佐藤正明　100,158
佐藤幸人　38,81,83,135
佐藤百合　16,19,21-23,26,27,29-33,39,40,61,286
塩沢由典　82,152,211
新宅純二郎　47,49,62,63,65-67,82,118
申寅容　18

末廣昭　19,22,31,36-39,42,187,189,211,308
椙山泰生　18,108
鈴村興太郎　39
清响一郎　77,162
関口末夫　39
関満博　15,16,101
園部哲史　48,82,111,112

【タ行】

武石彰　73,74
竹内順子　19
竹内弘高　62,82,119
田中隆雄　15,101
谷浦孝雄　39
谷口和弘　75
チェスブロウ, H.W.　73
曺斗燮　38
つじ・つかさ　11
鶴田俊正　38
出水力　15,16,18,95-97,100
田豊倫　18
富塚清　15,91,92,95
トラン・ヴァン・トゥ　39

【ナ行】

中岡哲郎　37,38
長崎利幸　16
長山宗広　15,100
南原真　39,211
沼上幹　62,67
野中郁次郎　62,82
延岡健太郎　44

【ハ行】

ハイマー, S.　27
橋本寿朗　38
服部民夫　38
原洋之介　39
東茂樹　19,149,155,164,171,184,187,200,228,249
藤田麻衣　19,39
藤本隆宏　18,46,49,52-59,68,71,73,77,101,106,
111-113,117,118,226,306
ホジソン　43
本台進　78

【マ行】

松岡憲司　18,108,110,227,276
丸川知雄　18,50,305
丸山惠也　19,49
三嶋恒平　16,19,82,87,119-121,125,133,147,171,277,
209
南亮進　37,38
三平則夫　39
宮城和宏　38
宮本又郎　38,82
森純一　19,152
森美奈子　19
森澤惠子　19

【ヤ行】

安田靖　39
安平明彦　212
山縣裕　180
山口隆英　28,59,83
山崎広明　67
山澤逸平　70
山下協子　19
山村英司　18
尹鐘彦　38
横井克典　15
横山光紀　19,184
吉原英樹　22

【ラ行】

李捷生　89
林泓　18

【ワ行】

鷲尾宏明　156
渡辺利夫　37,38,147,160

人名索引

【アルファベット】

Abernathy, W. J.　43-48, 92
Amsden, A. H.　24, 30, 32, 37, 38
Argyris, C.　59
Baker, C.　39
Baldwin, C. Y.　73, 297
Barney, J. B.　52, 54
Bartlett, C. A.　28, 302
Bettis, R. A.　62
Borrus, M.　19
Butler, J. E.　54
Chandler, A. D. Jr.　82
Christensen, C. M.　63
Clark, K. B.　43, 44, 46, 47, 73, 297
Coase, R. H.　74
Cohen, W. M.　41
Collins, J. C.　81
Daimler, G.　91
Doner, R. F.　19
Doz, Y. L.　28
Dunning, J. H.　27
Evans, P.　41
Fine, C. H.　73
Fiol, C. M.　59
Florida, R.　78
Gerschenkron, A.　37
Ghoshal, S.　28, 83, 302
Gill, I.　152, 211
Grant, R. M.　52-54
Hamel, G.　52
Hayek, F. A.　62
Hippel, E. V.　51
Hirschman, A. O.　70
Hoang, P. T.　88
Hobday, M.　48
Hodgson, G. M.　82
Hopwood, B.　92
Jones, D. T.　78
Jones, B. M.　92
Kenney, M.　78

Kim, J. I.　49
Kim, L.　48
Kogut, B.　28
Krugman, P. R.　49, 70
Langlois, R. N.　43, 75
Lau, L. J.　49
Levinthal, D. A　41
Lewis, A.　36
Lieberman, M. B.　63
Loasby, B.　75
Lyles, M. A.　59
Marshall, A.　70
Milgrom, P.　74, 75, 77
Mintzberg, H.　55, 81, 100
Montgomery, D. B.　63
Muscat, R. J.　39
Narongdej, K.　152
Nattapol, R.　19, 151, 184, 191, 201
Nelson, R. R.　44, 49, 53
North., D. C.　37
Owen, M.　215
Pack, H.　49
Pasuk, P.　39
Penrose, E. T.　52
Piore, M. J.　92
Pisano, G.　52, 54
Polanyi, M.　62
Porras, J. I.　81
Porter, M. E.　43, 67
Prahalad, C. K.　28, 52, 62
Priem, R. L.　54
Phornprapja, T.　152
Ridwan　19
Roberts, J.　74, 75, 77
Robertson, P. L.　43, 75
Rosenberg, N.　44
Romer, P. M.　43
Romer, D.　43
Roos, D.　78
Rumelt, R. P.　52
Sabel, C. F.　92

347

Sako, M. 78
Schon, D. A. 59
Schumpeter, J. A. 43
Shuen, A. 52,54
Shulman, L. E. 41
Solow, R. M. 43
Stalk, G. 41
Teece, D. J. 52,54
Thuong, N. V. 88
Tidd, J. 43,44
Ulrich, K. T. 73

Utterback, J. M. 45,47
Vernon, R. 38
Wang, N. T. 38
Waters, J. A. 55
Wernerfelt, B. 52
Westney, E. 28,83
Williamson, O. E. 74
Winter, S. G. 44,53
Womack, J. P 78
Wright, D. K. 92
Zander, U. 28

事項索引

【ア行】

相対的な長期取引 79-82
アーキテクチャ
　——の定義 73
　——の換骨奪胎 49, 117
　——的革新 46, 65, 95, 102, 139-141, 294, 304
　インテグラル型（擦り合わせ型）—— 73
　オープン・—— 18, 73
　クローズ・—— 18, 73
　モジュラー・—— 73
　オープン・モジュール型—— 117
　クローズド・インテグラル型—— 117
　擬似オープン・モジュラー・—— 117, 141
　製品—— 18, 116, 141, 287, 292, 302, 306
　製品・工程—— 73, 80
アジア通貨危機 187, 188, 206, 312
アントレプレナー（起業家） 81
暗黙知 62
イノベーション 43, 46, 51, 58, 139, 286, 297, 302, 304
　——の定義 44
　——の源泉 44, 75, 286
　——のプロセス 44
　漸進的—— 44, 58
　急進的—— 44, 58
　破壊的—— 64
インターナショナル企業 28
エンジン（の）冷却方式 216, 221
親工場→マザー工場

【カ行】

海外子会社 62
海外直接投資 6
　——のメリット・デメリット 38
外資系企業 21, 25, 38, 58, 278, 284
　——の定義 22
外製 59
改善提案制度 98
改善能力 59, 163, 252, 289, 291
　——の定義 55
外部市場 74
価格 56
学習
　——の場 41, 255
　——の罠 55
革命的革新 46, 65, 144
　——の定義 47
寡占体制 141
環境技術 207
カンバン方式 99, 100
機械組立型産業 9
企業家 44, 83
企業間分業関係 117, 309
　——の定義 70
　——の意義 70
　ピラミッド型の—— 101
　完全独立峰型の—— 101
　山脈型の—— 101
規模の経済 233, 245, 255, 269, 296
規模の制約 155, 159
逆移転 27, 29
キャッチアップ 38, 60, 259, 290, 308, 312
吸収能力 41
境界設定 70, 72, 74, 75, 77
競争パターン 69, 75
　同質的競争と差別化競争の繰り返し—— 66
競争フェーズ 65, 175, 191, 291
競争優位 250
　——の源泉 41, 43, 296
　国の—— 42
　動態的な—— 83, 278, 284

349

静態的な―― 83, 278, 283
競争パターン 79
熊本製作所 107, 161, 176, 226, 227, 229
グローバル企業 28
軍民転換策 118
形式知 62
系列診断制度 98
ゲストエンジニア 100, 251
研究開発レベル 223
現地調達
　　――化 125
　　――率 121, 153, 159, 164, 166, 180, 183, 185, 203, 227, 229, 231, 238, 239, 249, 250, 256, 268, 271, 273, 282, 309
工業化
　　――の社会的能力 37, 51, 286, 289
　　　韓国・台湾の―― 38
　　　日本の―― 37-38
広告・プロモーション 56
交差点グランプリ 174
構造主義的な開発経済学 37
交通インフラ 13
工程革新期 95, 102
後発性の利益（不利益） 37, 50, 57, 286, 295, 307, 308
後方連関効果 70, 166
国産化政策 39, 121, 151, 154, 165, 283
コスト 56
コストリーダーシップ戦略 158
コピーオートバイ 111, 118
個別取引パターン 77
コレダ号 94

【サ行】

サイクルタイム 106, 226, 234
サプライヤー・システム 116
差別化競争 175, 192, 220, 291
　　――のフェーズ 65
　　――と同質的競争の繰り返しパターン 66
産業政策 39
資源ベースの企業観（RBV） 52, 54

　　――とポジショニング・アプローチの関係 54, 67
支配的資本の鼎構造 22
地場系企業 21, 22, 24, 25, 278, 284
自動車産業 18, 311
承認図 240
　　――の定義 71
　　――サプライヤー 71, 72
所有優位性（O優位性） 27
進化能力→能力構築能力
新結合 43
深層の競争力 61, 68, 168, 185, 256, 257, 281
　　――の定義 56
垂直分裂 49, 305
スクリュー・ドライバー工場 17
鈴鹿製作所 97, 176
スーパーカブ 96, 99, 116, 139, 141
スポット取引 78, 256, 270, 280
生産システム 18, 20, 93, 102, 119, 141, 232, 287, 292, 294, 302, 306
　　――の定義 80
　　――と製品・工程アーキテクチャとドミナント・デザインの関係 80-81
　　　統合型―― 20
　　　分散型―― 20
　　　日本型―― 300, 307
　　　中国型―― 295, 296, 300, 307
静態的の能力→もの造り能力
制度 37
　　特殊な――的要因 37, 51
製品革新期 94
製品・工程ライフサイクル 51, 65, 102, 142, 294, 302
　　――説 44, 48, 286
　　――からみた途上国の相対的後進性 49-52
　　――からみた途上国の後発性利益・不利益 50
　　　オートバイ産業の―― 140
　　　タイとベトナムの――の比較 142-143
製品の内容 56
先発優位・劣位 63

350

事項索引

前方連関効果　70
戦略スキーマ　62
創造的破壊　43
相対的後進性　37, 49, 57, 60, 143, 302
　　──仮説　286
創発　55, 100, 307
組織構造（形態）　84, 313
組織能力　51, 52, 58, 68, 72, 75, 84, 240, 286
　　──の定義　52-53
　　──とイノベーションの関係　57, 58
　　競争優位を導く──　52
　　階層的な──　54
　　静態的な──　59
　　動態的な──　59
組織ルーチン　46, 52, 53, 59, 60, 81

【夕行】

タイ車　261
貸与図　240, 251, 276
　　──の定義　71
　　──サプライヤー　71, 72
大量一貫生産システム　93, 94, 97, 100, 118, 139
対話としての競争　67, 68, 286, 298
　　──の定義　62
多国籍企業　24, 27, 60
　　──の定義　22
　　──の優位性　27
　　──の組織能力　59
　　──の組織モデル　28
　　──の進化　28, 29
脱成熟化　47
多品種少量生産　100
知的資産　24
　　──アプローチ　23
中間組織　77
中国車　209, 261, 304
　　──の定義　261
中古車市場　134
長期相対取引→相対的な長期取引
直接投資　38
通常的革新　46, 65, 98, 99, 140, 291, 303

　　──の定義　46
定タクト定着地　226
電機・電子産業　18, 311
ドイモイ（刷新）　120, 260
同質的競争　175, 192, 291
　　──のフェーズ　65
動態的能力アプローチ　52, 61, 66, 286
道路運送車両法（1955年改正）　109
登録規制　113, 274
道路交通法（1955年施行）　109
道路交通取締法（1952年改正）　108
トランスナショナル化　302, 303, 305, 310, 313
トランスナショナル企業　28
取引費用
　　──の定義　74
　　──アプローチ　74
ドミナント・デザイン　65, 80, 91, 116, 139, 140, 142, 286, 291, 292
　　──の定義　46
ドミナント・ロジック　62

【ナ行】

内部化の優位性（I 優位性）　27
内部組織　74
ナショナル・ブランド　309
ニッチ市場的革新　46, 65, 140, 303
　　──の定義　47
日本型生産システム　294, 296, 305
能力構築行動　257, 293, 296
能力構築能力　255, 289, 291
　　──の定義　55
能力構築の罠　55
能力構築競争　54, 57, 61, 68, 247, 291
　　──の定義　56

【ハ行】

バイクモーター　92, 94
浜松製作所　107, 176
販売チャネル　56
標準（化）期　102, 143
表層の競争力　55, 68, 141, 168, 185, 247, 256, 257, 281,

351

——の定義　*56*
貧困削減　*36*
品質　*56*
　　製造——　*56*
　　設計——　*56*
　　——保証　*162, 179, 228, 251*
　　——制度　*98*
ファミリースポーツ　*174, 303*
ファミリータイプ　*99*
プラザ合意　*102, 156*
フレキシビリティ　*56*
プロダクト・ライフサイクル論　*48*
ヘテラルキー　*28*
ベトナム戦争　*120*
ベンチマーク　*246, 247, 303*
保護育成(政)策→国産化政策
補修需要（市場）　*151, 153, 182, 252-254, 269, 299*
ホンダA型　*92*

【マ行】

マーケットイン　*173*
マザー工場　*106, 226*
マルチフォーカス　*28*
見える手による競争　*76, 199, 309*
モータリゼーション　*13, 109, 279*
モジュール化　*140, 244, 297, 305*
もの造り能力　*59, 252, 258, 289, 291*
　　——の定義　*54*
もの造りの組織能力　*54, 61, 68, 98, 143, 153, 164, 165, 168, 185, 249, 255-257, 278, 280-282, 291, 302, 304, 306*
　　——の定義　*55*
モペット　*96, 214, 220, 221, 234*

【ヤ行】

有効最小生産規模　*155, 160, 162, 179, 180, 233, 289, 293*
　　——の定義　*160*

【ラ行】

リソースベーストビュー（RBV）→資源ベースの企業観
立地優位性（L優位性）　*27*
レッグシールド　*174*
廉価版モデル（オートバイ）　*209, 220, 228, 230, 242, 244, 246, 256, 269*
ローン販売制度　*138, 188*

【数字】

2ストローク（2スト）　*157, 158, 173, 190, 191, 195, 196, 198, 207, 248, 303*
4ストローク（4スト）　*157, 158, 174, 184, 190, 191, 194-196, 198, 206, 232, 248, 303*
4P　*56*
5S（整理・整頓・清掃・清潔・躾）　*180, 182, 270, 276*

【アルファベット】

AAP（Asian Auto Parts）　*156, 161, 179, 181, 268*
AHM（Asian Honda Motor）　*193*
ATモデル　*211, 214, 220, 221, 233, 234, 244, 248, 256, 304*
ATモデル（シティコミューター）　*214*
Air Blade　*216*
BOI（Board of Investment）　*149, 183*
C50　*165*
C100　*116*
C100EX　*190*
C700　*165*
C900　*165*
CAD/CAM　*99*
CG125　*116*
CKD（Complete Knock Down）　*7, 17, 153, 156, 166, 262*
Click　*216*
Dream　*186*
Dream II　*174*
Dream Excess　*190*
F/S（Feasibility Study）　*263*

事項索引

HRS-T（Honda R&D Southeast Asia） *193,222*
HY 戦争 *100,101,158*
IE（Industrial Engineering） *234*
JIT（Just In Time） *181,235*
KD（Knock Down） *7,17,197*
KPN グループ *152,211*
MAP（Machino Auto Parts） *267,268*
Mio *215*
NH サークル *160*
Nice *191,193*
Nouvo *213*
Nova *173*
OEM（Original Equipment Manufacturing）
　　182,250,252-254,298
QCDF（Quality / Cost / Delivery / Flexibility）
　　56,163,199,264,280
QC サークル（大会） *99,100*
SY（Siam Yamaha） *152,173,188*
SYM（Sanyang Motor） *272*
Siam Motors *152*
Smash *209*
Smart *209,246*

Smart *127*
Smash Junior *209*
Smile *191,193*
Spark *224*
Step *216*
THM（Thai Honda Manufacturing） *152,174*
TYM（Thai Yamaha Motor） *211*
TQC（Total Quality Control） *276*
VA/VE（Value Analysis / Value Engineering）
　　77,99,182,229,240,242,245,277
Wave100 *190,209*
WaveZ *209*
Wave α *270,275,304*
X-1 *224*
YA1 *96*
YC1 *96*
YD1 *96*
YGS1 *151*
YIMM *212*
YMAC（Yamaha Motor Asian Center） *211*
YPMI（Yamaha Motor Parts Manufacturing
　　Indonesia） *234*

《著者紹介》

三嶋恒平（みしま・こうへい）

1977年　埼玉県大宮市（現さいたま市）に生まれる。
2002年　東北大学経済学部卒業。
　　　　東北大学大学院経済学研究科博士課程前期、日本学術振興会特別研究員（DC2）を経て
2008年　東北大学大学院経済学研究科博士課程後期修了。博士（経済学）。
現　在　熊本学園大学商学部経営学科専任講師。

主要論文
"The Suppliers of the Motorcycle Industry in Vietnam, Thailand and Indonesia" (Kenichi Ohno & Nguyen Van Thuong (Eds.), *Improving Industrial Policy Formulation*, The Publishing House of Political Theory, Chapter 8, 2005)
「ベトナムの二輪車産業」（『比較経済研究』第44巻第1号，2007年〈財団法人経和会優秀論文賞受賞〉）
「東南アジアオートバイ産業の形成と発展」（東北大学大学院経済学研究科博士論文，2007年〈比較経済体制学会研究奨励賞受賞〉）
「1990年代後半のタイオートバイ産業」（『アジア経営研究』No.14，2008年）
「タイオートバイ産業の発展」（『赤門マネジメントレビュー』8巻11号，2009年）

MINERVA 現代経済学叢書⑱	
東南アジアのオートバイ産業	
——日系企業による途上国産業の形成——	

2010年5月30日　初版第1刷発行　　　　　検印廃止

定価はカバーに表示しています

著　者　　三　嶋　恒　平
発行者　　杉　田　啓　三
印刷者　　田　中　雅　博

発行所　株式会社　ミネルヴァ書房
607-8494　京都市山科区日ノ岡堤谷町1
電話代表 (075)581-5191番
振替口座 01020-0-8076

©三嶋恒平，2010　　　創栄図書印刷・新生製本

ISBN978-4-623-05754-2
Printed in Japan

東アジア鉄鋼業の構造とダイナミズム
川端 望著　A5判　312頁　本体4500円

精緻な現地調査や政策研究に基づき，東アジア鉄鋼業の発展構造，要因，担い手，変化の方向を詳細に分析する。

東アジア優位産業の競争力
塩地 洋編著　A5判　248頁　本体3500円

●その要因と競争・分業構造　競争・分業構造を検証し，既存の産業発展理論に代わる新たな枠組みを提起。

北東アジアにおける国際労働移動と地域経済開発
大津定美編著　A5判　440頁　本体6800円

グローバリゼーションのうねりの中で，北東アジアの開発が再び脚光を浴びつつある。本書はこの地域における開放・開発・地域国際協力の動向と可能性を，国際労働移動の諸側面に光をあてることを通じて検証する。

東アジアの生産ネットワーク
座間紘一／藤原貞雄編著　A5判　328頁　本体5510円

●自動車・電子機器を中心として　韓国・中国の産業構造を念頭に，自動車・電子機器産業を中心とした東アジアの国際関係，産業発展を検証。日本が歩んだ道のりを圧縮したように発展する中国・韓国の最新の産業情況を紹介。

日本企業の生産システム革新
坂本 清編著　A5判　290頁　本体3800円

グローバル化・IT化・モジュール化を機軸に，日本企業が再構築を進める生産システムの実態を，産業別多様性の中で分析。日本的生産システムの現代的意義と歴史的位置付けを明らかにすることをめざす。

―――― ミネルヴァ書房 ――――

http://www.minervashobo.co.jp/